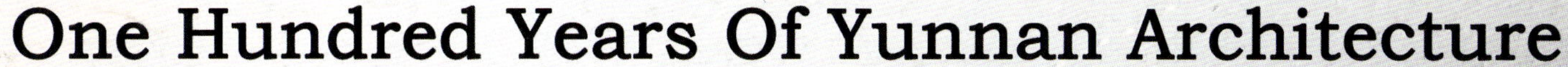

雲南建築百年

(1911-2011)

主　编　张　辉
副主编　张晓洪
　　　　罗文兵

云南出版集团公司
雲南人民出版社

主　编	张　辉
副主编	张晓洪　罗文兵
参　编	王　珂　朱　青　李卫兵
编　辑	古　青　韩　韬　孟晓曦　张　然　胡圆圆
摄　影	张　辉　陈云峰　张晓洪　解之诚　张　琪
版面设计制作	张　辉　古　青
英文翻译	张　蓉
策　划	张　辉　任　涛　朱永祥
执　笔	导言 结语　张　辉
	第一章　张晓洪
	第二章　王　珂
	第三章　罗文兵
	第四章　朱　青
	第五六章　李卫兵

序

《云南建筑百年》编撰出版适值辛亥革命一百周年。

百年来，随着时光的流逝，社会的变迁，尽管云南曾发生了许多可载入史册的历史事件，但辛亥革命的星光，护国首义的壮举所创造的人文精神，至今仍是云南人值得骄傲和珍惜的文化遗产，其中就包含着建筑。辛亥革命推翻几千年因袭下来的封建专制，让国人看到了民主共和的曙光，有了民主精神的自觉；护国首义反映出云南人敢为天下先的奋斗精神、联合对敌的团结精神和与时俱进的创新精神。而抗战时期滇军将士奔赴前线浴血奋战，不畏强敌、不怕牺牲的献身精神；平民百姓为支援前方打通后勤保障线，建机场、筑公路的韧性精神；知识分子坚守科研教学岗位共筑民主堡垒，同心同德、团结一致的民主精神，共同构成了云南精神。新中国成立后，云南虽地处边疆，却也和全国各地一样，经历了社会主义建设的各个阶段，改革开放三十年更把云南从一个边缘省份推向前沿，成为中国面向西南开放的桥头堡。

我曾多次去过云南，那里历史文化源远流长、博大精深，民族文化丰富多彩、底蕴深厚。云南是中华民族的发祥地之一，也是中国少数民族种类和民族自治地方最多、宗教类型最齐全、民族建筑风格最独特的省份。远在一百七十万年前的元谋人见证了“史前文化”；距今三千一百年的剑川海门口遗址，春秋战国时期的万家坝古墓群更见证着云南地区跨入文明的“古滇文化”；两千多年前就有的起于川西平原，通过大理、保山、腾冲到缅甸再到印度的商贸古道，开始了云南对外交流的文明之旅；以碑刻、姓氏、“鬼主”文化为特色的夷汉交融的“爨文化”；几乎与中原唐、宋两个王朝相终始的“南诏大理文化”，其文化艺术璀璨夺目；元、明、清及近代时期的云南文化，显出13世纪以来云南政治经济与历史文化的融会贯通。云南位于中国的西南部，处在南亚热带、东亚亚热带季风区和西藏高原三大自然区域之间，与之相对应的是中国内地文化、藏文化和南亚——东南亚文化。这构成了云南多种文明、多元文化互动的格局，形成了云南独具个性的民族建筑文明景观。而最让我动心和关注的是云南的民族建筑文化，尤其是民居建筑、宗教建筑和颇具特色的官署建筑、文庙和书院建筑。

每个历史时期的建筑都是见证历史的最好史料，一部《云南建筑百年》的出版对于云南近代建筑史的研究开了个好头，图片记录着建筑、建筑见证着历史。用历史的眼光、文化的眼光、艺术的眼光审视建筑，回忆历史并享受艺术，这是一件很有意义的事情，也是一件需要付出艰辛劳动方可完成的工作。世华建协常务理事张辉院长及创会会员张晓洪、王珂、朱青，资深会员罗文兵等建筑师能在繁忙的工作之余，挤出时间编著《云南建筑百年》一书，令我感到欣慰。这是一班有心人，在做一件他们认为作为本地建筑师有责任做的事，也是一份纪念辛亥革命一百周年的最好礼物，更是一份云南近代建筑史研究的重要成果和宝贵资料。我由衷表示祝贺，并相信其学术价值和社会效应会得到广大读者的认可和欢迎。

潘祖尧

2011年10月10日

注：潘祖尧为世界华人建筑师协会会长，全国政协委员，原香港市政局议员。

(1911-1920)

(1921-1930)

(1931-1940)

(1941-1950)

(1951-1960)

(1961-1970)

(1971-1980)

(1981-1990)

(1991-2000)

(2001-2011)

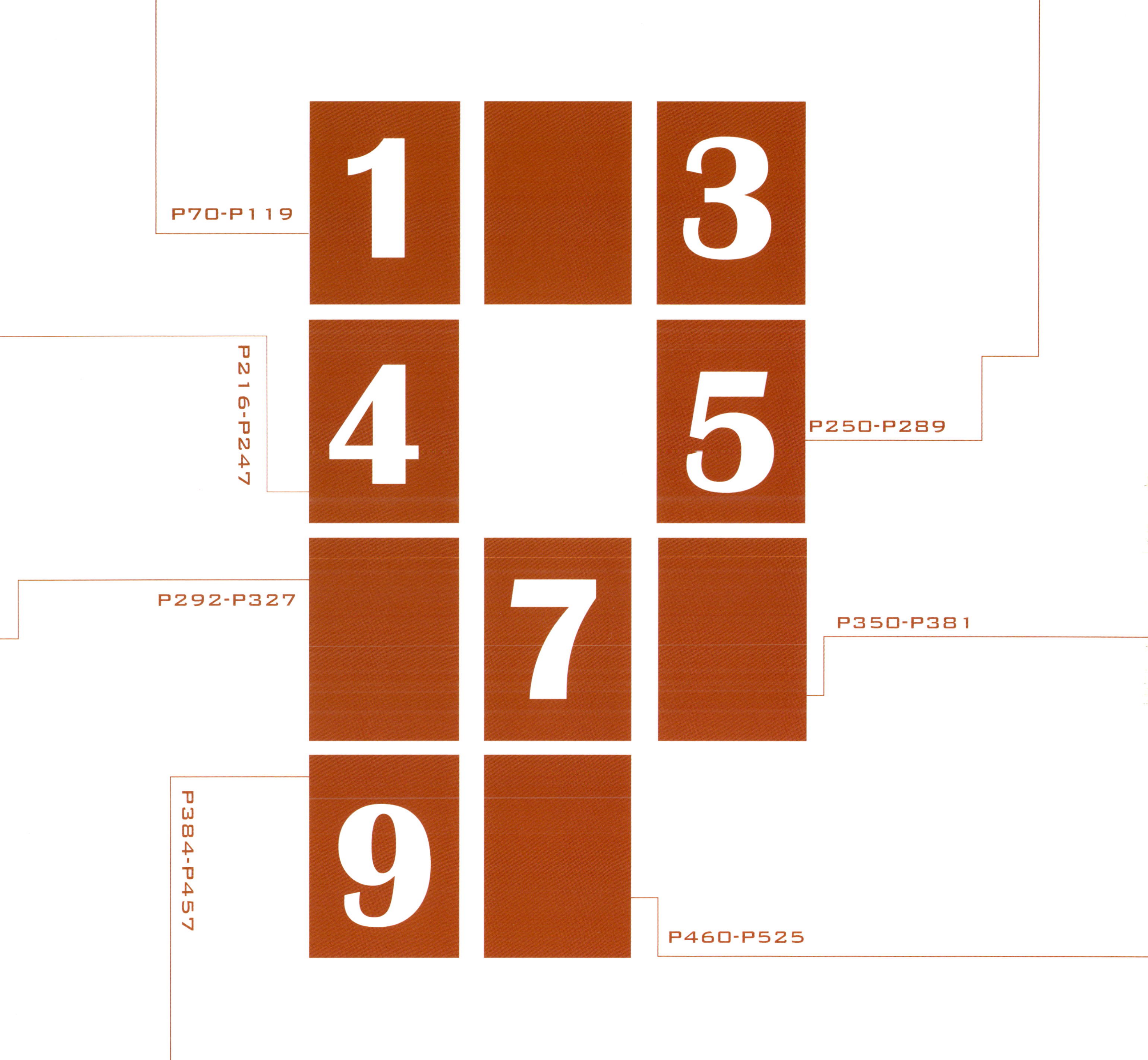

1
3
P70-P119
4
5
P216-P247
P250-P289
7
P292-P327
P350-P381
9
P384-P457
P460-P525

目录

Contents

用历史的眼光、文化的眼光、艺术的眼光回顾云南百年建筑历史

导言

导言

把辛亥革命以来云南保存完好的或者我们认为应当保存完好的建筑抬出来晒晒、晾晾，通过摄影艺术、点评见证、资料整理等手段，展示一下这段历史遗留下来的有代表性的建筑实例，从中了解前人的有益经验，评价并欣赏它们的“剩余价值”，考查它们如何满足人们最原始需要，如何达到人们的期望以及最纯粹的雄心壮志；它们如何在当时可行的建筑技术条件下以其自身存在表达着人的生活方式和质量；都有些什么因素在影响和左右着它们风格的最后定型；结构和材料的变化带来的新的建筑技术如何被追捧并导致风格的形成；它们在政治、经济、文化艺术思潮与流派等方面受到了多大的影响。将过去作为一个朋友，让他将我们带回到问题的根源，去了解建筑的最深层意义，去寻找现在至过去功能背景之后的其他价值！是为编写此书的初衷和愿望。

谨将以下关于建筑的只言片语呈给大家：

关于建筑的本质

建筑是一个城市的面貌，是一个民族精神与文化的标志，是人类社会发展和文明进程最直观的视觉载体。它是一门科学的艺术，也是一门艺术的科学。它既是“石头的史书”能正式地表达历史，又是“凝固的音乐”能唤起人们的某种情感。它创造的精神与物质双重文明源源不断地滋养、教育并护佑着众生。

关于建筑的记忆

国人都有这样一句话的记忆：从前有座山，山里有座庙，庙里有个老和尚正在讲故事……

对于大众来说，这庙也许就是他一生中最早的建筑记忆了。山川秀丽、风光旖旎的神州大地处处散落着佛家的寺，道家的宫，儒家的庙，每座建筑都祭祀着千古流传的历史人物。供奉的是千百年来民间最普遍尊崇和膜拜的神像。当人们生活上遇到挫折、变故，往往归诸于命运。为了寻找精神寄托，缓解心理压力便求神拜佛，祈求神明保佑。庙宇为众生提供了祈福纳祥、消灾解厄、祈求平安、教忠教孝的空间场所。这些场所记录着历史渊源、传说和典故。将自然条件转化为文化条件，这是建筑自身所具有的神圣契约。宗教建筑所提供的神圣空间采纳了不同文化的价值观，这是一种与当代调和的方式。建筑一直见证着宗教的神圣。

现代人日常生活中正不断地出现新的神圣空间，行政中心、体育中心、文化艺术中心、博物馆、大剧院等等已形成一种新的

欧洲经典建筑古希腊雅典卫城－帕蒂农神庙

北京天坛

剑川石宝山－石中寺

大理崇圣寺

建水文庙

堡垒。它们将见证和记忆自己所处的时代，并为公众提供精神交流的场所。在这样的空间中人们能得到宣泄的机会并净化精神。他们与他人共同分享自己的情绪（快乐、欢悦、郁闷）。这种具有精神功能的场所在当今社会中非常重要。今天的建筑不是改变人们生活唯一的方式，但它可改变的空间很大。人类生活的建筑空间绝不是中立的，它可以促进或限制各种行为。虽不能支配行为却可以提供适当的空间为各种行为创造有利条件。为祈祷、为观演、为工作、为一切需要……

没有记忆就无法预测，无法创新，自然场地转化为文化空间，将现状转化成新的面貌。记忆需要扎根于地方，需要乡土气息，需要地域个性并以此抵抗全球化的消极影响。

当我们不断与过去作比较时，极品建筑将会成为每个人记忆中的坐标。它们见证了超越自身所处时代的事件，并通过常规的建筑语言与我们直接对话，这必然要有对先人的回忆。

北京首都博物馆

第 26 届深圳世界大学生运动会体育场馆

北京国家大剧院

阿联酋阿布扎比大清真寺

关于建筑的寿命

有关机构给出的数据说当今中国的建筑平均寿命仅为30年。且不说这有多大的可靠性，这需要人们去验证。但这个数据给社会一个警示，“我们有5000年历史，却少有50年的建筑”。

所谓文明时代、文明社会、文明民族的称号是需要老建筑来做证明的。在欧洲，百年以上老建筑比比皆是，许多老建筑在显要的位置用醒目的阿拉伯数字标注着建造年代，这标示当时的建造者对它能够经久耐用，世代相传充满自信。在中国没有活过50年的建筑是绝不可能挂上“保护建筑”牌子的。而极少见的这些牌子却是要表达一个大事实：这是一个“历史文化名城”。

欧洲的人文风景吸引世人的重要原因，少不了是因为百年老屋随处可见。欧洲大部分国家建筑寿命为80年，其中英国132年、法国102年。新帝国美国也有60年。这都是针对普通建筑而言，这些数据并不包含被列为文化遗产或文物的建筑。

在一座座新城，一批批洋气的高楼被建造起来的过去二十年，我们亲眼目睹了大拆大建。无数承载历史文化的传统建筑、历史建筑被视为“破烂”、“绊脚石”而遭拆毁。珍贵的家传古董值钱，在于得到世代保护、世代相传。败家子往往是看到别人手上拥有的古董值大价钱，方想起并后悔自己也曾拥有这样的财富， 只因无知而需承受这物质财富和精神上的损失并抱恨一生。

老建筑是公众的古董，能保留至今应得到更好的珍惜。老建筑就是城市的记忆，有生命的城市要“魂可守舍”，规划与设计功能需求与建造质量、生活方式改变等因素能决定建筑寿命的长短。然而更重要的还是取决于人们对它的态度，即能不能理性地对待自己已经使用一定年限的“老屋”。创造新空间获取新财富有时要破坏旧的空间，问题在于究竟应该破坏多少？充满活力的社会在任何时候都能认识到新旧交替的必要性，更能够保护好自己的家园。对人文环境、自然景观给予最起码的尊重，对创造和传承文化的人给予“以人为本”的待遇……

建筑的寿命比不过设计师、建造者及投资人寿命，这是一种悲哀。大量的“非建筑”似乎应尽快消失，那些丧失个性和责任的媚俗复制品也似乎应不予出生。社会需要的是建筑文明、需要的是美，“只有美才能拯救世界”。

古老的澳大利亚悉尼市政厅沿用至今

已被拆除的昆明市政府大楼寿命不足20年

关于建筑的基地及聚落

建筑是在基地上生长起来的，它能客观表述历史，能见证人们的雄心壮志以及对文明的关切和希望。建筑的基地是“独一无二”的，它与当地的地理条件和文脉形态紧密相连。基地与建筑物建立连续的对话关系。平原、森林、湖泊、山地或村庄都是新项目对话关系的要素，都是自然变化和人为活动同时发生关系的场所。这样的场所有其自己的性质、厚度、结构和规律。这样的场所是新的建造过程不可缺少的却又不容易为人所知的因素。

建设活动的场地发生了变化，人与自然对场地发生的作用随着时间推移发生着改变。建筑与基地共融凝结出人类劳动，产生了记忆，这是一种现实的文脉和一种工作的体现。这种属于当下的环境意义将高于当下的人们及我们的先人。

在历史和自然的环境中良性生长，这样的建筑或聚落创造一种新的平衡，解决了无限需要和自身局限性之间的矛盾，尽管没有有力的支持。云南山地聚落的建筑师就非当地土著民莫属。他们像蜜蜂筑巢一样在自己的场地上筑起了无数的“巢”，这是天生的建筑师创造的最自然而无文化污染的建筑。这里的建筑已不仅是一个空间，它更是一种生活方式。这些建筑回答了一个谜：它们超越了自身建成的目的以一种说不清的原因吸引我们，就像蜂巢得到的美感，在这里建筑真正的问题是生存及社会形态的问题，而不是后人发现的当中的美学问题。这些建筑的价值随着时间的流逝已体现出来并被称为世界文化遗产。

云南维西县同乐寨

关于建筑的文脉

很可悲的一个现象：曾被殖民过的土地被外来建筑在其身体上烙下的很深的印记，而今却都被奉为城市特色的灵魂。所谓“欧式风格”、“海派城市”、“xx 国风情小镇”。世界每个城市都在追求自己的特色和风格，难免在追求时会犯抄袭、模仿他人文化的错误，这往往来源于政治的需要。古今中外都不乏这样的案例。在政治家主导或压迫下的建筑要么顺从传统，维护古典，要么反叛，用新文化为自身服务。而这“新文化”往往就是别人的文化，政治革命若要借助文化革命，这将是民族的灾难，没有独立的民族文化，政治永远无法独立。

无论全球化怎么导致文化大同，美国的白宫和国会大厦不会变成中国的故宫和天坛，反之亦然。植根于文脉的建筑能帮助人们解决很多危机，无论消费社会提供了多少生活的标准和范式，却同时忽略着具有独立性的文化、独立性的历史记忆或者生活方式。

生活环境和文化环境永远受到地方资源环境或者说地域文化的影响。作为民族文化重要组成的建筑文化无需要更无可能无必要趋同。每座建筑都应处于自己的“环境”中，拥有自己的基地，自己的领土，建筑与领土间相互依存不仅仅是地理条件，尤其是建筑意味着将自然条件转变为一种文化需要时，建筑的真正客户是历史，没有对过去的研究就没有新的解决方案。

中国古典建筑已固定为一种传统风格，好像京剧难于有新的变革。现代样板戏的创新似乎难以突破传统，杀出血路。传统风格难于接受新的技术和产品，传统是按定式打造。当传统使用的石头、木材、砖瓦被用于非传统的有自身风格的设计作品时，出现的也许不会再局限于宫殿庙宇，而是一种表达传统文化及表达形式的材料。一种元素、一种符号被用于形式之后都能引发人的情感。要么与其所处时代相符，要么怀念和传承文化。当新技术、新材料被广泛使用导致建筑风格摆脱了支撑结构的限制时，建筑充满了自由，随之出现的是没有精神压迫的个性化建筑的出现。

现代建筑的批量化生产并在全球扩散完全基于建造技术即结构和材料的变化。正因为新的建筑技术的被热捧才直接导致了建筑的文化价值的缺失。新的表达方式和现代建筑试图用文化语言粘贴些回忆和怀旧的情思，强烈地反映出人类对文化的依赖性。好的建筑总是能很好地解释地方文化，它能代表某种精神和文化领域，能形成非凡的敏感性。用不同的手段、不同的材料提炼出的建筑语言总能体现着建筑的精神属性。这是给人类最好的礼物，从这些礼物中我们应能找出些哲学或理论性的思想。它们都具有某种风格，一种属于当时的、地方的和设计师个人的风格。

无中国文脉的上海闵行区法院

有文脉的中国国家奥林匹克中心

新建的昆明故城

新建的昆明同仁街

关于建筑的未来

给建筑“穿衣戴帽”以表征城市是有历史的，有文化的，这种种亡羊补牢的拙劣手段盛行于当下许多地方。把真正有价值的历史街区、历史建筑毁灭后建造起来的一大批公有制房屋突然又被认为丑陋无比。弃之可惜、食之无味，于是为了文化的脸面又要给这批建筑打扮，让它们粉墨登场。得到的效果几乎都是同样的下场。我们的城市和建筑被妖魔化、人不人、鬼不鬼、穿西装戴瓜皮帽、穿长衫配洋头套现象随处可见。新的混乱又制造出一大批建筑垃圾。错误的行为破坏了整体。

以“城市让生活更美好”为主题的 2010 上海世博会里的所有建筑似乎是在走一条新的“穿衣”道路。新出现的建筑手法一起转向了建筑的邻近领域，用视觉艺术、广告、文学诠释美，给建筑套上一件有视觉冲击力的外衣，尽管民众在面临真正的城市生活之前得到了一些安慰。这些大量而夸张的实验并没有丰富建筑学本身的内涵，并没有承担起空间质量的最终目标责任。持续了数千年的建筑学对民众和社会的承诺似乎在慢慢消失。所有的建筑仿佛被用于虚拟的学术争论中。

建筑的确是一面无情的镜子，能反映出时代里的人和行为，能表达那段历史。为了创造满足时代要求的空间不断地创造奇迹，被提出质疑后再重新确认。建筑有逻辑的一面，也有无法解释的一面。未来的精神预言任务，建筑仍将承担下去!

未来建筑的目的仍是满足人们最原始的需要，并给予相适应的享受。未来的建筑也必须通过技术、功能和经济资源为人们提供必要的生活价值。未来的建筑客户应该始终是历史和人类。

集体即公众的精神因素往往要高于空间因素。这就是美感、和谐或者差异产生的建筑精神价值为人带来的全新的心理感受。这种感受的无限要求驱动着建筑的变革，使其将一种平衡改变为另一种平衡。建筑将在历史、文化和地理条件的改变中产生不同的含义，这是它的丰富性。建筑也将承载城市、文化、功能、形式、材料、构造等等太多的东西。

建筑的未来是一个难解的谜，它们将永远超越自身建成的目的以一种说不清的原因吸引我们。

穿上漂亮外衣的上海世博会场馆

关于建筑的审美

对建筑的审美不能仅停留在对专业的三维空间的审视，尚需增加时间作为第四维因素。建筑的整体美感以及建筑的价值都需要通过时间对其仔细阅读才能体现出来，因为时间是阅读空间的工具。对音乐、绘画、诗歌、文学作品、雕塑等艺术的欣赏需要在时间的流逝中进行，建筑更需如此。艺术的神秘已被一些规律法则所点破，节奏、韵律、虚实、对比、统一中求变化、简洁、华丽都能给人带来愉悦、带来美的感受。对于建筑的审美不同于其它艺术的地方就在于需要亲自感受其内外空间的独特性、舒适性和以其为载体的其它艺术赋予它的丰富性和综合性。我们可以在时间的流逝中评价和审视建筑，目前更需要时间来欣赏近代建筑。

欣赏建筑离不开光，因为从某种意义上讲光产生了建筑，光与影是实现建筑艺术效果的必要条件。建筑对光的控制手段比如凹凸、虚实、对称、明暗都是较常用的方法。借助于电力的夜景灯光照明又为夜间的建筑创造了另一种美的感受，这完全有别于阳光下的建筑表情给人的体验。借助于水和镜面给建筑带来的空间变幻，同样应当引起关注。建筑的创意与细部的处理必将调动并引发观者的感叹。建筑师的精神追求总是伴随着对“和谐”、“冲突”等美感的迫切需求。“只有美才能拯救世界”。

美的种类如此众多，美的层次如此丰富。品味建筑不妨像建筑师一样，要知道一切，也要忘记一切。建筑已经不是建筑师个人的私事，它已具有社会、集体和文化的价值。

参考文献

(1)《书信和日记》马里奥·博塔翻译 / 王夏璐（天津大学建筑学院）
(2)《杨廷宝建筑言论选集》东南大学建筑研究所编 学术书刊出版社 1989
(3)《建筑的涵义》刘育东 天津大学出版社

澳大利亚悉尼歌剧院

印度泰姬陵

威尼斯圣马可大教堂

西班牙瓦伦西亚科技城

第一章　关于百年间建筑见证的人和事

第一章 关于百年间建筑见证的人和事

建筑是人类创造的物质产品，也是精神产品。它铭刻了人类的历史，书写了人类的文化，承载了人类的文明，见证了世界的发展。

把建筑放在历史发展的维度中来看，每一幢都是一个生命体，在这里她是历史的，也是现实的；她既在讲述每个年代政治、经济、文化、技术的故事，诉说城市和人们的生活经历、精神诉求。也让我们怀着崇敬的敬畏之心在瞻仰她、保护她、珍藏她和使用她。

云南建筑是云南社会物质和精神文明的一种物质空间存在形式，是云南人的心灵象征，是云南历史的见证。

云南人民创造了云南的历史，云南的建筑见证云南的发展。过去的百年是云南发展变化最大的百年，是云南涅槃重生的百年，也是云南走向世界的百年。这百年中多少建筑见证了云南的变化，多少建筑铭刻了云南的发展，多少建筑谱写了云南走向辉煌的壮丽乐章。

回望云南百年来的建筑有的消失在历史烟云之中，没有留下一点痕迹；有的已经被拆除，只留在老人的记忆和发黄的档案照片中；有的已经“改头换面”另穿新衣，湮没在商业文化大潮中；而有的还依然耸立，虽饱经沧桑，但精神犹存，风采依旧。

让我们翻开云南建筑的史册，品读云南，倾听它讲述云南冬天、秋天、夏天和春天的故事……

一、1911 年 ~1920 年

1. 百年铁路　见证百年云南

1910 年早春，一阵气笛声在云岭深处的崇山峻岭中响起，滇越铁路通车了。随着这一声气笛的鸣叫，云南告别了自然农耕经济，迎来了工业经济的曙光，开启了商品经济的大门，使云南从此迈入近代社会。云南行进的步履，随着滇越铁路列车轮子的速度运转，突破了自我封闭的疆域，进入了一个全新的时空。尽管带有一些殖民色彩，但是将云南经济对外交流依赖畜车、马帮、小船水运为主的小运量运输方式，快速提升到了火车大运量运输，促进了人员和经济文化的对外交往，实现了对外交流的跨越式发展，云南迎来了第一次对外开放。

滇越铁路（现称昆河铁路），北起中国昆明，南至越南海防，全长 854 公里。其中云南段昆明至河口长 468 公里。它跨越了金沙江、澜沧江、珠江三大水系，穿越亚热带干湿分明的高原气候、南亚热带半湿润气候、热带山地季风雨林湿润气候三大气候带，穿越了 12 个少数民族聚居区。滇越铁路经过的地方多为高山峡谷，工程建设异常艰难。在南北海拔高差 1807 米的线路上，设有 3628 道桥梁、涵洞和隧道，平均 3 公里 1 座隧道、1 公里 1 座桥涵。是当时修建难度最大的铁路工程，也是每公里平均付出生命代价较高的建筑工程之一。

滇越铁路这项伟大工程，对云南的社会变革产生了极大的

滇越铁路

滇越铁路碧色寨车站

影响，对云南发展起到了巨大的推动作用。它催生了云南近代工业的萌芽，开启了云南对外经济交流与联系，改变了云南发展方式，促进了云南人民生产、生活方式的转变。是云南的第一次对外开放，第一次融入世界经济中，第一次接触世界先进的工业文明，第一次遭受西方文化的近距离撞击。它加速了世界文化在云南的传播，促进了云南新文化运动的兴起。通过滇越铁路，云南的资源和特产得以走向世界；通过滇越铁路，云南兴建了学校、海关、税局、邮政局、医院、商店等社会服务设施和现代管理机构。大量的西方商品、技术、文化、工业矿冶机器设备，以及大量西方先进的建筑材料进入云南，加速了云南社会、经济、技术以及城市的发展。火车通车前，云南对外交通只有几条驿道，通车之后，昆明市政建设、消费习惯、思想观念出现前所未有的变化。一些闻所未闻的商品开始出现在昆明百姓的生活之中，罐头、香烟、咖啡、手表、缝纫机、化妆品等开始被一些富户人家接受和消费。

滇越铁路同时还对云南的近现代建筑发展起到了重要作用。通过这条铁路，以西方建筑体系为基础的近现代建筑技术体系在云南得到发展。砖石结构体系逐步取代了中国传统的木结构体系。有色洋瓦、水泥、玻璃、电灯、卫生器具等建筑材料伴随着商业建筑、新学堂、教堂、邮局、车站、别墅、厂房等建设，通过这条铁路运入云南并在云南发展起来，极大地推进了云南近现代建筑和城市的发展。云南开始出现许多西式或中西合璧的建筑，从此云南建筑突破传统走向“多元”。

滇越铁路自建好以来，一直和云南的发展联系在一起。尽管随着云南的发展它的作用在逐步降低，但它对云南的巨大贡献是不可磨灭的，至今云南还没有哪一项建筑工程对云南的影响超过它。

滇越铁路，悠悠百年，是云南百年发展初始领跑者，也是云南百年发展的见证者。

有人说中国的近代史是从1840年鸦片战争开始的，而云南的近代史是从1910年滇越铁路建成开始的，我同意这样的观点。

2. 辛亥革命催生多元

上世纪的1911年，发生了对包括云南人民在内的全中国人民具有划时代意义的历史事件，那就是中国新兴资产阶级革命——辛亥革命。在1911年辛亥年，以孙中山为代表的中国新兴资产阶级经多次失败后，于10月10日在湖北武昌发动民主革命，成功推翻了清朝的统治，结束了中国长达两千多年的封建帝制，开启了民主共和的新纪元。国家进入了“民国”时期，进入了民国初期的军阀割据与混战的动荡时期。

受武昌起义的影响，云南在蔡锷将军的领导下，以云南陆军讲武堂师生为骨干，于10月30日（农历九月初九）在昆明发动了“重九起义”，推翻了满清政府在云南的封建统治，建立了云南军政府，云南也迎来了“民主共和”思想。云南重九辛亥革命火种就来源于云南陆军讲武堂。当时包括朱德在内的一大批有志青年积极投身到辛亥革命当中，为云南的社会变革起到极大的推动作用。可以说现在保存完好的陆军讲武堂，是云南民主思想的孕育地，是云南民主革命的发源地。

辛亥革命对云南的意义在于，推翻了旧的封建政治制度，在人民群众中广泛传播了民主共和思想。西方的资本主义思想作为先进思想被接受，是一场摆脱封建思想束缚的思想解放运动，是一种社会进步。尽管这种新兴民主思想，在中国这样一个长期受到封建思想禁锢的社会中传播困难重重，几经波折，封建君权曾几度复辟，但是这种思想运动一旦兴起是不可逆转的。辛亥革命最终虽然失败了，但为当时的中国建立了民主思想基础。1915年袁世凯复辟称帝，云南在蔡锷将军的领导下率先在全国发起“护国运动”，讨袁护国维护了民主思想和社会

云南陆军讲武堂

云南陆军讲武堂内操场

蔡锷将军

进步。这充分说明了云南人民在当时虽然地处祖国边疆，但有天下为公之责，思想是解放的、活跃的，是善于接受进步思想的。人们的观念在新思想影响下发生了较大变化，这种思想上的变化，将极大地影响到云南社会发展各个层面。电话、电灯、自来水、汽车、自行车也陆续在云南城市，特别是在昆明出现；社会上逐步流行起西式生活风尚，咖啡馆、酒吧、电影院成为市民的时尚消费场所。新式学堂开始普及，女孩子也可以进入学校接受新式教育。粗略统计，自1910年~1923年间，昆明市内新开张的酒店、洋行就达三四十家之多。而同一时期广州的洋行也仅有十余家，昆明声望之隆，“堪比香港”。 云南先后兴建各类工厂55家，同1909年比，企业数量增加了3.7倍。其中，包括在世界上享有“锡都”盛誉的个旧也成立锡矿公司。同时，中国第一个水力发电站——昆明石龙坝水电站建成，其从欧洲进口的西门子发电机组便是通过滇越铁路运至昆明。发电厂运转后，昆明于1920年成立了自来水厂，从蒸汽时代步入了电力时代。可以看到这一时期，云南接受了许多外来文化，从这一时期的建筑就可以窥见一斑。建筑风格中式、法式、中西合璧式都有，代表社会发展和西方文化的一些设施如车站、海关、教堂、电影院、医院和厂房等非本土建筑也在兴建。

辛亥革命由民主主义带来的思想解放和观念变革，西方的种种思想顺势进入中国，“洋为中用”和实业救国思想更加深入人心，对今后百年特别是前四十年在云南人民的思想上产生了极大影响，渗透到了各项社会活动中，包括云南的城市建设和建筑建造，开启了云南建筑的第一个多元化时期。可以说辛亥革命在某种程度上为云南建筑的多元化发展，为云南近代建筑的创作和建设打破了思想束缚，提供了思想基础。虽然辛亥革命提出民主共和思想的影响，主要在于政治层面、国家政体以及思想层面，还没有更多地体现在文化层面和技术层面上，但是这种冲击伴随着西方的经济掠夺很快就影响到了文化和科技层面。故而这一时期更多体现在云南建筑上是传统建筑和“舶来品”建筑的“共融”与“共生”。也折射这一时期云南在随滇越铁路而至的外来经济冲击下，对西方“强势”文化的“被迫”接受。

二、1921年~1930年

1. 新文化运动下的建筑意识

1919年5月4日在北京爆发了以提倡“民主”和“科学”为旗帜的五四运动，标志着中国新文化运动达到了高潮。它是一次新文化运动，打破了中国传统儒家学说文化在思想上的束缚，冲击和荡涤了几千年来的封建旧礼教、旧道德、旧思想、旧文化，

昆明近日楼护国纪念标

孕育了“爱国、进步、民主、科学”的“五四”精神。提倡新文学、新道德、反专制、反愚昧，为新思想、新文化在中国的传播开辟了道路；是新民主主义革命的开端，它动摇了封建思想的统治地位，促进了中国人的思想觉醒；它推动了中国自然科学的发展，加快了中国科技文明进程。它是一场伟大的思想解放运动和新文化运动，对中国文化发展有极其深远的影响。

没有新文化运动，就没有思想解放，就没有文化上的解放，就没有新文化的发展。新文化运动对全国的思想、文化影响极深，在二三十年代形成了中国历史上一段文化繁荣时期，产生了很多优秀的文学作品。当然随着西方新技术和思想的引入，建筑创作和建筑作品进入一个全新发展机遇期。

在这样的大背景下，云南也不例外，民主思想不断深入人心，尊重科学、崇尚技术、科学救国、实业救国的思想，在新文化运动的推动下，得到社会广泛认同。以发展自然科学，学习西方先进技术的大学、医院、学校、银行、厂矿和一些商业在这一时期得到了快速的发展，使这一时期的建筑具有两个最显著的特征：开放和多元。西方文化伴随经济的渗透以及第一代西方留学生的归国，使得西方建筑文化很快在云南这样一个文化不发达地区得以传播，云南建筑的创作意识导入了“国际视野”。在云南较有代表性的1922年12月创立的东陆大学(后更名为云南大学)，就是在新文化运动下孕育而生的最好范例。云南大学是中国较为古老的大学之一。建校之初，全新西方教育体系被引入，大批自然科学和实用技术专业学科相继开设，以培养实用科技人才，为新兴工商经济社会服务的新式教育体系逐步建立。云南大学在建校时立下的八字校训充分反映了这种新文化思潮，“自尊、致知、正义、力行”分别谓心态、求知、道德和实践四方面，以致后来形成的“会泽百家、至公天下”的云大精神，更是强调了海纳百川、兼收并蓄、百家争鸣、融合创新，以及以天下为公，求“公在天下”的民主开放思想、爱国传统和科学精神。这些学校文化经八十多年的积淀，已沉淀在云南大学的每一个角落。耸立在云南大学校园内的会泽楼和至公堂，既是这种传统精神的历史见证，又是其时代标识。

2. 云南现代建筑的雏形

社会的变革，政体的更迭，经济形态的转变，极大地刺激了云南经济社会的发展，改变了人们的生产和生活方式。

上世纪20年代，云南进入一个相对稳定的建设时期。这个时期，交通基础设施逐步改善，与中国内地的政治、经济、文化关系逐渐密切，工商业得到了发展，一些与新体制相适应的社会服务机构相继建立。云南社会经济形态，开始步入商品经济时代。云南的经济重心由农耕经济开始向城市经济转移，城市的作用和地位越来越重要，职能和功能不断扩大。城市建筑主体从“官署+民宅”逐步多功能化。为满足社会各方需求的“多元化”建筑，

原东陆大学校门　云南大学会泽楼

昆明甘美医院

亚细亚烟草公司云南纸烟厂前身

原昆明中国国货公司

公共建筑不断兴建。区别于中国传统建筑以功能为导向，按西方建筑结构体系建设的“现代建筑”开始成为主流和公共建筑的主体创作意识。显示出新兴经济对城市发展的推动力，以及对建筑的影响力。这一时期的云南建筑有几个显著的特征：

① 西式风格成新建筑主流；

② 注重建筑的功能性；

③ 结构体系的砖石结构兴起；

④ 引进西方建造技术和建筑材料。

云南这一时期的主要代表建筑有 1928 年建的昆明甘美医院等。

这些建筑体现了那个时期的时代背景、文化背景，和受西方影响的建筑创作意识与建造手法。在这一时期，建筑创作停留在“搬”和“摹”上，缺乏创新。但是西方建筑技术的引进，建筑开始满足社会发展多元化的功能要求，从“传统”走向“现代”，形成了云南近现代建筑的雏形期。

3. 唐继尧与云南

唐继尧，云南会泽人，早年留学日本士官学校并加入同盟会，是近代民国初期云南继蔡锷以后对云南有重大影响的历史人物。他在 1913 年接替蔡锷任云南督军兼民政长（后改称省长），除 1922 年下野一年外，直到 1927 年下台，共统治了云南及云南以外的贵州、广西、四川等部分地区 13 年。在其间，唐继尧对外进行武力扩张，对内进行军阀专制统治。为支撑其统治和对外扩张，他开禁烟土，打击异党，最高一年鸦片收入占到省财政收入近 90%。但他又是辛亥年云南“重九起义”、1915 年护国讨袁运动的核心人物。同时也要看到，在这期间他也推动了云南社会服务设施的建设，如开立东陆大学、开办中小学教育、医院等，为云南的社会事业和文化教育事业做了很多工作。

唐继尧

30 年代唐继尧墓

唐继尧与再造共和纪念塔标

其于 1927 年 2 月因部下龙云等发动兵变弃职，于同年 5 月 23 日病逝，享年 44 岁。国民政府于 1935 年念其护国之功明令褒奖，并于 1936 年为唐继尧补行国葬仪式。唐继尧死后葬于现昆明圆通山公园内，1932 年修建的墓为石砌圆丘形，高 6 米，直径 6 米，占地 1500 ㎡，是国内近代较大的陵墓。墓前有神道石碑坊、石狮、华表等，中西合璧、气势壮观。唐继尧一生功过较为复杂，有挽联“治滇无善政，护国有奇功”。也有故居正堂对联“护国讨袁南天一柱，治滇兴教东陆独尊”对其一生评价。

三、1931 年 ~1940 年

1. 龙云与“新云南”建设

龙云是以军变推翻唐继尧取而代之为云南省主席的，云南昭通人，彝族，从 1927 年到抗战结束的 1945 年，共统治云南长达 17 年。早期入云南讲武堂，后加入民盟、民革。主政期间他努力革新，支持民主运动，坚持抗日，使云南的政治、经济和文化等各方面的建设取得了重大进步。第一通过军事力量统一了处于战乱和割据的云南。第二提出了建设“新云南”的目标，即以“三民主义革命建设的新云南”，具有封建地主阶段恢复秩序和巩固统治，同时又有资产阶级建设资本主义工业化云南的设想。以其教育之改革、财政之整理、交通之建筑、矿业之开发、水利之蓄储、仓谷之积蓄、农业之扶持、工业之创办等治滇理念，从政治、军事、经济、文化、教育等诸方面实行了一系列整顿和改革。重视交通基础设施建设。唐继尧时期云南只有公路40公里，龙云主政后，大力修建公路，加强与内地的联系。仅云南的对外公路就修了六条：滇黔、滇康、川滇西路、川滇东路、云桂、滇缅公路。大大加强了与中国腹地的联系，也为后来的抗日战争期间作为中国抗战大后方奠定了基础。特别是滇缅公路为中国的抗日战争和云南自身的建设发展做出重大贡献。他积极发展工业，大力推进以锡矿为主的有色金属矿冶业、制造业的发展。在抗日战争爆发后，随着内地工厂、技术、院校等的迁入，极大地带动和刺激了云南地方工业的发展，实行了云南近代工业发展新跨越。同时重视农耕，扩大粮食种植地、减轻税收、存粮丰谷，为全国抗战打下良好的基础。大力改革教育，增加教育投入，改善教育条件，大力发展中小学教育，支持云南大学建成国内一流大学。抗战时期支持西南联大等教育科研机构的迁入和办学，为那一时期云南文化教育水平的提升起到了推动作用。推进民族文化建设，倡导修志。

龙云主政时期，是云南相对稳定的发展时期，其“新云南”

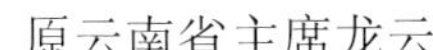
原云南省主席龙云

昆明火车南站

的建设思路，使云南在二十世纪三十年代出现各方面生机盎然、欣欣向荣的局面。这个时期随着云南民族工业的发展，商业贸易的繁荣，城市建设也发展较快，使昆明成为抗日战争期间除重庆以外最重要的抗战中心。云南经济进入了一个迅猛发展的时期，成为近现代云南资本主义发展的黄金时期。

这一时期，以昆明为代表的城市，随着社会的和平稳定得到较快发展。不断增强对外交通联系，和内地、香港以及英、美等地交往密切，使云南本地工商业得到了较大的发展，自我的发展机制逐步形成。法、英等国的一些特权被收回。这时期带有西方色彩的商业文化在昆明得到发展，一些洋行、钟表店、西服店、“百货店”、“百货街”相继形成，城市经济初步得到发展，生活方式发生着激烈的变革。城市建筑由以法式为主的西式风格，向更为广泛的西式风格发展，传统民族建筑也开始引入西方的技术和建筑符号。“洋为中用”观念得到普遍接受。

在1935年5月，蒋介石携夫人及大批随从考察云南，蒋夫人宋美龄发现当时昆明社会秩序良好，城市面貌整洁。她写道：“昆明的街道十分干净整洁，建筑物都是同一色彩，和我们在其他地方见到的那些杂乱的建筑物相比，使人感到更舒服。”当时《大公报》甚至把云南描绘成“自然资源大宝库”、“是有着光明前途的省份之一”。(《南方人物周刊》2011年07月14日)

2. 抗战加快了云南发展

抗日战争时期是中国近代历史上，最为艰苦卓绝的一个时期。云南在抗日战争中具有不可替代的重要作用，是全国抗日战争的大后方，也是抗日战争的最前沿，为抗日战争最终取得胜利做出了巨大贡献。

1937年7月7日爆发抗日战争，在东北已经被日本占领的情况下，中国较为发达的华北、华东、华南大部分地区相继沦陷。当时的国民政府西迁重庆，云南随即也成为了全国抗战的大后方。抗日战争爆发后，国民政府采取了开发西南的方针，云南加快了通往周边省份的公路交通建设，大批沿海和内地的机关、工商企业、军工、学校、科研机构大举迁入云南，带来了各种新设备、新技术、专业技术人员和高层次人才。同时先期依托滇越铁路，中期开通滇缅公路，后期开辟驼峰航线。大批战争物资和生产生活物资集聚昆明，使昆明在战争期间也迅速成为了抗战时期全国经济中心、对外交流中心和抗战基地。

这一时期云南人口快速增长，净增超过一百万，战略地位突出，人、财、物的短期汇集，加速了云南经济和城市的发展，这一时期的昆明可想而知是多么的热闹，人口激增至 50 万。我国著名女建筑师、诗人林徽因先生曾为躲避战火避居于昆明。并写下了《昆明即景：一、茶铺，二、小楼》描写抗战初期的昆明。她在《茶铺》中写道：

这是立体的构画，
描在这里许多样脸
在顺城脚的茶铺里
隐隐起喧腾声一片。
各种的姿势，生活
刻画着不同方面：
茶座上全坐满了，笑的，
皱眉的，有的抽着旱烟。
……

30 年代昆明金马坊

30 年代昆明街道

在《小楼》中这样写道：

七上八下的矮楼，
半藏着，半掩着，立在街头
瓦覆着它、窗开一条缝
夕阳染红它、如写下远古的梦。
矮檐上长点草，也结过小瓜，
破石子路在楼前，无人种花，
是古坛子、瓦罐、大小的相伴；
尘垢列出许多风趣的零乱。
……

虽然诗中流露出诗人颠沛流离生活那种失落心情，但也描绘出了抗战初期的昆明人声鼎沸，在国破家亡的战争背景下国人“无人种花”的情景。

这一时期一大批名家大师、专业泰斗、一流学者熊庆来、华罗庚、刘文典、冯友兰、吕叔湘、吴文藻、楚图南、吴晗、费孝通、严济慈、方国瑜、朱自清、沈从文、闻一多、钱钟书、周培源、朱光潜及萧乾等都云集昆明。有的随西南联大、中山大学等大学而来，有的为避战火而至，人才济济。由清华大学、北京大学、南开大学临时在昆明组成西南联大，条件艰苦、设备简陋，八年的时间虽然仅培育了 3343 名毕业生，但在这些人中有杨振宁、李政道、赵九章、邓稼先、黄昆、吴征镒、叶笃兰、刘东生等等后来的科学大家，从中可以看到西南联大在抗战期间教学的严谨。被美国弗吉尼亚大学历史学教授誉为：“西南联大是中国历史上最有意思的一所大学，在最艰苦的条件下，保存了最完好的教育方式，培育出了最优秀的人才。”1946 年回迁后，留下师范学院，就是现在的云南师范大学。这些教研机构和名人大家的入滇为云南带来了当时中国最高水平思想文化，使云南成为全国文化中心之一，对云南的文化教育事业发展起到了极大的推动作用，促进了云南的文化变革，成为云南文化教育发展的历史性机遇，云南文化臻于至盛，是云南文化的辉煌时期。

这一时期一些沦陷区上海、南京等地的设计事务所迁入昆明，加快了昆明的城市建设，提升了云南的建筑创作水平。抗战期间华盖建筑设计事务所、兴业建筑设计事务所等在昆明陆续开业。这些事务所大都是由第一代留学西方国家回国开业的建筑师领衔。他们接受了较完整的西方建筑理论和技术体系教育，西方“现代建筑”理论对他们的影响较大。在中国的建筑实践也主要以“现代建筑”为主，有的同时也在探索西方建筑文化与中国建筑文化的融合，探索中国“现代建筑”的道路。当时较为著名的中山陵就是那批建筑师对这种探索的优秀代表作。他们在昆明的开业，对云南的建筑设计产生了较大影响，在昆明南屏街、正义路等地出现了很多“现代建筑”，昆明较有影响的大型公共建筑胜利堂（当时称志公堂）也是那一时期完成设计，并开始施工建设的。

1938年1月梁思成与林徽因夫妇到达昆明，先后住在巡津街和昆明东北郊麦地村的“兴国庵”，并在昆明重新组建中国营造学社，主要有六人：梁思成、林徽因、刘敦祯、刘致平、莫宗江和陈明达。学社恢复后的第一项研究，就是对昆明的古建筑进行调查。在1938年的10月~11月，先后调查了昆明的圆通寺、土主庙、建水会馆、东寺塔、西寺塔、真庆观、金殿等50余处昆明的主要古建筑。这是昆明或云南有史以来的第一次古建筑文物普查和专项研究。1938年12月刘敦祯一行十余人又对云南滇西、滇西北地区的建筑进行了考察和测绘，为云南的建筑研究留下了宝贵的历史资料。这是我国建筑大师对云南建筑的研究，也是对中国建筑的一大贡献。

昆明作为西南大后方云南省的省会，吸引了许多企业迁移至此，大量的资金、设备和人才通过滇越铁路进入昆明，不仅为中国的工业发展保存了力量，也有力地推动了昆明工业现代化的进程，从而一举奠定昆明现代工业的布局及发展基础。大批战略性工业随迁而来，基础工业如中央机器厂1938年4月迁入昆明，进行军工和民用产品生产，是现昆明机床厂的前身。作为抗战的大后方，战略物资的生产与项目建设也是这一时期云南的重要任务，一些企业在云南开工建设并投入生产，如昆明钢铁厂前身云南钢铁厂在1939年建设。这些工厂的迁入和建设提升了云南工业发展水平，加速了云南工业的发展，为云南的近现代工业发展奠定了良好基础。

梁思成

林徽因

刘敦祯

云南钢铁厂（昆钢前身）

美军昆明第一招待所

现在的昆明钢铁厂

昆明同仁街

这一时期的云南建筑更多地体现出了“洋为中用”、“中西合璧”的创作思潮。西方的古典主义不断受到现代主义的挑战，不断受到地方文化的影响，同时也受到中国内地如上海等一些发达地区的影响，此时期的建筑已不同于20年代云南大学会泽楼西方古典主义建筑风格，开始受工业化的影响。建筑更多地倾向于功能主义，实用而相对“简约”，开始带有不同程度的现代主义建筑的形式特征和内在精神。对外来西方建筑符号和文化要素有提炼和抽象，逐步体现出地域性建筑风格。

这一时期云南的城市建设，特别是昆明，随着抗日战争的爆发，迎来了一个超常规的发展，人口急剧增加，工商企业、机关、学校等的迁入，加快了城市的规模化扩张和城市化建设。专家学者、达官贵人、社会贤达、军政要员、新兴资本家和封建财主的迁入，资金的流入，促进了云南工商业的发展。马市口、金碧路、南屏街等商业金融街快速形成。学校、银行、电影院、百货商店、行政机关等建筑在30年代末出现了建设高潮，如同仁街的劝业银行，南屏街的南屏电影院等。昆明已成为了抗战时期中国的经济、文化中心。

昆明南屏电影院

抗战时期的金碧路

昆明南屏街口银行建筑

四、1941年～1950年

1．抗战胜利后的云南

抗日战争在1945年，由云南滇西的抗战胜利把日本侵略者赶出国境开始拉开了全国抗日战争胜利的序幕，最终于同年8月取得了胜利。

抗日战争时期的云南，既是全国抗战的大后方，也是抗日战争的最前沿。云南为开辟和确保中国抗战的国际交通线做出了前所未有的贡献和牺牲。抗日战争初期，为切断我国的外援通道和与国外的联系，日本侵略军从越南封锁和炸毁了滇越铁路。云南组织几十万人在不到一年的时间里修筑了滇缅公路。在日本人切断了滇西滇缅公路后，又组织抢修了瑞丽、祥云、昆明等机场，在美国的支援下开辟了中印驼峰航线。使国际援助和我国外购战争物资运输没有间断，有力地支援了全国的抗日战场。云南第一条国际铁路——滇越铁路、云南第一条国际公路——滇缅公路、云南第一条国际航线——中印驼峰航线，这三项工程，以它们不可磨灭的满身伤痕，见证了中国人民的抗日战争，见证了云南人民的奉献与牺牲。

抗日战争的胜利，标志着中国历史发展的转折，也是云南发展的转折。从战争状态走向和平，人民对未来充满了希望，国家将由战争转向经济和社会建设，进行战后重建。云南同全国一样也在为今后美好的生活进行战后建设，胜利堂就是最好例证。胜利堂在建初期名为志公堂，在1946年12月28日落成时，为纪念抗日战争胜利改名为“抗战胜利堂”，后称人民胜利堂或胜利堂。对称的建筑本身和周围对称的空间环境，既反映了作为有政治意义的公共建筑之地位，也反映出纪念性建筑所追求的庄严与严谨。胜利堂是云南省第一座具有纪念意义的公共建筑，从它诞生之时，就寄托了云南人民深厚的爱国主义和民族主义感情。

它采用中国传统的单檐歇山顶形式，作为当时纪念性建筑，是民族主义在抗日战争中高涨情况下的必然选择。平面充分利用了当时的用地条件，但在很多细部处理手法上应用了近代西方建筑处理手法和要素，以及建筑技术和室内装饰，较恰当地体现了当时“中为体，西为用”的社会思潮。它可能是云南历史上最后一幢使用中国传统“大屋顶”形式的公共建筑，它或许成为云南近现代建筑的分水岭。

2. 解放战争时期的云南

抗日战争结束，中国国土得以全部光复，云南作为战时仅有的国际交通线的地位消失了，大量抗战时期迁入的机关、工商企业、学校、人员等回迁，人口减少，使昆明失去了当时全国经济和文化中心的地位。这些变迁极大地抑制了云南快速发展势头，云南的发展又从外力推动回到了内生性发展阶段。

随着和谈破裂，解放战争爆发，虽然云南基本没有太大的战事，但国民党中央政府加紧了对云南的政治和经济的控制以及滇军外调作战，在很大程度上影响了云南的经济发展和城市建设。

这一时期云南的建筑主要是西方留学归国和内地抗战时来云南的建筑师设计的，没有太多西方设计事务所的直接介入，因而建筑多以西方技术为基础，形式处理带有一些西方建筑要素符号的现代主义建筑。这一时期的建筑更为多元，更加注意地域性和“国际性”的结合，更加注重在应用西方建筑技术基础上如何适应社会和生活方式变革，探索地域性与民族性的体现。

3. 卢汉与云南和平解放

解放战争在经国共双方几大决战以后，在1949年末基本结束，新中国1949年10月1日在北京宣告成立。中国进入了一个新时代。

云南的解放，时任云南省主席的卢汉将军起到了非常重要的作用。在解放战争后期，国共双方战争格局发生较大变化，新中国成立，民心所向，卢汉将军于1949年12月9日晚以召开紧急军事会议为由，将七位在云南的国民党军政要员，请到卢汉公馆进行扣押，随即上五华山在光复楼发布云南起义的命令和通电，宣告云南和平解放。

云南的和平解放，最大程度地避免了战争的破坏，使云南的很多城市和建筑免受战火。云南的传统建筑和近代建筑得以保存下来，特别是昆明这座历史文化名城得到了几近完好的保存。

现在位于翠湖边上的卢汉公馆和在五华山省政府的光复楼都可以见证这段不平凡的历史。

滇越铁路

滇缅公路

抗战时期驼峰航线

昆明抗战胜利堂

1944年 昆明街道

卢汉将军

卢汉公馆

光复楼

五、1951 年 ~1960 年

1.新中国 新云南

新中国建立，云南和平解放，这是云南近现代的转折，是一场重大的社会变革。从国家制度、经济制度、政治制度、社会管理和文化发展方向都有了革命性的改变。旧的制度被打破，新的制度逐步建立，人的思想观念都在一夜之间发生了改变，新的世界观、价值观及生活方式都重新建立。如此大的社会变革势必影响到云南城市的发展、云南建筑创作的方向和建设。

新中国，新社会，激发了广大民众的建设热情和奉献精神，“为建设社会主义新中国”在激励着广大建设者走入新时代。在经过两年多的战后国民经济恢复期，我国国民经济得到了好转，在 1953 年开始实施以建设社会主义工业化为中心的第一个五年计划（1953 年 ~1957 年）。这一时期国家对基本建设进行了较大的投入，如 1953 年、1954 年投资额由过去的财政支出 30.2% 增加到 48%，1956 年基本建设投资额比上年增长 70%。在新中国成立的十年里，城市建设取得了巨大的成就。为迎接建国十周年，在北京兴建了首都十大建筑，即人民大会堂、中国革命历史博物馆、全国农业展览馆、中国军事博物馆、北京火车站、北京工人体育场、北京民族文化宫、民族饭店、钓鱼台国宾馆和华侨大厦，成为了 50 年代不仅是北京而且是全国的建设标志，也是新中国社会主义的象征。

这一时期云南也和全国一样，掀起了城市建设的热潮。昆明作为云南的中心城市，进行人民路和东风路的建设，并且在东风路布局建设了 50 年代昆明的十大建筑：翠湖宾馆、昆明饭店、昆明邮电大楼、昆明百货大楼、云南饭店、云南艺术剧院、云南省博物馆、云南农业展览馆、云南省体育馆和东风大楼。使东风路成为了昆明最时髦、最气派、最能反映社会主义新时代风貌的城市大道。较为可惜的是这十大建筑中的翠湖宾馆、云南饭店、东风大楼、昆明百货大楼未能保存下原貌。在改革开放的初期新一轮城市化运动中被“改造”了，有的也在这一时期“旧貌换新颜”进行了立面改造，失去了很多历史信息。

在 1955 年越南政府征得中国政府的同意，在昆明开设了领事馆，使昆明成为较早有外国驻华政府机构的省会城市。

这一时期的建筑，由于苏联的技术与经济援助，以及政治制度和世界观的趋同性，使得这一时期的建筑受到苏联建筑风格和建造技术的影响较大，带有较强的苏联建筑文化符号和立面处理手法，包括墙体构造和内外空间布局都带有明显的苏联特征。昆明十大建筑中以云南省博物馆（原昆明军区军事博物馆）较突出，具有较为明显的“摹仿”性，典型的“苏式”建筑，高大粗壮的廊柱，带有红旗和五角星装饰的屋顶叠层尖塔高耸入云。除公共建筑以外，这一时期的政府办公楼、工业建筑、职工宿舍也受苏联建筑风格和建造技术的影响。在云南气候条件下，一、二层职工宿舍采用了 37 墙，甚至 49 墙、木地板、木楼梯、木灰条隔墙恢复等有带有较强的苏联寒冷地区建造特征，包括建筑立方面上的纹饰、花饰也带有一些前苏联社会主义文化和建筑文化特征。“苏式”建筑成了这一时期云南的重要建筑特征。

2.建设方针与云南建筑

两千多年前的罗马帝国时期，意大利建筑师维特鲁威（Vitruvius）在其著作《建筑十书》中就首先提出了建筑的三原

五十年代昆明十大建筑（从上至下、从左至右）依次为：百货大楼、省博物馆、翠湖宾馆、东风大楼、昆明饭店、农展馆、省体育馆、云南饭店、邮电大楼、艺术剧院

则“适用、坚固、美观”，这一原则指导了西方建筑许多年的发展。中国自鸦片战争打开国门，云南自滇越铁路跨入近代史以来，传统建筑受到了西方建筑的严峻挑战。西方建筑体系和建筑技术随着“洋为中用”的思想在近现代快速地取代了中国传统建筑体系。那么西方建筑的这一“三原则”在新中国的社会主义建设中是否适用呢?

中国的近代史，从某种角度来看是一部战争史，外敌入侵、列强欺凌、军阀混战、抗击外侮、新民主革命等，缺乏一个相对稳定的建设时期，经济基础和工业基础薄弱。新中国建立以后，国民经济一穷二白，这是国家的现实，因而国家提出了“勤俭建国”的指导思想。在现代建筑技术已经相对成熟，建筑结构在经科学计算得以保证安全的情况下，国家在制定第一个“五年计划”的时期，提出我国“适用、经济、在可能的条件下注意美观”的建设方针。这一建设方针提出后，一直指导了我国几十年建设。无论是一穷二白基础上建设社会主义的过程中，还是改革开放小康社会的建设中都发挥了重要的指导作用，是我国建筑行业发展、建筑创作的根本大纲。它客观地把握了这个历史时期建筑行业发展的本质要素，建筑设计的基本原则，建筑创作的指导思想，符合我国的基本国情。当然建设方针的提出也有行业发展背景。在1953年国民经济刚得到好转，在建筑创作中，一些复古主义抬头，大屋顶成风，国家几大部委的办公楼都设计为大屋顶风格，尺度大，耗费资源多，投资大，这引起了行业的争论，由此也需要有一个建设方针来统一思想，指导行业的健康发展。

云南这一时期的建筑，可以看到在建筑设计与建设中遵循了“适用、经济、在可能条件下美观”这一方针。这一时期的建筑，朴实、大方，建筑材料也以地材为主，除一些公共建筑用了一些“洗石子”饰面外，人多数丄业和民用建筑都是清水砖墙，很少有饰面，普通的灰瓦顶、漂亮的红砖和青砖墙是当时大多数建筑

50年代市政府

50年代南屏街

50年代昆明工人文化宫

50年代东风路与艺术剧院

典型办公楼

50年代的东风剧场

的“风格”，是那一个时代的独特建筑风貌，这种风貌一直延续到了后来的六十、七十年代。那时的机关办公楼、工人新村、工厂、仓库还让我们记忆犹新。

3.大跃进与云南建设

1956年完成公有制改造，并较好完成我国第一个五年计划以后，全国人民的热情被调动了起来，在制定第二个五年计划的时候提出了“大跃进”的口号，制定了“鼓足干劲，力争上游，多快好省地建设社会主义”的总路线，要在短时期内“超英赶美”。随即在工业、农业和基本建设上出现了“超常规发展”，为搞建设大炼钢铁，脱离实际，违反科学，违背经济发展规律。这一时期的建设，有很多人为因素，缺乏科学的论证和技术准备。“土法上马”造成了很多建设质量不高，设施不全，使用不好，浪费严重，最终导致了经济严重失衡，造成了随后的经济困难和国民经济发展的新调整。

云南同全国一样，在建设上也经历了这样一场运动。当然从建设上来说，“大跃进”有其促进作用和积极意义。如果没有“大跃进”，昆明的十大建筑可能在那个时期难以完成，东风路、人民路难以形成，一些厂矿、机关、学校等基本建设工程也难以建成。至少在50年代后期1958年~1960年大跃进期间，项目建设速度得到了很大提高，很多建国十周年“献礼”工程也是在这一时期得以完成。这一时期，云南汽车修配厂建设投产并制造出国庆牌轿车、昆明牌卡车、红旗牌货车等。昆明至内江的内昆铁路建设，这是云南第一条通往内地的铁路。这条铁路的建设提升了云南与中国内地的经济联系。“大跃进”的建设从另一个角度来说，为云南的工业、城市及交通等基础设施打下了基础。

内昆铁路

云南汽车厂生产的红河牌卡车

六、1961年~1970年

1.三年自然灾害对建设的影响

1959年~1962年，中国连续三年遇到了自然灾害，受灾面达82%。再加上由于大跃进带来的经济失衡，使新中国迎来了建国后的第一个经济困难时期，粮食供给不足，饥荒笼罩整个中国，大批工程和重大建设项目下马，保民生成了最主要的问题。

经济的严重困难，使得建设的速度慢了下来，因而在60年代初，中国逐步走出三年困难时期，进入了一个国民经济恢复和调整期。这时期国家甚至提出“三年不搞城市规划”，故除一些新建“三线”城市外，城市的发展建设慢了下来。直到1976年的唐山震后重建，城市规划一直处于停顿状态，可见城市建设进入了一个低速期。云南虽然自然灾害不如内地那么严重，但在计划经济的调节和国民经济失衡的情况下，也同全国一样，经济不振，供给不足，全省进入了一个“勒紧腰带”搞建设的时期。

这一时期以解决吃饭问题为主，建设以实用为主，很多建设是以“干打垒”的形式完成，建设进入了一个厉行节约时期。因而这一时期在云南除了 50 年代的续建工程外，没有进行大规模的民用建筑建设，也没有规模大、花钱多、标准高的公共建筑建设。民用基本建设进入一个相对停滞期。

2. 三线建设与云南

1964 年，国际形势风云变幻，北面与前苏联关系恶化，边境时有摩擦。南面美国对越南的战火已烧到了越南北部。东面台湾海峡局势紧张。在这样的国际形势下，国家做出了一个战略决策，进行“三线建设”，再一次在国家层面上进行战略性工厂和科研单位内迁。国家将国防工业、制造业内迁，并在西部布局建设。这一工程一直持续了十余年，直到改革开放后的 80 年代末。三线建设可以说是建国后的第一次大规模的西部大开发，是国家国民经济布局的一次重大调整，使三线地区的经济规模增长 3.9 倍，初步改变了我国内地和西部基础工业薄弱、交通落后、资源开发水平低下的状况。初步建设了以能源交通为基础，国防科技为重点，原材料工业与加工工业相配套，科研与生产相结合的战略后方，为这一地区后来的改革开放打下了基础。

60 年代昆明三市街口

60 年代昆明东风路

白鱼口工人疗养院

昆明铁路医院

云南作为西部地区省份，在国家“三线”建设中受益，作为三线建设的地区之一，主要建设以成昆铁路、贵昆铁路为先导，以国防军工业为重点，配套建设冶金、有色、机械、煤炭、电力、化工、森工、建材等工业体系。这一时期贵昆铁路、成昆铁路、昆明钢铁厂技术改造、开运水泥厂、云南维尼纶厂、昆明玻璃厂、昆明重工和海口光学仪器厂等大批基础设施和基础工业兴建，以及滇中地区的昆明、曲靖、玉溪等国防军工科研部门的迁入和军工工业建设，加快了云南地方工业的发展，提高了云南工业化发展水平。整个三线建设云南共布点建设 168 个三线企事业单位。其中军工企业 38 个，民用企事业单位 130 个。极大地增加云南的工业和科研实力，完善了云南的工业布局，为云南的发展再一次夯实了基础。

3. 文化大革命的影响

中国在 60 年代发生了使中国政治、经济、文化和社会深受影响的“文化大革命”。这场持续了十年的政治运动，使整个国家走入了一个非理性时代。其它的暂且不说，就文化而言，这是中国文化近现代史上发生的灾难。中国人的文化价值观在政治

成昆铁路

内昆铁路通车

昆明水泥厂

昆明纺织厂

昆明重机厂

的绑架下，对文化的认识，特别是对中国传统文化的认识，以及对西方文化的认识都发生了扭曲。建筑作为一种文化形态也在其中。传统文化、建筑文化被赋予了“阶级性”，建筑美在人民心目中越来越模糊。

“文化大革命”时期，特别是前五年，国家完全处在一场社会动乱之中，经济建设几乎处于停顿，机关、厂矿、学校受到严重的冲击，特别中学、大学遭受了毁灭性打击。一切教学活动停止，武斗充满校园，知识分子不被尊重，对社会各界精英造成了极大的伤害。

十年“文革”很大程度上模糊了人们对“文化”的认识，传统文化不论“精”与“糟”都被“革命”。这时期文物受砸毁，古迹被破坏，知识不受尊重，文化不被继承，中华五千年历史文化在此时期受到了“切割”。文化发展停滞，大众文化教育从百花齐放到“一枝独秀”，其它文化受到严重的排斥。建设方针在这个时期实际上变成了“经济、实用”，没有了美观，也不敢对“美”这种所谓资产阶级思想有所追求。云南同全国一样，也经历了这一段痛苦的历史。

这一时期的建筑，以解决使用为主，缺乏对建筑艺术的追求。建设的重要公共建筑都会有较为强烈的政治符号和标识，如火焰、红旗等，这期间为举办群众集会，城市的中心人民广场建设得到发展。毛泽东同志的全身雕像也在全国的中心广场、大学校园等地被竖起，并成为区域景观中心。用于举办群众性活动的检阅台在大中城市几乎都有。“文革”中礼堂的建设与设计被赋予了特殊的政治含义和用途，政治口号宣传墙到处都是，有的建筑外墙上也被改变为口号标语墙。“政治挂帅”这一口号已经统领了当时的意识形态，建筑也不能独善其身。这一时期的建筑，特别是公共建筑具有一个明显的特性，就是“政治性”，这一特性一直延续到了 70 年代末。

语录成为当时一种建筑语言

昆明东风广场检阅台

“文革”最疯狂期间昆明百货大楼“大字报和巨幅标语装饰”

七、1971~1980 年

1．“深挖洞、广积粮”的昆明城市

1972 年 12 月 10 日毛泽东主席提出全国应对美苏核讹诈的指示“深挖洞、广积粮、不称霸”。这一指示后来成为一条战略国策，在此后的全国城市建设和建筑设计中起到了重要指导作用。其核心就是在此后城市和建筑要增强防空能力和防核打击能力。要在城市建设必要的防空设施，在大中型建筑中建设人防避难空间。根据这一指示和当时的国际形势，在中国的大中城市中掀起了地下人防工程建设的热潮。在城市中心区的主要道路、广场下开始兴建大规模地下人防工程，对当时城市发展和影响是较大的。这些人防地下工程在后来的改革开放初期一度被开发利用，开设地下商场、停车场等，有的现在还在继续使用。

对当时的云南来说，只有昆明发展有一定规模，也只有昆明才有这一经济能力。昆明在主要城市道路如正义路下开始了人防的建设，建设方式采取全开挖建设。除了人防建设外，对昆明来说，这个工程在70年代给昆明带来了继50年代后的第二次“旧城改造”。一些1949年前的建筑被拆除，随后沿街建设了“一层皮”的多层现代底商建筑，为当时的昆明城市增添了一缕“现代”生机。五层左右的底商建筑，契合了当时昆明的经济发展水平和技术水平，也反映了当时社会经济条件下，各种门类商品供应的网点的布局和建设配备标准。也体现了在封闭的计划经济体系中对城市现代化建设的理解。正义路的“改造”一直延续到了80年代。它的改造虽然体现了那个时期对现代城市形象的理解，给城市注入了新的亮点，但也较为可惜的是拆除了许多老建筑，特别是一些近代建筑被拆除实为憾事。当然更遗憾的是一些历史街区的拆除，发生在了90年代，那是一场较为轰轰烈烈的城市改造运动。昆明的一些主要历史街区在短短的几年里被相继拆除，丢失了城市的历史，或许这是一个建筑文化不发达的国度，对建筑文化必须经历的认识过程。

到2011年，正义路这条昆明的历史中轴、城市中心商业街，又进行了第二次“旧城改造”。在市场经济条件下的改造建筑，遵循市场经济的原则和商业经济形态，从中我们可以看到今天对建筑文化认识的提高。城市历史文脉有所继承，对城市历史街区的文化价值的认识有所提高，规划、建设管理部门对旧城改造进行了控制，“历史文化”有所回归。尽管已失去了往日的风采，但能引起对“往日昆明”的回忆，历史文脉得到了一定继存。

民国时期昆明正义路

现在改造后正义路节点

70年代正义路

现在新旧并存的正义路

2. “文革”结束与云南建筑

十年“文革”，对中国的政治、经济和文化影响是深重的。这十年迟滞了城市的发展，人本应自由的思想受到严重的束缚，人的创新与创作意识受到压制。“文革”时期使中国的建筑创作和建筑设计人才的培养出现了一个“空白”期。大学考试制度取消，大学教育处在非正常状态，对内对外学术交流停止，建筑理论研究停顿，使我国的建筑理论研究与建筑实践几乎没有发展。随着“文革”的结束，中国逐步迎来“改革开放”，迎来了工作重心的转移，迎来了经济体制的改革，迎来了人们的思想解放。同样，“文革”的结束，改革开放的兴起对中国政治、经济、文化影响很大。它引发了中国巨大的社会变革，波及到社会的每一个领域和角落，影响到每一个人。特别是经济体制的改革，重塑了人们的“价值观”。1978年《光明日报》转载了徐迟的报告文学《哥特巴赫猜想》在全社会引起了巨大反响，特别是青年人，引发了“自我价值”的思考。使知识重新赢得人们的尊重，科学技术作为第一社会生产力走到了推动社会进步，推进经济发展的前台。科学技术迎来了春天，人们的思想束缚逐渐被打开。

云南和全国一样，虽然在70年代中后期城市没有太大的建设，然而这一时期为今后的改革开放奠定了思想基础。真理大讨论，打破了“文革”的思想禁锢，是一个思想解放时期，迎来了人们思想的自由放飞，为随后的经济建设、大规模的城市建设与建筑创作进行了思想准备。

这一时期的建设虽然不多，但在“工业学大庆”的影响下，一些群众性公建的建设在这一时期还是得到了发展，如工矿企业的工人俱乐部，城市里的电影院、剧院、职工宿舍等。70年代的建筑具有较为强烈的时代特征，其主要表现为“实用而质朴”，全国建筑形式基本一样，形成了“千篇一律”，具体表现为：

① 建筑功能相对单一，复合功能建筑不多；

② 建筑功能以实用为目标，以解决“够用”、“可用”为主；

③ 建筑技术运用了西方建筑技术，以砖混和部分框架为主的结构技术体系；

④ 建筑层数多在五层以下两层以上；

⑤ 建筑对装饰材料以清水砖和“洗石子”为主，室内装饰以大白浆，地面以水泥地或水磨石为主；

⑥ 平屋顶，木门窗；

⑦ 缺乏地方特色，建筑有时代特征但缺乏文化性。

70年代昆明盘龙江与得胜桥

70年代职工宿舍

八、1981年～1990年

1. 改革开放与云南建筑创作的繁荣

进入80年代，全国人民在改革开放春风的沐浴下，意气风发地走入新时代。以经济建设为中心，在建设现代化国家的良好愿望下，开启了新中国建国后的第二轮城市化进程。这一进程一直延续至今，不仅影响了中国的发展与变革，也影响了世界的发展格局。

发展城市经济，推进城市化，极大地推动了建筑创作的繁荣，中国的建筑界完全进入一个新的发展环境，开启了一个新的时代。在前期进行真理大讨论，解放思想运动后对地方性、民族形式、地域特色以及现代化建筑的特征与表现形式等敏感性问题进行了讨论，打开思想禁区，繁荣建筑创作，大胆创新在建筑界的呼声越来越高。在1979年8月全国勘察设计工作大会上提出了“克服千篇一律”和“繁荣建筑创作”的口号，为新时期的建筑创作指明了方向。在这一方针的影响下，昆明市中心南太桥旁悄然建起了一幢令人耳目一新的建筑——昆明市科技文化大楼（云南美术馆），成为新时期云南建筑创作的新指向。城市中心第一幢板式高层、前后错落、偏暖的色彩和富有质感的新饰面材料，打破了以前昆明建筑的单调、灰冷、低矮、朴素的感觉。尽管在之后的反资产阶级自由化中受到错误批判，然而新时期需要什么样的建筑已深入人心。建筑师的创作热情得到激发，开启了以昆明为代表的云南建筑创新之路，使云南建筑从80年代开始进入了一个繁荣时期。一些优秀建筑在80年代孕育而出，如云南外贸大楼、云南民族学院教学楼、董家湾大厦、昆明市五交化大楼、昆明海棠饭店、昆明农垦局三叶大楼等等。昆明市客运站就是那个时期的优秀建筑代表之一。设计从功能出发大胆创新，通过矩形的主楼与半圆形的候车厅相连，改变了传统候车手法，实行门位候车，客货分流，提高了效率，满足了现代交通功能。同时复合了办公与宾馆功能，形成了多功能的复合建筑，体现了在市场经济快速发展的条件下，建筑师给予的时代回应。

昆明市科技文化大楼

云南外贸大楼

昆明南窑客运站

昆明五交化大楼

昆明海棠饭店

2. 国外建筑思潮与云南建筑创作探索

二战后，西方国家随着战后重建，经济逐渐恢复和发展，至 60 年代进入了一个飞速发展时期。西方国家开始逐步进入后工业化时期，经济生活的变化导致了社会生活、文化生活的巨大变化。城市化进程基本完成，但同时也不可避免地面临着巨大的能源危机、生态危机、环境危机、资源危机等诸多发展过程带来的问题和矛盾。寻求解决各种社会矛盾的文化讨论不断涌现，研究范围不断拓展，东方哲学和东方文化成为研究对象，形成了以西方文化为背景展开的对东方文化的探求与研究，于 70 年代开始异常活跃，至 80 年代形成了热潮，产生了各种思潮。在世界性文化热潮的影响下，西方的各种建筑理论、流派、思潮及个人作品，涌入刚开启国门缺失了建筑创作十余年的中国，深刻撞击和影响了这一时期的城市建设和建筑创作。中国建筑师在这些西方建筑理论中不断吸取创作灵感，寻求创作思想。特别是 1977 年中国恢复高考制度以后，大学教育走上正轨，开始了新一代年轻建筑师的培育。这些外国建筑思潮在大学的青年教师和学生中激起了极大的兴趣。在中国自己建筑理论和创作实践缺失情况下，普遍得到认同。一些较前卫的建筑思潮如后现代主义、解构主义等更是受到年轻学子们的热捧与膜拜，这些西方建筑思潮影响了一代建筑师。这些年轻的大学生们从 1982 年以后陆续毕业。踌躇满志的年轻建筑师，很快地走入建设热潮，走上了人才奇缺的建筑师岗位，成为了建筑创作的生力军。这些建筑师携带着西方的种种理论和建筑思潮进行建筑创作，使得建筑创作思想长期僵化的局面被打破。一些“新”建筑不断涌现，一些理论思潮在不断实践，一些建筑形式在不断探寻，当然也包括对一些传统建筑文化的更新探索。建筑创作迎来了探索多元建筑文化的繁荣期，生机勃勃。

这一时期在昆明出现了昆明金龙饭店、云南烟草大厦、人

80 年代代表性建筑及街道，名称顺序左起，自上至下依次为：
80 年代的昆明市中心近日公园
80 年代的昆明东风广场与市中心
昆明工人文化宫
几经改造后的昆明五华大厦
80 年代的昆明南太桥
80 年代初期的昆明三市街
80 年代初的昆明塘子巷
昆明金龙饭店

民电影院、石林宾馆餐厅、五华大厦、藤泽友谊馆等，以及让那个时代昆明人为之自豪的昆明第一高楼，具有地方文化寓意的“三塔叠影”，东风广场昆明市工人文化宫（18层，70米高），个性鲜明，层次丰富，挺拔而有新意，成为 80 年代昆明的标志，成为昆明人心中对 80 年代的深刻记忆。

昆明金龙饭店也是对云南建筑创作影响较大的作品，打破了国内建筑师的一些固有观念。首先它是云南改革开放的标志，是第一座中外合资酒店。其次在建筑设计上以两片折板前后、高低错位，既很好地解决了与城市主干道交叉口的空间关系，又很好地处理了客房布局的经济性和功能性。第三“简单”而有色彩的外墙涂料，在挺拔的建筑造型上增添了亲切感，温暖感。第四改变了当时高级宾馆应有“华丽”外衣的固有观念和认识。第五板式高层加点窗，没有过多的立面修饰，并不失其建筑的高雅，也能成为好的建筑作品。

这个时代从另一个侧面看，既是云南建筑创作多元的时代，也是对各种设计理论和手法实践的时代，更是现代建筑文化的教科书，更新了人们对建筑的认识。云南的建筑文化由此进入一个新时代。

3. 经济发展与居住建筑变革

自改革开放以来，经济制度改革成为了我国社会发展与变革的原动力。人们的居住方式在经济发展、国家政策和国外境外生活方式影响的三重动力推动下，悄然发生了改变。人得到了更多的尊重，人们开始真正走入生活，享受生活。人们对追求生活质量的诉求受到重视。国外特别是我国香港的居住模式与居住水平给内地带来了很大影响。最重要的是打破了中国家居固有的传统观念，如卫生间不进居室等。中国人的居住方式在 80 年代发生了巨大变化，人们的居住方式从以前的以单间、套间为主体的“单位宿舍”开始向客、卧、厨、餐、卫功能相对完善的“住宅”

转变；从以前的外廊、内廊为主的宿舍楼，向一梯两户或一梯三户的“单元楼”进行转变；从以前的国家拨款单位自建福利分房到市场开发自由买卖住宅商品化转变。这期间还在计划经济条件下政府的福利住房标准为一类 45 ㎡、二类 55 ㎡、三类 70 ㎡、四类 90 ㎡等，在 80 年代国家房改以前成为住宅建设的主流，一直到现在这些被称为“房改房”的住宅，还在大量使用和交易。它对住宅的精确设计与创作起到了推动作用。这时期以市场经济为条件的多层单元住宅小区开始在昆明出现。第一个是出现在城市东部的东华小区，随后棕树营小区、豆腐营小区、新迎小区等在昆明陆续出现。极大地改变了人们的生活居住方式，以及消费方式，也引起了社会结构的改变，实现了人们居住品质的跨越，成为了经济体制改革的重要成果体现。人们的生活水平提高了。

旧宿舍 + 新宿舍 =“住宅”

昆明周边厂矿职工宿舍棚户区

在 80 年代后期随着国家开始住房改革、取消福利分房，推行住房市场化，商品房开始进入人们的生活。同时推动了社会房地产业的兴起和发展，开启了中国城里人有房产，有固定资产的新时代。住房成为了人们最重要的生活必需品，最大的物质资产，也是改革开放以来价格增长最快的物质产品。快速增长的房价使国家不得不数度采取调控手段，抑制房价。房价在今天已俨然成为中国老百姓一个抹不掉的心结。

国家进行房改以后，住宅小区成为了市民的主要居住模式和城市开发方式。到今天住宅小区的多样化开发与建设已成为城市发展的动力，已成为满足人们不同居住需求和生活品质的物质产品，已成为城市和城市文化的一个重要组成部分。房地产业也成为发展最快的产业。

房地产业的快速发展，成为城市快速扩张的主要动力。它的发展不断改变着人们的生活方式和生活水平，从单纯追求居住面积到追求居住环境，再到追求居住文化已经历了两代半。虽然现在还没有纯文化意义上的居住小区出现，但有的已经在追求文化品位了。尽管房价不停地上涨，但人们的居住品质和质量也在不断地提高。现在回顾住宅小区发展历程，我们可以看到第一代（80 年代）的居住小区昆明东华小区、昆明棕树营小区、昆明春苑小区等，到第二代（90 年代和 21 世纪初），昆明湖畔之梦小区、昆明滇池卫城、大理洱海天域、荷塘月色、昆明采莲郡小区等，再到现在的第 2.5 年代，昆明世博生态城、昆明野鸭湖小镇等，品质在不断提高，居住建筑的创作水平和设计能力都有较大提高。

九、1991 年 ~ 2000 年

1．全球化语境下的云南多元建筑创作

进入 90 年代，我国的经济开始起飞，城市化进程进入了高

左起从上至下依次为：昆明荷塘月色住宅小区、昆明世博生态城
大理洱海天域住宅小区、昆明滇池卫城

速发展期。中国城乡结构发生了巨大变化，城市经济发展成为了经济发展的重点。在政府主导和经济快速发展的双重动力推动下,城市的拓展也进入了高速发展期。从1980年国家先后在深圳、珠海、汕头、厦门建立经济特区，并随之发展成为新兴城市。特别是深圳因毗邻香港的区位优势，而引发了那个时期全国人才资金南下深圳的热潮，成为了那个时代的一大景观。深圳由一个昔日的小渔村迅速发展成为一个现代化新兴城市，为全国的城市建设树立了标杆，让人们能近距离地认识什么是现代化城市。深圳的现代建筑在海外创作思想的影响下，成为了全国建筑师竞相学习的榜样，成为了建筑创作的风向标。深圳的建筑创作来源于全国各地的建筑师和国外境外的建筑师。建筑投资也是来源于各种渠道，内地、香港、澳门和国外，国有、私有，独资、合资等不同形式，使得深圳成为了一个多元的建筑文化都市。这种标杆作用反过来深刻影响了全国各地的建筑创作。

自 90 年代开始，信息技术高速发展，开始走入人们的工作和生活，使得建筑师可以通过各种渠道和途径获得各种建筑理论信息，国内外建筑设计资料。各种建筑文化现象进入了建筑师的语境。建筑师们也不再局限于各种建筑理论、流派，而开始探索建筑设计的方法论。建筑创作迎来了多元建筑文化的繁荣时期。海派与本土并存，后现代主义与现代主义共融，欧陆风与传统建筑并列，多元盛开，中国的建筑创作再次与国际融合。

同样在这一期间，云南的建筑创作也形成了多元的繁荣景象。大量的新建项目为建筑师提供了舞台，为他们提供了自由发挥的设计创作空间。1993 年建成的昆明交易博览会国际贸易中心，开启了云南自 50 年代以后现代大型博览建筑的设计，一度成为西南地区唯一对外商品交易会的会址。当时作为现代建筑标志特征的玻璃幕墙，在该建筑上的运用使其成为了西南地区有影响的建筑，开创了大型隐框点式玻璃当时国内之最。第一届昆交会召开期间引来了昆明市民如“逛庙会”般人潮，使昆明人有了对现代大型公共建筑的体验。大型的公共空间，商品的展销模式，国际化的交易方式，使人们对市场经济有了更为深刻的认识。同时也拉近了云南同“国际”的距离。

这一时期在多元建筑创作语境下，云南出现了大量不同风格的建筑，产生了大量优秀建筑：锦华大酒店、云南人民英雄纪念碑、昆明市博物馆、昆明佳华广场、昆明市新闻中心、昆明市

昆明国际会展中心

政府办公楼、中国银行大厦、昆明新南疆酒店、昆明华尔顿大厦、昆明滇池温泉花园酒店、昆明城市规划展览馆等等。这些建筑反映了当时的建筑创作特征“现代而多元”。

这一时期是一个城市大发展的时期。随着经济的发展，市场经济的建立，投资主体的多元化，云南和全国一起迎来了新一轮城市改造运动。客观上一些城市基础设施存在不适应性，道路通行能力不足，地下管线承载能力不够，经济行为发生变革，城市商业业态改变，居住方式变化等；主观上城市需要新的形象、新的风貌，需要“城市现代化”。云南的城市发展基本没有选择发展新城区的模式，而是在老城的基础上发展。昆明的城市发展采取的就是在旧城的基础上对内进行改造，对外逐步向周边拓展的方式。昆明自80年代末开始，在90年代大规模城市改造兴起，金碧路、长春路、三市街、木行街、南屏街等在这一时期相继拆除拓宽，一些老建筑、历史街区在这一个时期大量消失。昆明的城市文化特征在这些拆建中逐步减弱，城市的“千篇一律”的共性特征不断显现，城市的历史文脉逐渐遗失。

云南的建筑繁荣很大程度上伴随了城市改造。

2. 本土建筑意识的回归与探索

在海外建筑创作思潮的冲击下，各种流派在中国或多或少都有实践，然而在建筑创作繁荣的背后，中国东西南北、干湿冷热、海边山中的城市都失去了原有的地域特征。建筑更多地强调了所谓“现代”和时代性，而丢失了地域性、文化性。这引起了建筑师对中国建筑创作道路的反思，并进行了有意义的地域建筑探索。对地域建筑的探索从80年代单纯的建筑形式的符号模仿，到进入90年代的建筑师本土建筑意识回归，更加注重建筑的地域文化内涵和民族文化的精神表达，自觉地探求中国自身的建筑文化之路。

云南在1982年，昆明、大理等城市被命名为历史文化名城，及云南省提出建设民族文化大省战略决策指导下，大力发展旅游业，大力弘扬民族文化，成为当时的城市建设的文化背景。建筑创作的地域性问题得到了建筑师广泛认同，这时本土建筑的创作也受到了政府层面的关注，更促进了本土建筑师对地域建筑、民族建筑的探索。云南的地域建筑从形式上的模仿复制、地方民族建筑外在的符号和片段截取，逐步向注重地域特点、民族文化传统与现代功能需求的有机结合，注重了精神文化意义和场所精神的继承。提倡“新而中”，强调在新建筑中对传统形式的提炼和重构，文脉精神的继承，使建筑体现出更为本质的内在地域特征。

云南地域建筑的探索，更多地体现在建筑师对云南山水、

90年代初
昆明高楼与平房共存

昆明华尔顿大厦

云南华域大厦

昆明樱花宾馆

即将消失的“老”建筑

昆明1988年旧城拆迁

昆明旧城改造

环境、民族文化和云南人的尊重上，尽管这里很大一部分人不是地道的云南本地人，他们和本土建筑师一起都在用自己的身心感受云南山水的神奇，体验云南少数民族文化的魅力，寻求云南传统建筑文化的物质所在。体现出了本土建筑师对本土建筑创作的自觉意识，这种本土建筑创作的自觉意识，使得云南的本土建筑师在建筑创作中体现了地域建筑的创作倾向，云南的地域建筑得到了发展。

特别是在一些民族文化浓郁的少数民族聚居地区，如西双版纳、香格里拉、大理、丽江、德宏等地，对地域建筑和特色城市的探索取得了丰硕的成果。这当中有很多优秀作品是出自当地建筑师之手，反映了本土建筑师对当地文化的更深理解。

云南本土建筑创作意识回归，使云南涌现了很多优秀地域建筑作品。如云南民族博物馆、云南民族村、石林避暑苑、丽江木府、云南大学图书馆、景洪版纳宾馆、丽江森龙酒店、香格里拉天界神川大酒店、大理古城红龙井街区等一大批地域建筑。

云南建筑师本土建筑创作意识回归，除了云南大力发展旅游产业和特色城镇建设背景外，云南神奇的自然环境和多彩的民族文化，丰厚的少数民族建筑文化，给地域建筑探索提供了物质素材和文化支撑。文化的交融促进了文化的发展，也给予了建筑师探索地域文化建筑的自信。云南建筑师的地域建筑创作从自省到自觉再到自尊。

有意义的是，1999 年国际建筑师协会（ULA）第 20 届世界建筑师大会在北京召开，会上通过了由吴良镛先生起草的《北京宪章》，其明确提出了“乡土建筑的现代化，现代建筑的地区化”以及“基本理念加地域文化，从时代模式探索中国建筑道路”。使中国提出的建筑理论走向了世界，中国的建筑实践及其理论赢得了世界的尊重。

3. 昆明 '99 博览会把云南本土建筑推向世界

在云南将要走完 20 世纪，准备迎接新世纪的 1999 年，在昆明举办了世界最高级别的博览盛会“昆明 ' 99 世界园艺博览会”。这场盛会对昆明而言是跨时代的，是对云南地域建筑创作的一次世界性检验，是对云南本土建筑师的一次能力考验。昆明 '99 世博会从规划、场馆设计到施工，完全由云南本土单位完成。

云南民族博物馆

大理古城红龙井街区

世博会的场馆设计，由于功能各异，对象不同，使得场馆风格迥异，各具特色，要分别承载中国文化、云南特色、科技文明、自然环境意境等。设计要体现建筑与中国文化、地方特色、自然环境有机结合，突出特色，使它具有“世界性”。不但要有国家水平，更要有国际水平。

世博园五大场馆，中国馆的设计巧妙地利用了地形高差，既庄严又亲和，平面上主次结合，分散围合的空间布局，以主馆为中心将分馆沿庭院围合，廊廊相连，形成具有中国北方和南方不同传统风格的古典园林布局结构，既有南方园林典雅清秀精致的风韵，又有北方园林厚重端庄的气派。立面造型处理没有对中国式的“大屋顶”进行照搬、照抄，也没有加以“模仿”，而是在中国传统建筑四坡顶的基础上，采用了局部镂空构架，既传递了中国建筑文化的寓意，也同时表达了云南地域建筑文化的独有特色。功能上还满足了展馆的顶部采光，整个建筑群高低错落、疏密相间、进退有序、内廊与敞廊相连，突出了云南本土建筑的空间特色，传统白墙与灰绿色屋顶雅致、隽秀与周围的环境融为一体。

人与自然馆的设计更强调建筑“似山近水”，强调与自然的关系，强调建筑的雕塑感，而非“建筑感”，以达到建筑“山水一体”的意境。

大温室是现在世博轴线上的唯一建筑，然而并没有刻意强调这个世博园的主体建筑，而是尽量淡化它的实体感，具有雕塑性的空间形态。配以大玻璃的虚墙面，并隐约映透出里面的绿色植物，反射着周边良好的环境，使大温室更具象征意义，而非“建筑”。

其它场馆的设计也体现出其特有的个性特征，同时又与环境相协调。国际馆的设计采用曲线构图，很好地处理了流线问题，也使建筑带有“海派”建筑的意味。科技馆的设计更多地是强调科技文明、新技术、新材料在建筑上的应用。球体造型，更容易让人对宇宙星球产生联想。

昆明＇99世博会场馆的规划设计是对云南建筑创作的一场大考，对推动云南建筑创作，推进地域建筑的探索与发展具有积极而深远的作用。作为＇99世博会不可分割的一部分，昆明城市建设在其带动下有了长足的发展和进步，出现了为当时人们所乐道的“昆明现象”，成为国内一些城市竞相学习的榜样。当然这时期昆明也产生了大量的优秀建筑，成为装点这座活力四射城市的一部分。

十、2001年～2011年

1. 新世纪与云南建筑国际化倾向

进入新世纪，中国经济迎来了发展最强劲的十年，经济总量在连续超越欧洲各国后，在2010年实现了对日本的超越，成为世界第二大经济体，经济的发展极大地助推了我国城市化进程。城市进入了高速拓展期，中国的城市化进程由政府主导型转变成为政府与市场双重推动型。市场经济对城市建设的作用不断增强，地位不断提高。房地产业已成为国民经济的支柱产业，发挥着对很多相关产业的带动作用。经济的崛起，加速内地城市的发展，上海、北京、广州、杭州、武汉、大连、青岛、重庆、成都等一大批城市迅速发展，特别是上海浦东新区的建设，使人们关注城市的目光由深圳转向了上海。上海成为了新的城市标杆，上海浦东成为建设师们又一关注点，也成为中国一些城市建设学习借鉴的榜样。

昆明世博园中国馆

昆明世博园大温室

昆明世博园国际馆

昆明世博园科技馆

经济的发展，交通条件的改善，信息技术发展带来的资信便捷，大大缩短了时空距离。以全球化为背景的区域经济一体化发展成为了新时期的重要特征。云南在发展中和中国东中部的经济、技术、文化关联度越来越高，同世界各国的经济技术合作也不断增强。同样地，云南的城市规划和建筑设计，也因政府和市场的双重推动完全开放。在经济高速发展的今天，城市经济作为区域经济发展的主要形态，每一座城市的主要领导者都会把城市的建设发展放到一个更高的层面上加以审视，希望通过“高起点规划，高标准设计”来迅速提升城市的品位和“新形象”，提高城市的软实力和竞争力，故而主观上有意识地引进一些国内沿海发达地区的大型设计机构，甚至邀请一些国外境外设计事务所和世界知名设计大师。加拿大、澳大利亚、美国、日本、西欧国家及香港地区等地的设计公司先后参与到云南的城市规划和大型建筑设计项目中。昆明、玉溪等城市就请了许多国外公司来参加城市规划设计，其中不乏有黑川纪章这样的国际名家。国家一些大院如中国城市规划院、上海现代设计集团、清华大学建筑设计院、同济大学建筑设计院、北京市设计院、深圳市建筑设计总院等大院以及一些有实力的民营设计公司也纷纷进入云南。有的如上海现代设计集团还在昆明落地开设分公司。这些国内外设计机构一方面受政府和业主邀请，另一方面也受市场经济利益的驱动进入云南。新一轮的各种流派或时髦叫法“理念”纷至沓来，云南建筑文化进入了一个带有“国际”色彩的多元时代。要看到国外设计公司和外地设计机构进入云南，虽然带来了新的理念和新的技术，推动了云南城市规划和建筑创作的发展，提升了城市发展的质量和城市本身的品质，但同时也要看到多种建筑文化的汇聚，也给城市的管理者们在激动之余带来了迷茫。我们的特色在哪里？创作倾向是什么？我们的城市未来应是什么样子？城市特色问题，城市个性问题，城市文化塑造问题，建筑的地方文化意义问题等等，都已然成为了现在城市的共性问题。无国界的商业文化与有疆域的本土文化的博弈将会是什么结果呢？

尽管如此，就建筑个体本身来说，这一时期还是出现了许多优秀的作品。有海派味十足、强调构图和雕塑感的昆明云天化办公大楼、五华区政府行政大楼等；有传统文化韵味又具时代感的昆明正义坊，呈贡新区昆明市行政中心等；有地域特色，又具现代风格的昆明南窑新火车站，昆明海埂会堂等；有民族建筑文化，又有满足现代功能要求的丽江叶榕庄酒店、西双版纳州政府办公楼；有现代的建设银行大楼、昆明王府井大厦；有地域建筑芒市机场候机楼、曲靖会堂；也有传统建筑昆明故城、昆明近日楼恢复街区；还有欧陆风建筑云南大学文洲楼、官渡区法院等等；还有建了没多少年就遭拆除的建筑昆明万怡（海航）酒店、昆明市政府办公楼！

这些建筑设计有的出自本土建筑师之手，更多的还是出于

顺序从左至右、从上至下依次为：昆明云天化办公大楼、昆明正义坊、五华区政府行政大楼、建设银行大厦、昆明王府井大厦、芒市机场候机楼、曲靖会堂、昆明南窑火车站、昆明海埂会堂、昆明万怡（海航）酒店、呈贡新区昆明市行政中心、昆明近日楼恢复街区

外地建筑师之手。建筑风格的“多样化”一方面反映了建筑创作主体的多元化；另一方面反映了商品经济条件下经济主体对建筑风格追求的多样化。同时反映了在全社会建筑文化普遍不高的情况下，商业文化对其的冲击及由此产生的浮躁。

2. 现代新昆明建设与大学城

从 90 年代开始，在“教育产业化”口号影响下，扩招成了中国大学一项重要的任务。要扩招，就要扩建，故而在中国的大中城市，出现了兴建大学城的热潮。云南也不例外，只不过云南的大学城随着昆明城市的跨越式发展应运而生。

昆明城市，经二十年的快速发展，建成区面积增加很快，主城区前有滇池后有群山，发展空间已有限。具有城市首位度高特点的昆明，对云南的发展举足轻重。滇中是云南经济发展的增长极，昆明是云南发展的核心，形成了全省发展看滇中，滇中发展看昆明，要发展云南首先要发展昆明的格局。昆明的发展已经不再是昆明市自身的问题，而是全省的问题。在新的世纪，昆明被赋予了新的历史责任，在 2003 年 5 月 30 日“建设现代新昆明”被提了出来，确立“大昆明”城市发展思路。建立以滇池为中心，主城、呈贡新区、空港经济区、晋城新城、昆阳－海口新城组成“一主两区两新城”的“一湖五片”的大昆明城市空间发展结构，推进昆明城市的跨越式大发展。昆阳－海口新城以工业区建设带动发展；晋城新城以物流和第三产业带动发展；空港经济区以国家大型枢纽机场昆明空港和临空产业带动发展；而呈贡新区则作为主城的辅城来发展，承接和转移部分主城功能、人口，建设成为未来昆明的新城区。

为带动呈贡新区的建设，促进新区的人口快速增长，大学城的选址和建设的紧迫性与呈贡新区的建设相契合。大学城的选址很快落地呈贡新区，融入新区的整个规划建设中。整个昆明呈贡大学城共占地 43.15 平方公里，有云南大学、昆明理工大学、昆明医学院、云南师范大学、云南民族大学、云南艺术学院、云南中医学院、云南交通职业学院等进驻。大学城规模 15 万人，投资约 100 亿，是呈贡新区建设最大的项目。到目前上述几所大学校园已经建成开课，成为各大学的教学新区和主要教学校区。

呈贡大学城的建设为新昆明呈贡新区快速形成规模，并在事实上在呈贡新区形成以教育、科技、文化为重点的，无污染的科技文化产业园区。昆明大学城也将成为文化生活丰富、文化产业发达、文化魅力独特的城市新区。

昆明呈贡大学城的建设助推云南的文化教育建筑创作提供了一个大舞台。各个学校文化取向不同，教育特征各异，传统文化不一致，这给建筑创作带来了挑战，也为建筑创作带来了良好的素材。通过公开招投标的竞选，参与大学城的设计机构来自各地，建筑师也来自不同的地方。沿海、境外和本土都有，也有部分建筑方案来自海外或“海归”设计师，还有我国台湾的建筑师，都有较高专业素质。这些设计团队的加入给大学城的建筑创作带来新的活力与先进理念，使云南的教育文化建筑创作上了一个新台阶。大学城的建筑创作体现了几个特点：

注重学校的文脉传承；

注意地域文化特色；

注重对学校的专业文化表达；

彰显个性，风貌统一；

中西兼融、汇聚百川。

曾经的建筑代表的是一个地方文化的特色和历史变迁……

第二章　关于百年间建筑表现的学术思潮和流派

第二章 关于百年间建筑表现的学术思潮和流派

云南建筑百年来的生老病死及状况与相对应时代的社会变革、科学技术及学术思潮影响密不可分。一方面，以聚落民居、宗教寺院、土司衙门为代表的传统建筑因经济文化的惯性沿着原有的方式自然生长；另一方面，在西方先进材料、技术及文化冲击下云南建筑同样沿着一条迈向现代化方向的道路突飞猛进。这里要表明的是百年间云南建筑表现出的学术思潮和风格特点与同期世界建筑发展的一些内在关系。

百年间的国内外建筑发展概况

从 18 世纪 60 年代到 19 世纪 30、40 年代英国开始了工业革命，并逐渐普及到了欧美各国。由于工业革命的冲击、科学技术的发展、新的社会生活方式需要，导致了新的建筑类型及相应的建筑形式的出现，并由此引发了从近代古典复兴主义建筑向现代建筑的迈进。20 世纪初期世界范围内建筑发展正经历着天翻地覆和日新月异的变化，伴随着建筑材料和技术的飞速发展，建筑无论规模、数量、类型、建造速度还是相应的建筑风格和建筑流派，都呈现出革命性的发展势头。

始于 19 世纪 20 年代欧洲的探求新建筑的运动为世界建筑的发展拉开了轰轰烈烈的序幕，其中以工艺美术运动、新艺术运动、维也纳学派与分离派、德意志制造联盟最具影响。工艺美术运动是浪漫主义思想的反映。热衷于手工艺的效果与自然材料的美，主张建造“田园式”住宅以摆脱古典建筑形式的制约，并尝试将功能、材料与艺术造型相结合，对后来的新建筑运动有一定的启发作用。新艺术运动的目的是想解决建筑和工艺品的艺术风格问题，“想创造出一种前所未见的能适应工业时代精神的简化装饰”，装饰主题是模仿自然界生长繁盛的草木形状的曲线，主要运用于窗棂、栏杆、墙面、家具的装饰。新艺术运动实现的是形式上的反传统，未能解决建筑形式与功能的关系以及与新技术的结合问题。德意志制造联盟是 1907 年由企业家、艺术家、技术人员组成的德国全国性组织，主张建筑必须和工业结合，现代结构应当在建筑中表现出来，并产生前所未见的新形式。19 世纪 70 年代美国兴起的芝加哥学派为现代高层建筑的发展奠定了基础，特别是高层金属框架结构和箱形基础的创新和运用，理论方面出现了沙利文“形式追随功能”的著名论断。

第一次世界大战（1914 年 ~1918 年）前后，新建筑运动达到了高潮，特别在第一次世界大战之后，建筑材料和技术有了很大发展，钢筋混凝土结构得以大量推广。在古典复兴主义和折中主义还在持续的同时，新的建筑流派得到长足发展。重要的派别有表现派、未来派、风格派和构成派。这些流派对建筑的试验和探索对现代建筑的发展产生了不同程度的影响。

表现派认为艺术的任务在于表现个人的主观感受和体验，常常采用奇特、夸张的建筑形体来表现某些思想情绪，象征某种时代精神。代表作有德国建筑师孟德尔松 1919 年 ~1920 年设计建成的波茨坦市爱因斯坦天文台（图 1 ）。

图 1

未来派宣扬工厂、机器、火车、飞机等物质文明成果，对现代生活的运动、变化、速度、节奏表示欣喜，否定艺术的规律和任何传统，宣称要创造一种全新的未来艺术。

风格派认为最好的艺术就是基本几何形象的组合和构图，是20世纪法国产生的立体派艺术的分支和变种。

构成派把抽象的几何形体组成的空间当做绘画和雕塑的内容。其作品，特别是雕刻，很像工程构筑物，在许多做法和追求上与风格派类似。代表作是里特维德设计的荷兰乌德勒支住宅（图2）。

新建筑运动达到了高潮的标志是以格罗皮乌斯、密斯·凡·德·罗、勒·柯布西耶为代表的建筑大师的建筑设计思想及创作实践。他们在前人实践的基础上提出了比较系统和彻底的建筑改革主张并猛烈批判了保守思想。格罗皮乌斯领导的“包豪斯”学校成为西欧最激进的设计和建筑教育中心；勒·柯布西耶在参与创办的《新精神》杂志上大力宣扬新建筑思想，并出版了《走向新建筑》，为新建筑运动提供了理论依据，标志着新建筑运动高潮的到来；密斯·凡·德·罗对玻璃、钢、钢筋混凝土在建筑中的运用及由此导致的建筑形象更新作了深入研究，为摆脱旧的建筑观念和新建筑发展方向探索出新的道路。三位大师在理论方面有：

一、勒·柯布西耶对现代建筑所作的五点定义：

1.底层独立支柱；

2.屋顶花园；

3.自由平面；

4.横向长窗；

5.自由立面。

他认为“平面是由内到外开始的，外部是内部的结果”，把住房定义为“居住的机器”。代表作品为包豪斯校舍（图3）、萨伏耶别墅（图4）。

二、密斯·凡·德·罗的“少就是多”的建筑处理原则，伴之以空间的流动性、“全面空间”和“纯净形式”。他认为“当技术实现了它的真正使命，它就升华为艺术”。代表作品为巴塞罗那展览会德国馆（图5）、范斯沃斯住宅（图6）等。

三、赖特的有机建筑论。他认为“有机表示内在的——哲学意义上的整体性，在这里，总体属于局部，局部属于总体”。房屋应当像植物一样，是“地面上一个基本的和谐要素，从属于自然环境，从地里长出来，迎着太阳”。代表作品为流水别墅（图7）、西塔里埃森（图8）等。

第二次世界大战（1939-1945年）后世界范围内现代建筑活动进入了空前繁荣期，建筑思潮也非常活跃。其主要特点是“现代建筑”设计原则的普及，美国设计思潮成为发展的主要动力之一。现代建筑设计方法大致分为“重理”和“重情”两类。在“重理”方面大致有五种倾向：

一、对“理性主义”进行充实和提高的倾向。其特点是坚

图2

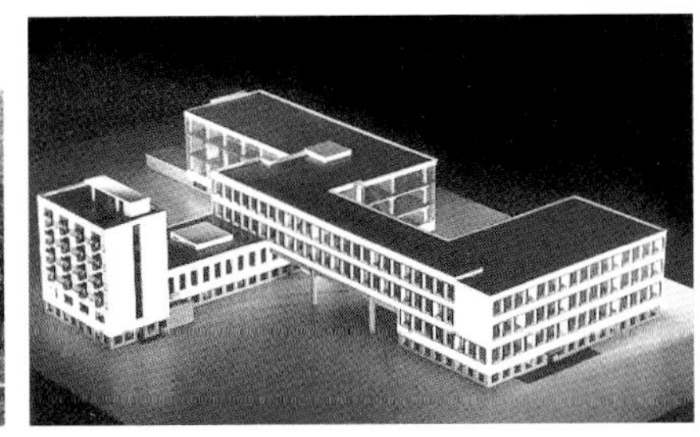
图3

图4

图5

图 6

图 7

图 8

持两次世界大战间的“理性主义”设计原则与方法，并进一步完善和提高。代表作有格罗皮乌斯为 Interbau 国际住宅展览会设计的公寓、TAC 设计事务所设计的哈佛大学研究生中心、荷兰建筑师凡·艾克设计的西水桥学校等等。

二、讲究技术精美的倾向。主要特点是以纯净、透明与施工精美的钢和玻璃方盒子为基本建筑形态。代表作为密斯·凡·德·罗设计的芝加哥湖滨公寓、西格拉姆大厦（图 9）、西柏林国家美术馆（图 10）等。

三、“粗野主义倾向”。其特点是毛糙的混凝土、沉重的构件和二者粗鲁的组合，适应大量生产及建筑造价的经济性。代表作有史密森夫妇设计的亨斯特顿学校以及伦敦国家剧院（图 11），法国马赛公寓（图 12）、印度昌迪加尔议会大厦（图 13）也被列入该类型。

四、“典雅主义”倾向，又称“新古典主义”、或“新复古主义”。其特点是致力于运用传统美学法则来使现代的材料与结构产生规整、端庄、典雅和庄严感。代表作有布鲁塞尔世界博览会中的美国馆（图 14）、纽约林肯文化艺术中心（图 15）、麦格拉格纪念会议中心、纽约世界贸易中心底部尖碹(图 16）等。

五、注重“高度工业技术”的倾向，是指那些在建筑中坚持采用新技术、在美学上极力表现新技术的倾向，同时更注重创新地运用与表现预制的装配化标准化构件。代表作有 1958 年布鲁塞尔世界博览会德国馆、布鲁塞尔兰姆伯特银行大楼、伦敦美国大使馆（图 17）、爱尔兰都柏林美国大使馆等。最著名的是 1976 年在巴黎建成的蓬皮杜国家艺术与文化中心（图 18）。

在设计方法上“重情”方面大的有两种倾向：

一．“人情化”与“地方性”倾向。它是“以技术为基础的形式主义”，“其对形式的基本目的是要使房屋与场地获得独特的个性”。认为“现代建筑的最新课题是要使用合理的方法突破技术范畴而进入人情与心理领域”。

二．讲究“个性”与“象征”的倾向。它是对现代建筑风格千篇一律的、客观的“共性”的反抗，是要使各房屋与场所都有不同于他人的个性和特征。归纳为三类：1. 以几何图案为特征，如贝聿铭设计的华盛顿国家美术馆东馆；2. 抽象的象征，如勒·柯布西耶的郎香教堂（图 19）；3. 具体的象征，如小莎里宁的环球航空公司候机楼，宛如一只振翅欲飞的大鸟，悉尼歌剧院（图 20）像一艘迎风而驰的帆船。

这里简要介绍一下有关“后现代建筑”倾向及作品。19 世纪

图 9

图 10

图 11

图 12

60年代以来在欧美国家出现了反对和背离现代主义的倾向，认为现代主义只注重功能、技术和经济的影响，而忽视和切断了与传统建筑的联系，提出了一套与现代主义建筑针锋相对的建筑理论和主张，称之为“反现代主义”、“现代主义之后”或“后现代主义”。美国建筑师斯特恩提出后现代主义建筑有三个特征：文脉、隐喻和装饰。后现代主义的代表人物是文丘里，他提出的保持传统的做法是“利用传统部件和适当引进新的部件组成独特的总体”。代表作有 1982年落成的美国波特兰市政大楼（图21）和1984年约翰逊设计的美国电话电报大楼（图22）等。

国内方面，19世纪末，由于西方列强对中国的入侵，在中国沿海部分城市相继建起了一批欧式古典风格及其他殖民地建筑样式的建筑。20世纪初期，新建筑运动的影响逐渐由外国建筑师传入中国，在中国沿海大城市设计了一批具有明显现代建筑特征的商业、办公、居住、娱乐建筑。特别是许多高层建筑的形态已经相当简化，如上海的锦江饭店北楼（图23）、国际

图13　图14

图15　图16

图17　图18　图19

饭店（图24）、百老汇大厦等。20世纪30年代由“海归”组成的中国建筑师团队在带来西方先进技术和理念的同时，对中国传统建筑的研究和发展做出了突出贡献。他们的作品中，中西折中风格的建筑成为一大亮点。新中国成立后，中国建筑的发展经历了初期的仿前苏联建筑风格及其与民族风格的折中和改革开放以来全面繁荣期的多元化发展。上世纪90年代末以来逐渐与国际接轨。以北京的“三鸟”—“鸟巢”（国家体育场）、“鸟蛋”（国家大剧院）、“鸟笼”（中央电视台）和上海世博会展馆为代表的建筑表现出来的地域性、高科技、信息化、生态化已成为当代建筑发展的主要方向。另一个倾向是强调建筑表皮或外壳形态语言的象征意义，与使用功能的“非逻辑化”组合，突破了现代建筑“形式追随功能”的法则。如国家大剧院把多个剧场笼罩在一个金属“蛋壳”中，强调了“外壳”的视觉感受和对城市的空间意义，“忽略”了与内部功能的关系。类似的“表皮化”建筑在上海世博会展馆中体现得尤为突出。

关于百年间云南建筑的三个时段划分

1911年~1949年，中华民国时期。云南社会经历了从半殖民地半封建向初期资本主义转型的过程，与之相伴的社会形态从封闭走向开放，思想上从混沌到觉醒。建筑发展从被动接受西方文化、技术到主动吸收、融合。

1949年~1978年，中华人民共和国社会主义建设初期。全社会总动员投入到大规模的社会主义建设及“一边倒”的对前苏联建设模式的照搬，其间经历了“文化大革命”十年的相对停滞期。

1978年~2011年，进入改革开放和有中国特色的社会主义建设。云南社会实现了经济文化从逐步开放到全面繁荣。建筑行业从理论到实践实现了质的飞跃，并逐渐与世界接轨。

图20 图21 图22 图23 图24

从被动到觉醒（1911年~1949年）

初期的云南建筑发展实际上是分为两个阶段。第一阶段是1911年~1930年间，特点是被动接受西方建筑思潮。这一时期云南社会发生了两件大事，一是1910年滇越铁路的建成开通，二是1915年~1916年的护国运动。第二阶段是从1931年~1949年，特点是主动接受西方建筑思想并与中国传统建筑融合折中。其间云南经历了抗日战争到和平解放。

1903年~1910年以法国人主导修建的滇越铁路，沿途火车站站房建筑呈现出诸多红瓦黄墙、镶有木质百页窗的法式洋房。以个旧火车站（图25）、鸡街火车站（图26）为代表的滇越铁路火车站站房建筑，更多地体现了19世纪早期欧洲特征：锯齿形突出的石材圆拱窗套、墙身阳角包边结合条石勒脚与厚重的黄色墙体形成对比，并与水平墙身线脚相结合，呈现出丰富的层次感，木百叶外层窗也是重要特征之一。这类由殖民者引入的19世纪早期欧洲建筑风格（或称“殖民时期风格”）与当时欧洲如火如荼展开的探求新建筑的运动没有多少的联系。滇越铁路火车站站房及配套用房所体现的建筑风格是西方资本主义的殖民入侵的典型形态。

建成于1911年的云南陆军讲武堂（图27）无疑受到了当时欧洲新艺术运动的影响——简约的欧式线脚墙身以黄色粉刷罩面，条石勒脚，带圆拱窗套的矩形窗呈现出欧式古典比例、主体建筑圆拱形主入口大门两旁是一对石狮雕像，大门上方突起的山花及护壁柱透露出巴洛克样式，强调了视觉中心和建筑的对称轴。围院大门上方布满了金属植物图案装饰。有意思的是主入口山花后面隐藏着中式歇山坡屋顶，从内院看有中西建筑风格结合的形态，是早期折中的案例之一。与同时期的欧洲新艺术运动产生的建筑相比，讲武堂的建筑材料和结构形式还较落后，采用土

图25

图26

图27

坯墙支撑木梁及木楼板，屋顶为木结构支撑的瓦坡顶。

19 世纪 20 年代以后，由于受西方文化影响，云南本土一些主要公共建筑自觉或不自觉照搬或融入西方建筑文化元素，这在当时或许是先进的体现。云南大学会泽院入口门廊的科林斯柱式、主体建筑红砖墙背景衬托下的锯齿形突出的石材圆拱窗套、墙身阳角包边、条石勒脚及两段式水平线脚，反映出欧洲古典复兴主义的建筑特征。楼前 95 级台阶，则赋予了中国传统文化“九五飞龙在天”的寓意。唐继尧墓则表现出欧洲多种古典建筑形态的折中。值得一提的是墓正立面柱廊及檐口的材质和石刻做工精细程度在云南的欧式古典建筑中堪称第一。

建于 1923 年的石屏一中也体现了“中西合璧”的思潮，是早期云南中西风格折中的典型案例。中轴线上从主入口大门（图 28）、训楼（图 29）到企鹤楼（图 30）呈现出从细部到整体中西风格折中的演变。主入口大门、训楼在欧式圆拱门及山花轮廓线样式下的中国传统砖砌密檐线脚及砖砌空花做法，是从微观上进行折中；企鹤楼墙身的圆拱门窗、线脚为欧式风格，向上逐层收缩的坡屋顶却是中国传统带斗拱的飞檐起翘做法。更有甚者，顶层干脆是一个木结构中式六角亭。这种整体形态上的中西折中在以后云南建筑中得到较大发展，但企鹤楼这种处理手法还是略显生硬、朴拙。

19 世纪 30 年代以后，云南建筑得到了较大发展。钢筋混凝土等新技术、新材料开始普及运用，导致大空间建筑相继出现，

图 28

图 29

图 30

出现一些有现代建筑特征的建筑，逐渐与当时的世界建筑潮流靠拢。而更多的是具有一定时代特征的西方建筑风格以及“中西合璧”式的折中主义建筑风格。建于 1940 年的昆明市南屏电影院（图 31）出现了弧形外墙以大面积玻璃窗组合成类似幕墙与大面实墙形成虚实对比，窗前的柱子已没有了繁琐的装饰，简洁而轻巧。连续舒展的入口雨棚显得格外轻盈，侧面垂直升起装饰性构筑物作为电影院标牌。应该说，从空间和形式上来说南屏电影院都反映了当时世界的一些先进理念，紧扣了时代发展的脉搏，代表了那个时代建筑发展的方向。即便在今天来看其建筑形式也并不落伍，是云南百年建筑发展史上的一个里程碑。类似出现的具有现代建筑特征的代表性建筑还有飞虎队军人俱乐部、云瑞东路 1-29 号、胜利堂配套建筑云瑞路 1 号、宝善街 171-173 号、南屏街 63-75 号等。这些建筑的屋顶出现了水平的女儿墙，墙身基本上是以简洁的竖向和水平线条为主。矩形窗洞口扩大，有的出现了弧形平面和转角窗，建筑显得较轻盈、简洁。同一时期，出现了大量具有时代特征和西方建筑风格的建筑：西式坡屋顶下灵活的平面布局、简洁的墙面，而扩大的开窗及简化的带有欧式古典风格的窗套、栏杆，露台兼做入口雨棚。到了后期甚至取消了窗套。这类建筑以西山别墅和翠湖南路卢汉故居为代表，成为当今许多建筑模仿的对象。另一方面，受国内建筑思潮的影响，折中主义建筑得到很大发展。其特点是西方古典建筑风格墙身与中国传统建筑大屋顶的相结合，代表性作品如胜利堂、盘龙阁别墅等。

自立的豪情与选择（1949 年 ~1978 年）

新中国成立后的十多年间，迎来了社会主义建设高潮。云南建筑无论在规模、种类还是数量上都有了前所未有的发展。由

图 31　　图 32

于政治原因，建筑设计全面照搬、模仿前苏联二战后初期的建筑风格，片面强调建筑的艺术性。这种风格是前苏联“把沙俄时代的俄罗斯文艺复兴到折中主义视为社会主义的民族形式”(1)的移植，与当时飞速发展的西方建筑主流方向——“现代建筑”设计原则的普及相脱离。轴线对称、柱廊大门、雄伟大厅、逐层收分的高塔成为重要公共建筑的设计要素。代表作有云南省科技馆（原农展馆）、云南省博物馆（图 32）、艺术剧院、国防剧院、云南大学生物楼及物理楼、个旧市七层楼（图 33）；而台基、重檐、窗眉石、立面的窗台墙花饰以及根据立面构图而非功能需求来设置的阳台等元素在办公、商业、宾馆饭店、体育、住宅等类型的建筑中广泛运用。代表作有昆明的邮电大楼、昆明饭店老楼、云南核工业部商务楼、民航老楼、云南省体育馆老楼、个旧云锡公司办公楼（图 34）等。这一时期的建筑对装饰和细部较为考究，有的繁琐，有的精简，都带有时代烙印。云南大学生物楼以其古典的对称构图、简化而考究的细部、清水红砖墙衬托下灰色的檐口、窗台墙、山花、柱廊的结合，显得既简洁而又朴实。特别要指出的是，正立面墙身与开窗的关系、砖墙与窗交接处细部多层次退角处理手法在当下许多新建筑中频繁使用，堪称经典。应该指出在上述许多案例中，折中主义已被潜植其中，在整体“苏联式”形态下细部融入了地方文化元素，如艺术剧院门廊上具有云南地方特色的山茶花、孔雀图案的镂空花板，昆明饭店老楼檐下门廊的中式纹样、花格漏窗等等。这种细部折中的方式与前面提到的石屏一中大门、训楼相类似，但手法却更专业。

“文化大革命”十年间云南建筑相对停滞，主要建设的大都是一些工业厂房、宿舍、住宅类。在民用建筑中出现大量造价低廉的预制板房，甚至“干打垒”房屋，外墙大都为清水砖墙。这其间，虽然出现了云南省第一幢高层建筑——省农垦局知青招待所（十层）和一些具有一定民族特点的公共建筑，如原省图书馆、安宁温泉宾馆别墅（长脊短檐）等，但就整体风格流派而言有代表性的建筑乏善可陈。

复兴与大跃进（1978 年 ~ 2011 年）

伴随着改革开放，国门顿开，国外各种流派、大师及其作品呈现在国人面前，令人目不暇接，眼花缭乱。长期处于封闭状态的中国建筑界开始了从理论到实践的探索，云南建筑也无例外地置身其中。理论界从初期的关于后现代主义、解构主义、民族风格地方风格与创新热火朝天的探讨，到后来的地域主义、生态、节能环保建筑及可持续发展的理性化、规范化、标准化的实践，进入了一个飞速发展的时期。由于经济实力的增长及材料和技术的发展，大空间、高层和超高层建筑大量涌现，适应了建筑功能

图 33

图 34

多样化和城市建设用地日益紧张的状况。这一时期云南建筑进入了空前繁荣期，国内外的许多风格、流派均有所体现。云南建筑界自身也展开了积极而卓有成效的探索和实践，取得了丰硕成果。这一时期的发展按十年为一个阶段进行阐述。

云南以其得天独厚的民族文化资源和地理环境，为建筑创作提供了肥沃的土壤。上世纪 80 年代开始，现代风格和地域主义就成为云南建筑创作腾飞的两条主线。按照勒·柯布西耶 1926 年提出的新建筑五个特点来对照，这一时期的现代建筑创作只是部分具备了这些特点，所以这里作为现代风格来进行探讨。作为云南建筑现代风格的表现，初期主要以立面形式为主，逐渐延伸到室内空间及环境的一体化。1982 年建于盘龙江边的云南美术馆以其横竖线条对比、简洁而均衡的构图、带形窗的运用及色彩的搭配表现出较突出的现代建筑特征，是改革开放初期现代风格的代表作。而建于 1986 年的玉溪聂耳纪念馆（图 35）以灵活的几何形体穿插、转 45° 方格柱网与室内展览空间、参观流线的有机结合，内庭院与外环境相互呼应，使建筑从外部形体到流动的室内空间都充满了现代感，并体现了园林化、园艺化特征。入口的转折尖角形成了非对称空间，起到引导人流的作用。大面实墙结合线槽、高窗及几何形体表现出强烈的雕塑感。建筑创作匠意十足，堪称经典。同一时期的攀昆大厦作为一幢立面简洁的高层现代风格建筑，屋顶的构架、形体中部转角处象征中国元素的红色圆柱及构架，反映出对后现代主义或解构主义倾向的探索。

对地域主义的探索，初期提倡主要民族风格地方风格与创新，“形似”、“神似”成为创作的基本出发点。大理州博物馆汲取了白族民居建筑形式、庭院空间及传统工艺做法，是早期的“形似”作品。1985 年建成的石林宾馆采用写意手法，在对石林地质特征分析基础上，进行归纳提炼和重构，付诸建筑语言表达。设计于 1988 年的泸西阿庐古洞洞外景区建筑群（图 36、37）是民族形式继承和创新的代表作：坡屋面和延伸至地面夸张的斜叉仿木构件突出了当地彝族传统民居的形制特征，仿木构件交叉节点粗放而充满“力”感，表现了彝族同胞粗犷豪放的性格。

上世纪 90 年代建筑的亮点在于现代功能的地域特征表现，民族形式和自然特征成为表达的主要内容。用现代建筑语言以解构手法表达传统建筑占据了主流，强调建筑形式后面所蕴含的深层传统文化含义，“抽象”成为主要特征。其中以博览类建筑尤为突出，具体创作手法侧重点又有所区别：楚雄州博物馆以彝族风格在建筑风格及细部装饰得以体现，并结合山地地貌形成自身特点；云南民族博物馆（图 38）以现代特征的简洁的大面积实墙与穿斗仿木构件、“吞口”形状雕塑、长脊短檐相结合，以解构手法体现民族文化内涵；昆明市博物馆则结合展品内容以现代手法提炼并再现了宋代屋脊，同时加入了隐喻云南民俗文化的传统民居空斗架、吊脚楼等建筑元素，反映了设计师“形神兼备，

图 35

图 36

图 37

图 38

是似为上”(2)的折中主义思想；保山市博物馆则采用具有鲜明特色的云南出土文物——铜鼓、长脊短檐组合式干栏青铜器作为造型元素，并组合成为具有浓郁地域特点的建筑群。' 99 昆明世界园艺博览会五大展馆建设给云南建筑师提供了施展才华的平台：中国馆对中国传统四坡屋顶形式解构和创新，结合庭院空间的中国园林造园手法，兼顾了传统和时代感；人与自然馆、科技馆和大温室采用象征性手法隐喻树叶、果实、花瓣等植物形态，切合“人与自然——迈向 21 世纪”的园艺博览会主题思想。而国际馆流动的外部形体和丰富的室内空间具有典型的现代建筑特征。这一时期在其他类型的建筑中，民族形式和自然特征元素的运用、发展和创新也得到可喜进步。如红河州民族体育馆（图 39 ）表现了哈尼族、彝族干栏式等元素在大空间建筑上的运用；大理南诏风情岛在南诏历史、观音及本土文化研究基础上呈现出古朴的地域建筑风格；澄江古生物研究站则体现了仿生建筑样式。在现代建筑方面，由于钢结构和玻璃幕墙的普及，被大量运用于建筑中。共享内庭、玻璃幕墙、灰空间成为设计师手上的“三大法宝”，屡试不爽。昆交会老馆、昆明金龙饭店、佳华酒店以及前面提到的 ' 99 昆明世界园艺博览会国际馆成为代表作。

这十年中，现代风格和地域主义的主流发展方向是明确和牢固的，其中在地域主义方面取得的成绩尤为显著。

进入 20 世纪后的十年间云南建筑无论在数量、规模还是类型上都达到了空前的繁荣，建筑形式和风格多元化倾向明显，云南的建筑创作实现了质的飞跃。伴随着建筑设计市场的开放，发达地区乃至国外的建筑师进入云南，带来了许多新思想新理念。对场所、空间、材料质感与细部的追求成为设计逐步与世界接轨的要素。场所精神和地域性的表达成为云南建筑创作的主流，国际化与本土化的交汇成为这一时代的主旋律。本土建筑师在接受新思想的同时仍然坚持地域化创作的道路。这一时期现代风格不再是一层表皮，而是由表及里的过程，室内外空间的立体化自由穿插、延伸、交融，与环境、气候、生态、节能、环保有机结合，体现出人性化、情感化特征。日益丰富的建筑材料凸显了建筑的机理和质感。钢结构不仅仅作为建筑结构需要，而且作为形式美的构成元素被广泛运用。昆明百大金地（图 40 ）是在老昆明百货大楼拆除后重建的商业中心，建筑的几何形体切面与城市核心节点的空间关系、室内公共空间与人流组织、商业业态的关系、局部小空间室内外拓扑转换以及透明、半透明、金属等多种外立面材质组合所表达的建筑机理，都透露出了强烈的现代建筑特征；昆明国际会展中心新馆以 70 米跨鱼腹式桁架提供了大空间展厅并展示了钢结构美。云南烟草工业集团会议中心、昆明财富中心、新螺蛳湾市场等均表现了突出了机械美学与现代空间的有机结合。而在云电科技园建筑微气候控制、光伏发电技术等方面得到了较好的运用。昆明云天化总部（图 41 ）是省外设计单位在云南的成功现代建筑范例，整体、大气及带有典雅主义风格的手法提升了城市空间品质。国外设计机构在云南创作的方案中也带来了一些新理念。如新加坡建筑师设计的云南省财政厅办公楼方案（图 42 ）采用“颠倒式裙楼”，把裙楼置于空中，塔楼反在地上，把地面空间留出来作为城市公共场所和花园。同时给空中的裙房创造了良好的视线景观条件，对于缓解城市空间的拥挤具有很好作用。这种做法在新加坡有奖励容积率的配套政

图 39

图 40

图 41

图 42

图 43

图 44

图 45

策。加拿大 CPC 建筑设计顾问公司提供的云南大剧院设计方案强调了市民和建筑空间的互动。观众可以通过盘旋而上的坡道，无障碍地到达观众厅和屋顶观赏演出和城市景观，形成人人可参与其中的“民主”建筑。

在地域化创作方面，手法和切入点较之前呈现出多样化和丰富性。用现代建筑语言通过解构手法表达传统建筑仍为主旋律。其中材料的选择与运用、场所营造成为主要特点，前者体现了时代感和地方化两种突出倾向。丽江悦榕庄酒店（图 43）在对丽江民居“形似”基础上将屋顶“起山落幔”的夸张、变形与现代手法营造的小桥流水的场所氛围相结合，又达到了“神似”的效果。大多数建筑材料的本地化确保了“原汁原味”，而部分公共设施以钢结构仿木形态替代了传统的木结构，也得到较好处理，在创新的同时未影响整体风格的统一。该项目是地域化再创作成功的代表作之一。西双版纳机场航站楼、西双版纳傣园酒店、个旧和田民俗村（图 44）等一批地域化作品中，准确地捕捉到了当地文化特征和建筑符号，并通过解构、变异，传达出清晰无误的地域文化特征。大理红龙井以地道的地方建筑形式和材料与钢结构、玻璃等现代材料及现代形式产生对比、冲突，而又通过场所营造使二者和谐，手法大胆而富有创新性。保山珠宝城（图 45）采用象征性手法融入了“孔雀”、“珠宝”形态特征。德宏州芒市机场候机楼则把孔雀这种带有傣族、景颇族民族文化含义的具象图案变形夸张置于时代感很强的现代风格主体建筑上来表达地域特色，显得很“波普”、很“卡通”，算是一种异类吧。在其他大量的有地域化倾向的设计作品中，传统屋顶作为一种象征性符号，传达出地域形式信息，成为创作的主要手段，而在墙身、场景方面则要简化得多。这类建筑在本质上仍然是现代建筑骨架，把它们称之为现代建筑与传统风格的折中更为贴切。如位于呈贡新城区的昆明市行政中心、云南师范大学（图 46）、云南中医学院以及昆明海埂国际会议中心、曲靖会堂等等。另一方面，在采用对传统建筑的符号化重构的同时，这些符号所传达信息的模糊性导致似是而非的形态居多也是这类建筑的共性。

近三十年云南建筑发展的研究状况与思考

应当说从上世纪 80 年代以来的三十年间，云南建筑发展可谓成绩斐然。特别在地域建筑创作方面，经历了从初期云南建筑界老前辈们的自发行为到如今与城市规划管理相适应的自觉行动。其间，研究和创新不断，形成了独树一帜的“云南派”或“无派的云南派”。在地域建筑方面理论上的主要论述有：《环境建筑创作》(3)、《无派的云南派——探求云南城镇、建筑特色（一）》(4)、《有特质才无派——探求云南城镇、建筑特色（二）》(5)、

《云南建筑设计四十五年——论云南当代的建筑创作》⑹、《十字路口的“云南派”——兼谈21世纪的云南建筑文化》⑺、《愉悦中的悲凉——十字路口的“云南派”》⑻、《我们的“特质”建筑》⑼、《云南本土意识与现实批判——兼对近期本土建筑创作解析》⑽、《云南地域主义建筑创作的实践与探索》⑾等等，主要对云南地域建筑的形成、发展和展望作了深刻论述，为地域化建筑实践提供了理论支撑。对于“云南派”的提法，一种解释认为“主要应指云南的少数民族特色和地方特点”⑿，而顾奇伟先生认为实则为“无派的云南派”，“强调的是云南的传统城镇和建筑从总体而言是没有一统的形式特征”，“云南派”“不是形式特征而是总体上有共同特质”。这种特质概括为四个方面内容：“崇自然，不拘于‘天道’”、“求实效，不缚于‘法度’”、“尚率直，厌矫揉造作”、“善兼容，非抱残守成”⒀。继而张辉院长在2007年出版的《我们的“特质”建筑》中把这一时期云南出现的新的地域建筑风格划分为“新‘干栏式’”、“新‘汉式’”、“新‘个性’”、“新‘折中’”四个方面，是有代表性的。

对于云南的现代风格建筑而言，纵向比较，无论是技术、材料还是空间形态、设计理念都取得了质的飞跃，也不乏优秀作品，有的甚至获得全国性设计奖。但总体来说与发达地区横向比较，仍然有一定差距：显得“零散”、“琐碎”、空间形态单一、整体协调性弱、小动作过多、不够大气、缺乏精美的细部刻画。从近年来全省优秀建筑设计评选情况来看，报上来的作品中能称得上真正意义上优秀的“现代建筑”作品可谓凤毛麟角。究其原因，固然与地区经济技术发展水平差异有关，同时与设计师、业主、城市管理者总体素质和施工工艺水平也不无关系。

图46

图47

这里不得不提一下在社会上挺有市场的所谓“欧式”建筑风格。改革开放后的云南，建筑创作环境较为宽松，部分城市管理者、单位、个人业主在打造自己城市特色时往往奉行拿来主义，没有时空观念和鉴别能力，甚至不顾自身所处环境和历史文脉、项目性质，千方百计地“攀亲寻宗”、生拉活扯，盲目地把所管理的城市、片区、项目特色定位为“欧式风格”。许多建筑师也被动或主动地迎合这种口味。他们无视当今的欧洲的建筑发展水平和建筑形态，而所采用的大都是欧洲古典或相应的折中形式。“当今欧洲早已把古典建筑作为昔日辉煌，或利用或保护。而当今中国各地却越俎代庖，帮欧洲人复古，加以顶礼膜拜”⒁。再加上做工粗糙、材料廉价、比例失衡，因而造就一大批洋垃圾，也为当下的欧洲人所不齿。类似情况如正在建设的以红河大剧院（图47）为代表的红河州文化中心片区、安宁市大屯新城区等等。有的甚至在政府办公楼、公检法机关办公楼等与国家的文化和政治独立性质密切相关的项目也如此。对此现象，“思之再三逐渐悟出：他们身上中华文化的‘基因’本来非常贫乏，空虚之中只能求助欧洲贵胄的亡灵帮自己打肿脸充胖子：显示具有外国绅士风度的富贵和地位”⒂。当然，并不是说“欧式风格”一点都不能使用，要看项目的性质和所处环境而论。如在一些旅游、娱乐、房地产等项目中运用就无可厚非，为大众增添一些异国风情体验有何不可？关键要看所把握的尺度。如云南许多住宅小区建设中采用所谓“西班牙式”、“地中海式”、“北欧风格”等等，老百姓喜闻乐见，也为丰富城市景观起到了一定作用。 再有就是有特定突出的历史渊源或文脉的情况，如云南大学呈贡新校区的教学楼、图书馆等主要建筑采用“欧式风格”，力图与老校区的会泽院等标志性历史建筑产生联系，这似乎还说得过去。即便如此，还是隐约让人感到当今学校有自信心不足的嫌疑。在云南某医学院新校区设计方案评标中，设计方在介绍其方案采用欧式古典风格的依据时，幻灯片上放映了与该校在历史上有密切渊源的欧洲某大学的校园建筑照片，照片中出现了历史悠久的古典建筑和另一幢新建的时代感很强的现代建筑。令人困惑的是为何他们选取的依据是前者而非后者? 因而联想到前面提到的基因问题。中国人见面时，总习惯用“吃了吗? ”来打招呼，一知名作家分析这是因为中国历史上频发的大饥荒把饥饿感深深植入了中国人的基因中。由此看来，百年前西方列强对云南的那段殖民式入侵“记忆”已嵌入到了某些人的基因之中。当年的殖民者早已灰飞烟灭，而这些“基因”却开始“觉醒”。

这里还要提一下折中主义(也称“集仿主义”)的新认识，这种19世纪上半叶欧美兴起的创作思潮在当今云南仍有很强的生命力，似乎演变成为国际化背景下文化融合和传承的重要创作方式，也可以看做专业化的拿来主义。在地域化和时代感的结合及建筑师的“解构”、“重构”手法中都能看到它的身影，因此称之为“新折中”更为贴切。当然，也可以从后现代主义中找寻到它的踪迹。正如文丘里提出的保持传统的做法是“利用传统部件和适当引进新的部件组成独特的总体”，“创新就意味着从旧的现存的东西中挑挑拣拣”。如果从更广义的范围来看待的话，也许对于文化的融合和传承来说，“折中才是硬道理”。

“无派的云南派”与未来

讨论云南近百年间建筑表现的学术思潮和流派涉及的因素很多，有时代背景、经济技术、历史文化、民族宗教、环境气候、艺术流派、体制等等。百年已去，云南到底形成了什么流派，是“无派的云南派”或者“无招无式”? 难以下定论。但是无论怎么说，云南得天独厚的民族文化和自然资源提供了丰富的创作源泉，打造出自身特色就是为世界建筑发展做出了贡献。民族的就是世界的，坚持地域化创作是云南建筑发展的方向。在此过程中，现代技术、材料的运用与生态、节能、环保的可持续发展理念相结合是跟上时代发展步伐或与国际接轨的重要环节。纵观人类建筑发展史，每一次材料和技术的重大革新都会带来建筑形式和风格的重大变化。云南近百年间建筑思潮和流派也始终离不开技术、材料发展这条主线。因此新技术、新材料在地域化建筑中的作用是建筑师应当重视的课题。

参考文献

(1) 外国近现代建筑史．中国建筑工业出版社 1982

(2)、(8) 张辉 张晓洪．我们的“特质”建筑．云南出版集团公司，云南科技出版社.2007.10

(3) 顾奇伟．建筑学报.1987(11)

(4) 顾奇伟．云南建筑.1990(3-4)

(5)、(13) 顾奇伟．有特质才无派——探求云南城镇、建筑特色(二).云南建筑.1993(3-4)

(6)、(12) 陈谋德．云南建筑设计四十五年——论云南当代的建筑创作．云南建筑.1994(1-2)

(7) 顾奇伟 殷仁民．云南建筑.1999(3)

(8)、(14)、(15) 愉悦中的悲凉——丨字路口的“云南派”.顾奇伟．建筑百家评论集，杨永生．北京：中国建筑工业出版社 2000.8

(10) 转载 王冬 李卫兵．建筑西部：建筑当代图景实践篇．北京：中国电力出社,2008

(11) 饶维纯 饶阳．云南建筑.2011(3)

注：“百年间的国内外建筑发展概况”一节，主要内容系参考中国建筑工业出版社1982年出版的《外国近现代建筑史》编写而成。

第三章　关于百年间的建筑设计师和团队

注：图片引自《近代哲匠录》封面。

首批云南省建筑设计大师（2006年评定）---顾奇伟、董祖健、殷仁民、殷作尧、张辉

中国有色金属工业昆明勘察设计研究院

计院有限公司

中国建筑设计大师---饶维纯

工程设计院

设计有限公司

设计有限公司

设计院有限公司

云南省建筑设计大师（2011年评定）---张晓洪、罗文兵、徐锋、蒋鸿兴、简宇航

昆明理工大学设计研究院

中国水利水电第十四工程局有限公司

西南有色昆明勘测设计（院）股份有限公司

昆明冶金研究院（云南省冶金研究设计院）

云南世纪阳光建筑设计有限公司

云南省城建筑设计有限公司

云南泛亚工程设计院有限公司

昆明群造工程设计有限公司

昆明合创建筑设计事务所

截止到1948年我省登记开业的建筑师事务所共 19家

刘治熙建筑师事务所（云南省第一家建筑师事务所-1932年成立）

随后邹恩生、李华、郭懋林等个人事务所相继成立

云南省设计院（1952年成立）

昆明市建筑设计研究院有限责任公司（前身昆明市建筑设计研究院-1964年成立）

云南省城乡规划设计研究院（1984年成立）

云南省现今建筑设计甲级单位共计 22家

新中国成立后云南省第一代建筑师部分代表

第一排（从左至右）：饶维纯、陈谋德、王翠兰、沈长泰

第二排（从左至右）：顾奇伟、何立蒸、董祖健、殷仁民

第三排（从左至右）：殷作尧、田嘉农、李继雄、杨光均

云南省第二代建筑师部分代表

第三章 关于百年间的建筑设计师和团队

彩云之南，祥瑞之地。神奇的山川、秀美的自然风光、复杂的地形、多样的气候、绚丽的多民族文化，在这片红土地上形成了丰富多彩、各具特色的云南建筑，缔造了兼融并蓄、博采众长、富有浪漫色彩的云南建筑文化，孕育了大批富有建树的云南建筑师。近百年来，云南虽地处边陲，却又因其独特地理区位、现代交通技术发展、曾经的抗战大后方等多种因素促成的文化交流，使云南近现代建筑发展几乎与内地、乃至国外同时代的建筑发展同步。

一、百年间省外建筑师在云南的建筑实践

上世纪初叶随着中国第一条国际铁路滇越铁路于 1910 年建成通车，全国第一个水力发电站昆明石龙坝水电站的建成，云南的营造业及建筑设计业随着早期现代主义建筑的步伐相继发展起来。随着抗日战争的爆发，内地大批企业、商业、金融及学校迁至昆明，进一步刺激了云南省建筑营造业的发展。特别是以我国当代建筑大师梁思成、赵琛、陈植为代表的建筑师随战争迁徙而云集当时的西南联大任教或承担设计，昆明的建筑营造业及建筑创作呈现出异常活跃的景象。各种风格流派的建筑拔地而起，使昆明乃至云南的建筑发展直接越过现代建筑思想萌芽和新建筑运动时期，基本与欧洲的早期现代主义建筑同步。这一时期出现了外来的基泰、华盖、兴业、公利等建筑师事务所，涌现出以梁思成、林徽因设计的自建工作室、基泰事务所设计的甘美医院（现市第一人民医院）、华盖事务所设计的南屏大戏院（现南屏电影院）、劝业银行，昆明建筑师事务所设计的篆塘新村、兴业事务所设计的昆明大戏院（现新昆明电影院）、中西合璧新古典主义风格的云南陆军讲武堂、云南大学会泽楼、抗战胜利堂等一批设计作品。同时云南省丰富的民族文化、地域文化及大量保存完好的传统民居聚落、村镇，吸引了大批的建筑学者和建筑师深入云南进行传统建筑文化研究。如洛克、刘敦祯教授就于 1932 年深入丽江对纳西民居进行过长期的调查、研究工作。这一系列的建筑实践，打开了云南建筑对外交流的大门，特别是进入 80 年代，云南省建筑与国内、国际的知名建筑师交流更为广泛，如 1986 年 12 月中国建筑学会在云南工学院召开以“繁荣建筑创作”为主题的学术年会，杨春茂、袁镜身、邱秀文、李道增、齐康、钟训正、彭一刚、刘开济、关肇业、张锦秋、聂兰生、戴复东、蔡镇钰、张皆正、袁培煌、黄康宇、梅季魁、鲍家声、郑光复、李大厦等知名建筑师出席会议并发言，省内外建筑师围绕继承与创新，建筑创作繁荣与发展、建筑评论、建筑师的地位等方面进行了深入探讨。这次推动繁荣建筑创作的大会，对我国和云南省的建筑创作及理论研究影响深远，起到很大的推动和促进作用。及至 90 年代，随着交流的深入，云南出现了许多外地建筑师的身影及设计作品。其中包括何镜堂院士指导的云南大学洋浦校区规划及建筑设计、普洱师范专科学院、昆明学院新校区规划；清华大学建筑设计研究院关肇业先生主持设计的云南大学图书馆，科技楼；国家勘察设计大师深圳市设计院院长孟建民先生主持设计

梁思成与妻子林徽因

赵琛

陈植建筑事务所

陈植

的云南天然气化工集团总部；国家勘察设计大师北京市设计院刘力总建筑师主持的丽江玉龙县核心区规划及玉龙县中轴世界遗产公园项目；北京市设计院设计的昆明医学院校园规划；同济大学设计院设计的云南师范大学校园规划；台湾大元事务所设计的昆明理工大学校园规划、莫泊治事务所设计的邦克大厦；浙江省设计院国家勘察设计大师程泰宁先生主持的曲靖会堂方案；深圳汤桦建筑师事务所有限公司主持设计的银海森林、银海山水间方案；北京大学土人景观工作室俞孔坚教授主持的红河州行政中心方案；清华大学李晓东设计的丽江玉湖完小；TOA 建筑事务所华黎设计的云南高黎贡手工纸博物馆以及禄丰恐龙博物馆、澄江帽天山古生物博物馆等大量由省外建筑师参与主持的项目相继落成，为云南建筑增添了一抹绚丽的彩霞。

云大会泽楼

昆明甘美医院

云南陆军讲武堂

梁思成故居

抗战胜利纪念堂

二、云南本土建筑师及建筑设计

1932 年的云南省第一家建筑师事务所——刘治熙建筑师事务所成立。随后邹惠生、李华、郭懋林等个人事务所也相继成立，由此开创了云南本土建筑师的设计实践活动，截止到 1948 年云南省登记开业的建筑师事务所共有 19 家。其中由昆明联合设计事务所设计，于1932年建成的篆塘新村实行统一征地、统一规划、统一配套设施设计、统一施工的“四统一”模式，开创云南省现代居住区及住宅规划建设史的先河。以刘治熙、留法学者张邦翰大师、毕业于清华大学的李华建筑师及基泰工程师事务所现场代表张以文等为代表的云南早期建筑设计师，留下了大量的优秀建筑。其中由张邦翰大师设计，于1924年落成的云南大学会泽楼，“采中西法式，存古而不泥于古，尚新而不鹜于新”，至今仍不失为建筑精品；李华建筑师设计的抗战胜利堂，采用中西合璧的设计手法，将高大空间与传统布局巧妙结合，充分利用地形烘托建筑氛围。这些建筑造型优美、技术精湛，设计手法和创作理念都堪称经典，至今仍值得我们学习借鉴。1945年根据国家内政部公布的《建筑师管理规划》，当时的云南省建设厅制定了《云南省建筑师开业登记办法》规定，建筑师申请开业必须具备经过高等考试，领有建筑或土木工程科证书才能登记，这应该是云南省最早的注册建筑师考试。从1911~1949近四十年，可称为云南现代建筑和建筑师的萌芽时期。

1950年2月24日，云南解放。随着国家经济发展，从国民经济恢复至第一个五年计划末期的十年间，受当时大环境影响，云南建筑开始了边学习前苏联模式、边组建勘察设计机构、边进行勘察设计的“三边”创业时期。 这一时期，也是云南近现代建筑蓬勃发展的十年。随着1951年云南省建工局设计室（即现在的云南省设计院）的成立，云南省出现了历史上第一家国营建筑设计机构，拥有专业设计人员40余人。截止到1960年，云南省共有中央和地方所属勘察设计机构13个，职工总数5695人。随着国家经济的发展和设计力量的不断壮大，一批建筑精品也应运而生。 如由原成都军区后勤设计院何立蒸建筑师、云南省设计院老院长陈谋德建筑师，云南省设计院原副总建筑师王翠兰建筑师，原建设厅毛朝屏总工，原云南省城乡规划设计院顾奇伟院长等参与设计的云南省体育馆、云南农业展览馆(现云南科技馆)、云南省军事博物馆（现云南省博物馆）、云南艺术剧院、昆明百货大楼（老楼）、翠湖宾馆（老楼）、白鱼口疗养院、昆明国际旅行社等设计精细、功能优良、造型优美的云南建国后第一批公共建筑纷纷落成，使昆明的城市形象和功能得到较大提升。同时也体现了云南老一辈建筑师的高超设计造诣和建筑孜孜追求。今天，他们中的许多人虽早已不再担当具体的设计工作，但至今仍密切关注云南省的建筑发展，退休多年依然孜孜以求、笔耕不辍，始终坚持对建筑创作的追求和建筑理论的研究。让我们为他们深厚的建筑造诣、严谨的工作态度、对建筑创作的饱满激情以及对云南省建筑设计的贡献表示深深的敬意。

时间进入20世纪六七十年代，由于国民经济调整，基本建设规模压缩以及随后的“文化大革命”，全国的建筑教育、建筑设计几乎陷于停顿。云南的建筑发展亦未能幸免地受到干扰，由此导致我国的建筑理论及建筑创作远远落后于国际建筑发展的潮流。云南建筑的第六、七个十年这二十年时间，充满落寞与无奈。往事不堪回首，创作只争朝夕。

时光流逝，岁月如梭，1980年云南建筑进入第八个十年。从上世纪80年代开始，随着国家的改革开放，国民经济进入快速发展通道，沉寂了近二十年的云南建筑设计及创作迎来蓬勃发展的大好时期。继五六十年代成立的云南省勘察设计院（即现在的云南省设计院）、昆明市设计院（现昆明市设计研究院有限公司）、昆明有色冶金设计院后，在80年代相继成立了云南省城乡规划设计研究院、云南省建筑工程设计院、云南工学院设计研究所（现昆明理工大设计院）等国营建筑设计机构，这些设计团队迅速成为云南省建筑设计的中坚力量，恢复高考后的建筑学专业毕业生陆续充实到各设计单位，使这一时期的建筑设计人员群体形成老、中、青相结合的合理架构。老一辈建筑师深厚的设计底蕴、中年建筑师携厚积薄发之势、青年建筑师活跃的建筑创作思想，共同开创了云南建筑设计的繁荣局面。1985年竣工的当时云南最高的建筑工人文化宫；1982年建成的云南省第一栋高层建筑董家湾大厦；风格简洁色彩明快的昆明市科技文化楼；造型独特的锦华大酒店；云南省烟草大楼；具有典型现代主义特征的昆明饭店、金龙饭店、联贸大楼、省外贸大楼、昆明汽车客运站、云南大学图书馆、云南师范大学图书馆、昆明市人民中级法院审判大楼、海棠饭店、昆明市图书馆等大批优秀建筑相继落成；洋溢着浓郁的民族特色和地方特点的大理白族自治州民族博物馆、楚雄彝族自治州博物馆、阿庐古洞景区入口、石林宾馆、版纳热带植物研究所竹楼宾馆；五华大厦等建筑代表了云南省最早的地域建筑设计探索；毛里求斯国家机场航站楼、瑞士苏黎世傣家竹楼、德国毕梯海姆竹桥等涉外项目的设计，开创了云南省建筑师走出国门的先河。这一时期涌现出如此众多的优秀建筑设计，得益于以云南省设计院总建筑师饶维纯和包养正、殷作饶、宋德善、周永才、赵云红、赵永生、曹瑞燕等建筑师；云南省规划设计研究院顾奇伟院长、殷仁民总建筑师；昆明市设计院总建筑师杨光均先生、李继雄、郑吉汉先生；昆明有色冶金设计院总建筑师董祖健先生；云南工学院建筑学系第一任系主任朱良文教授为主的创作团队多年的辛勤耕耘和对建筑设计、建筑教育的执着追求，体现了他们积累多年的建筑创作智慧和较高的理论素养，透射出云南建筑师的深厚的创作功底。

建筑创作的繁荣离不开理论基础。随着国家经济的持续发展，思想领域也大力提倡解放思想、百花齐放，禁锢近二十年的思想得以放飞。云南省对建筑创作理论的探讨也空前繁荣，众多的案例实践和繁荣的理论研究非常活跃。云南建筑以坚持民族文化、地域文化创作，立足本省、面向全国、走向世界的“云南派”创作风格逐步形成。整个80年代是云南建筑设计和创作理论平稳、健康发展的十年。

盛世逢盛事，建筑同增辉。时间进入1990年经过十年改革开放，国民经济持续增长，云南的建筑设计能力获得快速提升，各设计单位的人才资源不断充实。青年建筑师日渐成熟，中年建筑师正当年富力强之际，恰逢昆明产品交易会、’99世博园艺博览会的举办，为云南的建筑设计和创作带来了良好的发展契机。

纵观整个90年代，云南建筑呈现“高、大、厚、新”的特点。以华域大厦、佳华广场、省科技大楼、昆明市新闻中心大楼、世纪广场、新纪元大楼、天恒大酒店、邦克大厦、中西药大楼、省图书馆、昆明海关大楼、官房广场、都市名园、美亚大厦等一批高层、超高层建筑不断刷新云南省建筑高度，其中华域大厦以148米的高度为当时西南地区最高建筑。随着建筑功能的复杂化、需求多元化，对建筑设计及技术提出了更高要求。以昆交会主展馆、西南商业大厦、昆明机场航站楼（二期）、红塔体育中心、昆明市体育馆、吉鑫滇味城千人宴会厅、玉溪体育馆等为代表的大体量、大跨度、大空间建筑，体现了建筑与技术的完美结合。’99世博会大温室、人与自然馆、国际馆、世博交易中心等建筑采用了单柱斜拉索、全钢结构、预应力混凝土、中空玻璃幕墙、聚苯乙烯保温材料等新技术、新材料，这些新技术和新材料的应用，为建筑设计提供了广阔的发展空间。云南浓厚的民族文化、地域文化和深厚的传统建筑文化为建筑设计提供了丰富的创作素材。植根于这片文化沃土上的云南建筑师们，以深厚的功底和饱满的激情创作出以’99世博会中国馆、云南民族博物馆、昆明市博物馆、大理崇圣寺、北京中华民族园云南景区、云南民族村、云南大学丽江旅游文化学院、 丽江悦榕庄酒店为代表的具有深厚的民族文化、地域文化底蕴的精品建筑，传承了云南传统建筑文化，形成具有浪漫主义特征的“云南派”优秀建筑。这些优秀建筑作品后面，活跃着一大批优秀的建筑设计师及建筑设计团队。特别是许多青年建筑师们逐步接过云南建筑的接力棒，成为云南省建筑设计的中坚力量。同时这一时期民营设计机构也开始出现。云南建筑形成以云南省设计院、云南省城乡规划设计研究院、昆明市设计研究院有限公司、云南省建筑工程设计院、昆明有色冶金设计院、昆明官房建筑设计有限公司、云南怡成建筑设计有限公司、云南世纪阳光设计有限公司、云南泛亚设计院有限公司、中深华创设计有限公司和昆明理工大学建筑学院为代表的国有、民营、学院设计机构成为云南建筑设计的主力，民营及民间建筑师积极跟进的、多元化、百花齐放的繁荣局面。

光阴似箭，时光如流。进入21世纪的第一个十年，云南建筑也即将走过整整一百年。经过近百年的发展，云南建筑设计经历了从无到有，由简至精的发展过程。进入21世纪，经过三十年的改革开放和国民经济持续稳定发展，为建筑设计提供了良好的发展环境。随着城市化进程加快、规划的发展，为建筑师提供了广阔的创作空间。云南省的建筑发展进入高速增长期，涌现出大量设计精良、特色鲜明、高完成度的建筑作品。近十年完成的项目涵盖了从面积近十万平方米的单体建筑到单个项目上百万平方米的居住小区，从单层地下室十多万平方米的大底盘多塔建筑群到高度近280米的超高层建筑，从博览建筑、体育建筑、办公建筑、酒店建筑到大型城市综合体和校园整体规划，以及生态、节能建筑、BIM建筑、智能化建筑等多个方面。无论建筑规模、设计复杂程度、设计技术、创作理念、设计控制能力都达到较高水准，佳作频出，不胜枚举。标志着云南省的建筑创作能力及建筑理论水平不断提高，建筑设计发展逐步触入当前建筑发展潮流。

持续、健康发展的建筑设计行业和多种设计模式建筑创作环境，形成较强的人才吸引力。近十年除本省昆明理工大学等建筑院校的毕业生外，西南地区乃至全国各地的优秀毕业生和建筑师也纷纷加入云南的设计团队中，建筑设计专业人员不断发展壮大，目前全省拥有国家级设计大师一名，云南省工程勘察设计大师十名，一级注册建筑师332人、二级注册建筑师842人，建筑设计师总数近6000人，年完成设计投资上千亿元。多元化的设计思想、高素质的设计团队为云南未来的建筑发展奠定了良好的基础。

三、云南建筑师的学术地位

1953年10月，中国建筑学会在北京成立，成为全国建筑科学技术工作者的最高学术性社会团体。成立伊始，云南建筑师就积极参与其活动，原昆明军区后勤设计院何立蒸建筑师参加了第一届中国建筑学会代表大会，并于1957年、1961年、1980年当选中国建筑学会第二、三、五届理事会理事。建设厅毛朝屏总工程师从1980年、1987年1992年当选为第五、六、七、八届理事会理事和常务理事，并从1996年第九届当选名誉理事至今。云南省城乡规划设计院顾奇伟院长、云南省设计院陈谋德院长、云南省设计院总建筑师饶维纯，分别当选第七、八、九届理事会理事。2004年云南省设计院总建筑师徐锋当选为中国建筑学会建筑师分会教育建筑专业委员会委员、建筑创作理论委员会委员。云南省设计院副总建筑师罗文兵当选为人居环境专业委员会副主任委员。

成立于2004年的世界华人建筑师协会由亚洲建筑师学会首届会长、香港建筑师学会原会长潘祖尧先生担任首届会长，协会以联系和团结全球华人建筑师，提升华人建筑师的创作技艺，为

中华民族复兴，为世界建筑文化的发展做出应有的贡献为创办协会宗旨。云南省建筑师、云南省城乡规划设计研究院张辉院长当选理事会理事及云南地区代表。云南省设计院总建筑师徐锋、副总建筑师张军、官房建筑设计公司蒋鸿兴当选资深会员，张晓洪、王珂、朱青、曹良红当选创会会员。

前身为 1984 年 4 月在云南成立的现代中国建筑创作研究小组的当代中国建筑创作论坛，以其学术层次高、纯学术的特点和“在突破部门、体制上的局限，加强中青年建筑师之间的横向联系，发挥集体智慧和力量，在建筑理论与设计实践两方面深入地进行学术交流和探索，致力于把我国的建筑水平尽快提高上去。为产生中国自己的、能够正确指导当前建筑实践的建筑理论，为创作一批无愧于我们伟大时代的建筑、为锻炼出一批高水平的建筑师贡献力量。本小组以使现代中国建筑树立于世界建筑之林为最终奋斗目标”为目的和宗旨，吸引了大批的中青年建筑师参与。云南建筑师毛朝屏、饶维纯、顾奇伟参加了成立会议并成为首届成员。在第九次学术年会上云南建筑师张辉成为会员。

由建设部注册建筑管理司和香港建筑学会共同主持的自 2002 年开始的两地互认注册建筑师资格认证中，云南建筑师包利泽、董嵬、戴梅、徐锋、简宇航、毛昆、罗文兵获得香港建筑学会会员资格。此外，云南建筑师还多次参加住建部建筑规范编制、评审，西南地区标准图编制和全国一级注册建筑师考试命题和阅卷工作，并受邀参加了 2004 年北京、2008 年都灵世界建筑师大会。

云南建筑师及学会通过积极参与全国学会及学术团体的活动和任职，利用相关学术平台与国内外同行进行广泛交流合作，并成功参与主办了 1986 年中国建筑学会昆明年会，2008 年丽江年会，世界华人建筑师学会 2007 年在丽江举行的主题为“古城再生”的年会及学术讨论会，1984 年现代中国建筑理论创作小组成立大会。1997 年举办第五届全国建筑与文化学术讨论会，’99 海峡两岸学术交流会及传统民居青年学术交流会、2000 年中国建筑学会建筑师分会理论创作学术年会，2007 年、2008 年分别举办了保护与更新地域建筑现代创作之路为主题的建筑师茶座，并与国内、国际学术团体：日本北九州大学、中国台湾成功大学、韩国汉阳大学开展了互访、交流，学习考查活动。使云南建筑受到国内外同仁的普遍关注，在西南地区乃至全国范围内具有一定的知名度和影响力。

回顾上世纪前五十年，云南本土建筑设计基本为个体和小集体活动，甚至延续我国古代的惯例，建筑设计和施工无明显分工。虽抗战时期，建筑界人士如梁思成、赵琛、陈植等云集昆明，上海等地的建筑师事务所也在昆明开业，但整个云南的建筑设计和创作仍限于分散活动。因此，云南省土木建筑工程学会的成立应为云南省建筑界的盛事。中国建筑学会昆明分会随之成立，后于 1957 年正式更名为云南省土木建筑工程学会。学会成立后，在何立蒸、陈谋德、姚瞻、陈志建、沈长春、毛朝屏、顾奇伟等老建筑师、工程师的共同努力下，通过开展学术讨论、组织学术交流、举办设计竞赛和建筑画展等方式，吸引了云南省广大的建筑工作者参与。并于 1982 年创办了《云南建筑》杂志，为云南建筑师提供了良好的学术交流平台。云南省土木建筑工程学会的创办和不断发展壮大，对云南的建筑创作、建筑技术发展起到了很大的推进作用。截止到 1985 年，学会共拥有 11 个专业委员会，会员7000余人，真正成为“建筑工作者之家”。

随着云南建筑创作的不断繁荣，建筑师队伍不断扩大，云南省土木建筑工程学会二级学会云南省建筑师学会于1990年4月成立。由云南省设计院饶维纯总建筑师担任会长，殷仁民、朱良文、李继雄担任副会长。作为云南省建筑师的专业学会，从成立之日就始终立足于云南省丰富的传统建筑文化和少数民族建筑文化，围绕继承与发展、保护与更新，地域建筑创作，建筑创作的繁荣与发展等方面，进行了大量的建筑评论、学术交流、设计探索，积极倡导坚持地域文化创作的云南省建筑设计方向。2010年10月，云南土木建筑学会建筑师学会举行换届大会，由云南省设计院、云南省城乡规划设计研究院、昆明市设计研究院有限公司、云南省建筑工程设计院、华昆设计有限公司、昆明理工大学建筑学院、官房建筑设计院、云南世纪阳光设计有限公司、云南怡成设计有限公司、云南泛亚设计院、中深华创设计有限公司等设计单位组成涵盖云南目前有代表性的国有、学院、民营、股份制设计机构的新一届理事会。由云南省设计院总建筑师徐锋担任理事长，张晓洪、简宇航、张军、周伟、杜晓光、翟辉、蒋宏兴、何辉、毛昆、麦一兵担任副理事长，罗文兵任秘书长、李伟、唐春晓、白冰寒、汤鲜任副秘书长。新一届学会将在坚持、继承上届学会宗旨的基础上，进一步坚持民主办会，广泛交流，增强凝聚力，树立学会的学术指导性，不断扩大学会的影响，充分发挥学会为经济建设、为社会服务的作用。通过云南建筑师学会与中国建筑学会、世界华人建筑师协会及国内外学术团体和同

我省建筑师——张辉（右二 现任世华建协常务理事）参加研讨会

我省建筑师——张辉（第三排右四）荣选为创会会员地区代表，张晓洪、王珂、朱青、蒋鸿兴成为创会会员，罗文兵、王东、徐锋、曹良红成为资深会员

仁的沟通互动，起到对外宣传云南建筑，对内为云南省建筑师提供良好的交流平台，拓展云南省建筑师视野的纽带作用。

四、云南建筑师的获得荣誉及社会影响

几分耕耘，几分收获。通过云南省几代建筑师近一个世纪的辛勤工作，踏实设计，坚定不移的创作追求，涌现了大批具有云南地域特色的建筑佳作。陆军讲武堂、会泽楼、抗战胜利堂、五六十年代的建国十大建筑，至今仍令大家津津乐道。建国后云南的近现代建筑中，获得国优银奖一项，铜奖三项，部优一等奖两项，二、三等奖及表扬奖数十项。其中丽江悦榕庄酒店以优美的造型、浓郁的地域文化特色、与环境的高度契合和高完成度荣获 2010 年度国家优秀工程银奖，并与野鸭湖生态小镇分获 2008 年度、2010 年度中国勘察设计协会（部优）优秀工程一等奖。'99 世博会中国馆获得 2000 年度部优二等奖，国优铜奖，2000 年北京世界建筑师大会二等奖。云南民族博物馆、五华广场、香格里拉民用机场航站区，获得国优铜奖。获得部优二等奖的还有：石林宾馆、毛里求斯国际机场（1989 年）、德国曼毕梯海姆竹桥、瑞士苏黎世竹楼、昆明国际贸易中心、云南民族博物馆、昆明百货大楼新天地、大理红龙井旅游文化城。获得三等奖的有：云南大学图书馆、北京中华民族园云南景区、云南社科院图书情报资料中心、'99 世博会温室、云南大学洋浦校区图书馆、玉溪市聂耳公园。表扬奖：昆明市棕树营小区、昆明市中级人民法院审判楼……其中，丽江云南大学旅游文化学院、五华广场荣获中国建筑学会建国六十年创作大奖。获奖的数量、获奖等级在西部地区均名列前茅，使云南建筑在国内的影响力得到较大提升，获得国内建筑界同仁的认可。

为繁荣云南省建筑创作，提高创作水平，促进建筑创作交流，自 1984 年云南省恢复云南省优秀设计评选以来，云南省坚持两年一届的省优秀设计评选，共评出以丽江悦榕庄酒店、百大新天地、云南海埂会堂、石林宾馆等项目为代表的省优一等奖百余项，二、三等奖近千项。由云南省建筑设计协会于 2007 年、2009 年

世界知名华人建筑师与云南建筑师共聚丽江

成功举办了第一、二届云南卡瓦格博优秀建筑创作奖评选，两届评选，全省共有38个设计单位参加，共报送设计方案397项。通过邀请中国工程院院士何镜堂先生、北京市建筑设计研究院朱小第院长、清华大学建筑设计院庄惟敏院长为代表的多家国内知名设计院建筑专家和省内各大设计机构和院校的建筑设计专家组成的评委会，共评出：一等奖22项、二等奖46项、三等奖84项。

目前云南建筑师中拥有云南省设计院总建筑师饶维纯全国工程勘察设计大师一名，顾奇伟、董祖健、殷作尧、殷仁民、张辉、张晓洪、徐锋、简宇航、蒋宏兴、罗文兵等十名云南省工程勘察设计大师。同时有多名建筑师荣获全国劳动模范、国务院政府津贴、省有突出贡献的优秀专业技术人员、云南省政府津贴等荣誉。

丽江悦榕庄酒店（云南省设计院设计）
国家优秀工程银奖
中国勘察设计（部）优秀工程一等奖

昆明百大新天地（云南省规划设计院设计）
中国勘察设计（部）优秀工程二等奖
世界华人建筑师协会设计奖

德国曼毕梯海姆竹桥（昆明建筑设计院设计）
云南省科技进步二等奖

五、云南建筑师主要专著

建筑创作与建筑理论的研究密不可分，与建筑师的专业技能、专业素质和专业理论水平息息相关。同时，建筑作为文化的载体，不仅体现在建筑造型、材料、技术和结构特性上，同时还体现着地域自然环境的特性；体现着人的审美观念、宗教信仰和礼仪制度等人文环境特性。也可以这样认为，建筑包含审美意味，体现社会性、宗教性及价值观念的意味。只凭表面观察和感性直觉设计建筑、看待建筑是肤浅的，片面的。特别是当下将建筑作为追求形象、追求利益、追求业绩的工具，贪高求快、恋洋喜大，割裂历史忽视传承漠视人文自然环境的建筑风气尤为不可取。因此，作为建筑师除了良好的专业技能外，应注重专业素养和建筑理论的积累和提高。通过论文专著，以高水准的专业能力诠释建筑文化内涵，向社会民众推广普及建筑文化，树立建筑文化发展良好导向。

多年来，云南省建筑师陈谋德、王翠兰、饶维纯、顾奇伟、朱良文、蒋高宸等老一辈建筑师和张辉、王冬、张晓洪、徐锋、杨大禹、张军、翟辉、罗文兵、王宇舟等大批的中青年建筑师，在设计工作之余仍笔耕不辍，在各级学术刊物上持续发表学术论文、建筑评论及创作体会，剖析建筑思潮、交流创作心得、分享设计乐趣。特别是由云南省设计院集体编撰时于1984年出版的《云南民居》，昆明理工大蒋高宸教授编著的《云南民族住屋文化》、《丽江美丽的纳西家园》，云南省城乡规划院院长顾奇伟等编撰的《丽江古城建筑保护手册》，云南省设计院原副总建筑师赵云洪的自传体专著《辛勤耕耘六十年》，云南省城乡规划设计研究院张辉院长编著的《城市空间的选择现实》、《我们的“特

我们的
"特质"建筑
——云南"特质"建筑探索研究

我们的
名城 名镇
——云南城市遗产保护规划研究

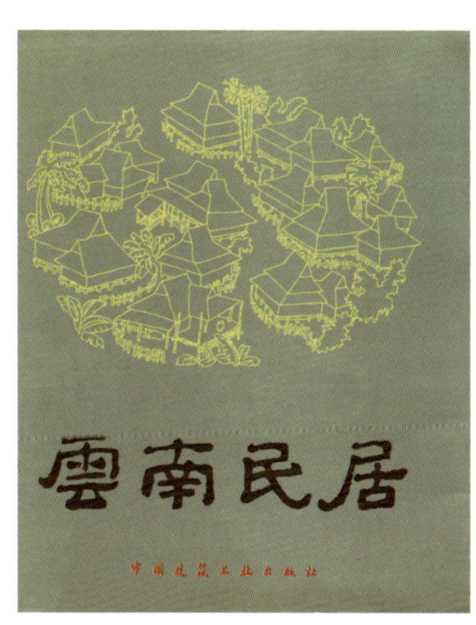
雲南民居

云南山地
城镇村落与建筑
YUNNAN SHANDI
CHENGZHEN CUNLUO YU
JIANZHU
主编 周文华

YNMZZZWWH
云南
民族
住屋文化
蒋高宸 编著
云南大学出版社

Current Problems In Urban Space Options
城市空间的选择现实
——解码云南城市空间
云南出版集团公司
云南科技出版社

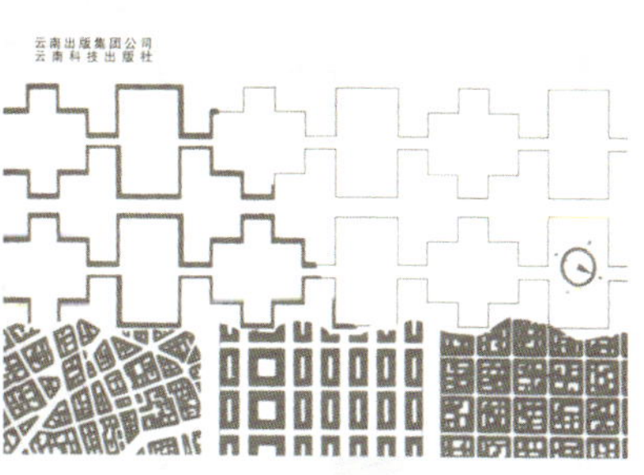

张 辉/著
云南工程设计大师张辉的建筑创作与摄影作品
图影时空

中国民居建筑丛书
云南民居

质”建筑》、《图影时空》等大批学术专著，对普及建筑文化、宣传云南建筑、引导云南省的建筑发展起到了良好的推动作用。

六．回顾与展望

抚今追昔，思绪万千。从1911年开始起步的云南建筑历经百年，经历了萌芽、成长、成熟，由松散个体到专业团队的发展历程，也见证了云南省百年间经济文化的发展。从1923年第一家建筑师事务所，到今天的近6000人，国有、民营、学院团队、个性化建筑工作室及民间设计爱好者多种设计模式共存的繁荣局面，从寥若晨星的单体建筑，到规划、单体、大型公共建筑、教育建筑、居住区全面开花，从地处边陲默默无闻到多次获得全国大奖，从被动接受外部设计理念到逐步形成立足本土文化，坚持地域建筑创作的体系建立，体现了百年来云南省几代建筑师的辛勤耕耘和对建筑创作执着追求的坚定信念。值此云南建筑走过百年之际，回顾云南建筑的发展历程，可谓成绩斐然。但我们不能忽视由于文化、经济和地理环境形成的客观制约，使云南省建筑发展特别是现代建筑设计理论相对滞后，规划及社会的建筑意识薄弱，以及在市场经济中建筑师的社会责任感下降，导致许多伪文化、伪地域、伪技术甚至粗制滥造的建筑仍然充斥在我们周围。特别是上世纪90年代的大开发，几乎是一夜之间使得以省会昆明为代表的一大批具有良好传统城市肌理、优秀传统建筑、独特城市空间的特色鲜明的城镇，瞬间荡然无存。曾经的历史文化名城只能从上世纪90年代前的照片中寻觅。这许许多多的“建筑”遗憾，值得我们深刻反思。

今天面对现代新昆明建设，以及国家“十二五”规划中提出将云南建设成我国面向西南的重要桥头堡，通过优势特色产业基地，区域性国际交通及信息枢纽，区域性国际现代服务中心等目标的打造，形成我国全方位开放新格局的远景规划目标。云南的建设将迎来更大的发展空间。在现代化、国际化、多元化的社会发展背景下，云南的建筑设计必将面临前所未有的挑战和机遇。在高速增长的经济和社会需求中，如何面对建筑保护与更新、建筑文化的传承与发展、建筑技术的低碳与环保、绿色建筑设计等命题，以及如何在高速发展背景下，坚持建筑的基本属性，提高建筑的完成度、保持建筑的可持续发展值得我们当代建筑师深入思考。

时至当下，随着建设需求的不断增长，社会各界对于城市和建筑的关注度越来越高，对建筑师的期望值也更高。因此，作为云南建筑师应以高度的敬业精神及社会责任感，坚定地立足地域文化、民族文化为建筑创作源泉，以开阔的视野、质朴的建筑观、冷静的态度，踏实的工作，迎接当今建筑发展的大时代。通过积极探索地域建筑现代化创作、原创设计的方法，提高理论水平，积极推动建筑文化的传播，保持“文化传承、地域创新、百花齐放”的云南建筑风格，开拓“云南派”的现代建筑创作路径，团结协作、携手共进，阔步迈入云南建筑的下一个百年。

本文通过对云南进入现代社会百年来建筑人、团队的活动实践回顾，简单概括了百年来的云南建筑师及建筑团队发展。由于资料匮乏、零乱且成文仓促，对文中的人物事件，难免错误遗漏，敬请包涵。同时对文中的建筑师及提供资料的各位同仁表示感谢。

参考文献：

1.《云南省志卷四十二建筑志》云南省地方志编纂委员会总纂；云南省城乡建设厅编撰.1995
2.《昆明风物志》作者：李孝友，云南民族出版社 1982 年第一版；2003 年第五版
3.《张邦翰设计大会泽远》生活新报 2006.10.15
4.《昆明市人民胜利堂建筑研究》作者李晓丹等，天津城市建设学院学报第八卷第一期 2002.3
5.《评优的遐想》顾奇伟《云南建筑》2006.1
6.《展现建筑个性 突出建筑特色》饶维纯《云南建筑》2002.3
7.《从创立、停滞到恢复、发展——云南省土木建筑学会成立以来的几点回忆》陈谋德《云南建筑》2004.3
8.《与时俱进 铸造辉煌——庆祝云南省土木建筑学会成立五十周年》毛朝屏《云南建筑》2004.3
9.《耕耘四十载》引发的沉思。陈谋德、王翠兰《云南建筑》2004.3

1911年10月30日（农历九月初九），昆明发生重九起义，推翻清政府在云南的统治。都督府在五华山"光复楼"。1911年，开放图书博物馆。1911年，建成保禄教堂。1910年，滇越铁路通车；1912年，建成个（旧）碧（色寨）石（屏）铁路。1912年，中国第一个水电站——石龙坝水电站建成。1914年

省立联合中学（今昆二中）成立。1915年，袁世凯复辟帝制，云南发动护国起义，推翻袁世凯，随后，开护国路、立护国门、建护国桥。1920年，建成翠湖公园九龙池自来水公司。云南已经生产铜、锡、铁、铅、锌、锑、钴等多种矿产。1920年，教会建成"惠滇医院"。

1911–1920

云南陆军讲武堂

YUNNAN MILITARY ACADEMY

建设地点：昆明市 建设规模：建筑面积 7611M^2
建设年代：1909 年 ~ 1911 年 设计团队：兴业设计事务所

区位示意（卫星影像截图）

云南陆军讲武堂是中国近代一所著名军事院校，与北洋讲武堂（天津）和东北讲武堂（奉天）并称三大讲武堂，是云南重九辛亥革命的发起地。

晚清时由于新军编练的需要，1908 年云贵总督沈秉经向清廷奏准，筹办云南陆军讲武堂。校址设在昆明原明朝沐国公练兵处，占地 7 万余平方米。学堂开办之初，分步、骑、炮、工四个兵科。辛亥革命后，云南都督蔡锷将军下令将云南陆军讲武堂改为云南陆军讲武学校。以云南讲武堂师生为骨干组建的滇军，在护国、护法战争中战绩辉煌，故学校声誉日隆，威名远扬，邻省甚至邻国许多有志青年纷纷来昆明报考求学。据不完全统计，从第十一期至第十七期，朝鲜、越南来留学的青年达 200 余名。1938 年，该校按黄埔军校系列，改名为“中央陆军军官学校第五分校”，由龙云兼主任。1945 年 9 月抗日战争结束后，学校奉令停办。

云南陆军讲武堂历史博物馆

云南陆军讲武堂培养了数千名人才，其中有新中国的两位元帅（朱德、叶剑英），二十几位上将，三位国家军队的总司令和一位国家的国防部长。

云南陆军讲武堂旧址在翠湖公园西岸，讲武堂现存建筑为一幢二层中西合璧的米黄色合院建筑。平面呈正方形，东、西、南、北楼各约长120米，宽10米，对称衔接，浑然一体。四角有拱形门洞可出入，是中国传统的走马转角楼式建筑。

东楼正面中部高耸的片墙式门楼为欧洲19世纪折中主义建筑风格，两翼简洁墙身上的双坡瓦屋面为中国传统的建筑形式。东楼背面中部阅操楼屋顶为中国传统歇山瓦顶，与西式的壁柱、弥拱、窗套混合使用。南北楼为学员宿舍，南楼中部突起，为阅操楼。今农展馆的位置，就是当时的阅兵操场。东楼原功能为办公室，西楼为学科教室。主楼西北面的平房，为当时的礼堂。时至今日，这旧建筑已经多次修缮，保存尚为完好。

回顾历史

滇越铁路站房及设施

DIANYUE RAILWAY STATION AND FACILITIES

建设地点：昆明市至越南海防 建设规模：全长 854 公里
建设年代：1903 年 ~ 1921 年

人字桥

滇越铁路于 1903 年 10 月开工修建，1910 年 3 月正式全线通车，从中国昆明至越南海防，全长 854 公里，分为云南段（即滇段）和越南段（即越段）。

滇越铁路滇段是从昆明至中越边境的河口，长 468 公里，有车站 62 个，为米轨轨距。铁路跨越珠江、红河；穿越了 12 个少数民族聚居区；在南北海拔高差 1807 米的线路上，平均 3 公里 1 个隧道、1 公里 1 座桥涵。它的开通运营，让云南实现了与西方现代工业文明的直接碰撞，促进了云南现代文明的进程。

个旧鸡街火车站位于云南省个旧市鸡街北部，始建于 1915 年，1921 年建成投入使用，主要建筑为中西合璧，红瓦黄墙，镶有木质百页窗的法式洋房。有站房、候车室、储运室、行车道等，为个碧石铁路的中心枢纽站，东达蒙自，南抵个旧，西至建水、石屏，北至开远、昆明。

滇越铁路跨境大桥

春城晚报
T02 / T07
2010年3月30日 星期二
百年滇越铁路

滇越铁路云南段80%线路穿行在崇山峻岭之中，筑路工程非常

中国劳工血肉筑成
滇越铁路既悲且壮

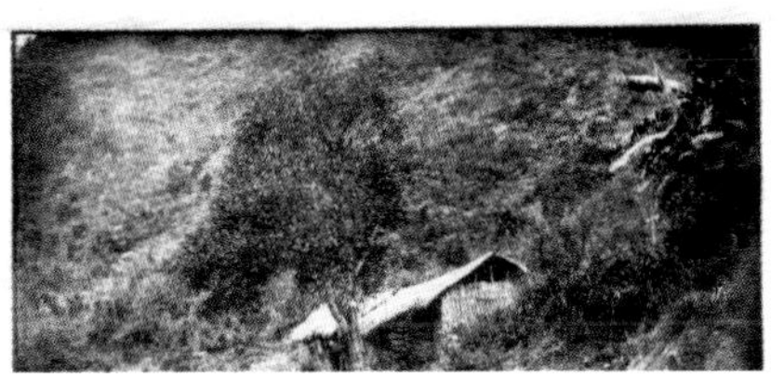

昆明百年老椿树，是百年滇越铁路在昆明城区留存的唯一实物

碧色寨站房

开远站房

河口站房

昆明西庄站

个旧站房

河口站月台

蒙自碧色寨车站仓库

鸡街站房

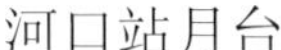
河口站月台

个旧个碧临屏铁路公司旧址

碧色寨站台

PAUL GARNIER

蒙自县哥胪士洋行

KALOS FOREIGN FIRM. MENGZI

建设地点：蒙自县 建设规模：占地 5.5 亩
建设年代：1911 年

1903 年修建滇越铁路时，当时欧洲意大利、希腊等国的工人、技术人员也参加到滇越铁路的修筑热潮中。受聘于滇越铁路公司的希腊人哥胪士兄弟来到了蒙自后，发现建设中的滇越铁路和铁路修通后的地区，需要大量的五金、日用百货及西方食品等洋货，而西方人也需要云南的土特产品，于是兄弟两人筹资 5 万银元，在蒙自南湖边盖了一幢两层高，红瓦黄墙，铁窗壁炉的法式风格建筑，除了销售五金零件及日用品外，还开了十多间客房。

抗日战争爆发，1940 年日本入侵越南，滇越铁路中断，蒙自从此封关，哥胪士洋行也寿终正寝，兄弟俩也回到欧洲，而其留下的房屋由地方政府无条件接收，先后用作民国政府中央银行蒙自支行、县卫生院等。

1938 年西南联合大学文法学院迁移蒙自后，一批中国顶尖文化名流教授和学生的宿舍安置在此。其中洋行楼上就住过闻一多、陈寅恪、朱自清、吴宓、钱钟书、冯友兰等 10 多位教授。

2005 年，人们发现了这幢异国风情建筑的商业价值，对其进行了改造，保留了欧式的百叶窗、花式铁栏、壁灯等风格。近期政府决定对其再次进行修缮，修缮后哥胪士洋将行作为西南联大蒙自分校的陈列馆。哥胪士洋行旧址原有北、东、南三面法式转角二层楼房一幢，为洋行主楼，目前仍存有北、东两面楼房。

艾思奇故居

SIQI AI'S FORMER RESIDENCE

建设地点：和顺乡 建设规模：建筑占地 600 多 M^2
建设年代：1919 年

艾思奇故居位于腾冲县城南 5 公里外的和顺乡水碓村，系一幢中西合璧式砖木结构四合院楼房。建筑占地 600 多平方米，建筑较为精巧，高屋大院，串楼通栏，点缀西式小品阳台。正房前厅有一石砌圆形拱门，青藤缠绕，古朴秀雅。故居前临元龙幽潭，后枕凤山，地势高旷，环境优美。

艾思奇原名李生萱，其父李同垓是辛亥革命的元老，追随孙中山先生革命。艾思奇两岁就随父在外，先后在香港、昆明、南京、日本读书，青少年时代就参加了党领导的外围组织，1935 年正式加入中国共产党。

艾思奇是著名的马克思主义哲学家，他一生写出了许多哲学著作，特别是《大众哲学》、《哲学与生活》两本书，曾引导无数青年走上了革命道路。他的《辩证唯物主义和历史唯物主义》一书，长期以来都是高等院校的哲学教科书。

艾思奇于 1966 年 3 月病逝于北京，毛主席在他的悼词上亲笔写下“党的理论战线上的忠诚战士”一语。

李白乘舟將欲行
忽聞岸上踏歌聲
桃花潭水深千尺
不如汪倫送我情

宇超同志正之　艾思奇

学者　战士
真诚的人
毛泽东

艾思奇故居

区位图（卫星影像截图）

建筑外观

内庭院

博學之審問之慎思之明辯之篤行之

鳶飛于天魚躍于淵言其上下察也

内院

附近巷道

昆明袁嘉谷故居

JIAGU YUAN'S FORMER RESIDENCE , KUNMING

建设地点：昆明市 建设规模：建筑面积 1200M^2
建设年代：1920 年

袁嘉谷（1872～1937），字树五，别字树圃，晚号屏山居士，云南石屏人，清光绪癸卯经济特科第一名（状元），授翰林院编修，派赴日本考察。归国后任学部编译图书局局长，1909 年任浙江提学使。辛亥革命后回滇，历任云南盐运使、省务委员、东陆大学教授、云南省图书馆副馆长等职。有《卧雪堂文集》、《卧雪堂诗集》、《滇绎》、《滇诗丛录》、《石屏县志》等。

袁嘉谷故居位于翠湖北路 47 号，建于 1920 年，坐北向南，占地面积约 2500 平方米，建筑面积约 1200 平方米。故居为土木结构，硬山瓦顶四合院式二天井院落。正房为三层楼房，称“卧雪堂”，顶层阁楼是袁嘉谷当年的书斋，两耳房面阔均为三间，倒座五间，现为云南大学公房。

氣淑年和邇安
遠肅群生咸遂
靈貺畢臻雖藉
二儀之功終資
一人之慮遺身
利物櫛風沐雨
百姓為心憂勞
成疾

雨甘仁弟雅正
嘉毅

门楼

沿街面外观

内院

内院

孟连中城佛寺

ZHONGCHENG BUDDHIST TEMPLE . MENGLIAN

建设地点：孟连县 建设规模：占地面积 405. 8M^2
建设年代：1912 年

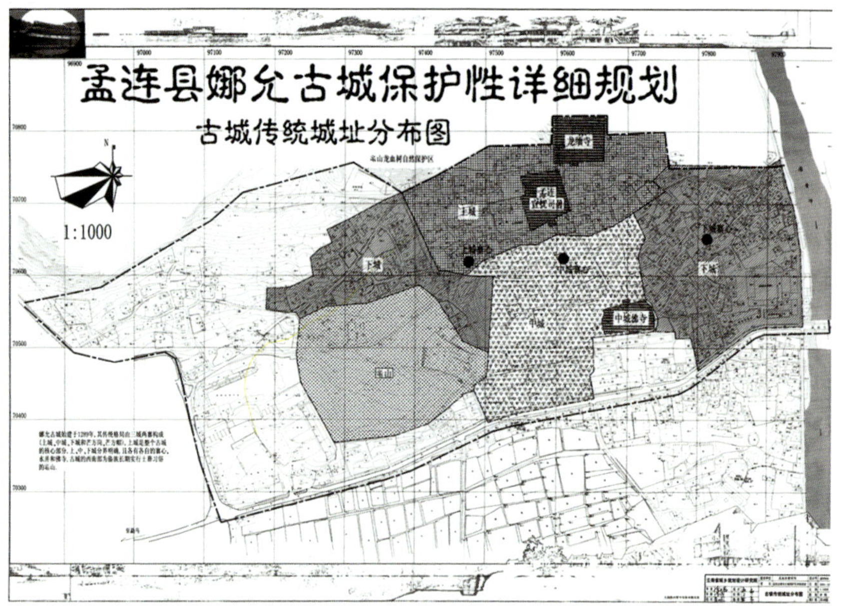

孟连中城佛寺始建于 1910 年，傣语称“佤岗”，是孟连县城内历史悠久、规模较大的佛寺之一。在土司时期是娜允古城内居住在中城的官员们专用的佛寺。

相传一位僧侣受佛主指派到缅甸取经，用马驮着经书归来，当走到中城佛寺所在地时，驮马的两前肢都跪到了地上，无论采用什么措施驱赶，驮马都不愿起来。人们认为是佛主暗示要在这里建盖佛寺，于是人们在这里修建了中城佛寺。中城佛寺坐南朝北，有山门、戒堂 、大殿、僧房、后山门、围墙等。大殿为抬梁式三檐歇山顶围廊建筑，挂瓦屋面，屋脊正中有葫芦宝顶。佛寺面阔 5 间，长 22.8 米，宽 17.8 米。明间左右有几何形方窗和梅花形圆窗装饰于栏板之上。大殿台基高 0.8 米，石踏跺 4 台。佛殿内有内檐柱 6 排，每排 8 棵，共 48 棵，均涂为赭红色。其中 24 棵用金粉贴印花卉纹饰，佛像前内据左右上端有理金飞龙花牙子，并雕有龙。外柱 24 棵，复盆式柱础，柱头镶饰有彩色玻璃仰莲。大殿隔板贴印葫芦宝塔佛像、孔雀公主、歌舞人、花卉。檐枋有木雕。墙上精美的傣族民间金水壁画和金饰彩绘图案，是研究傣族历史、文化、宗教、信仰的珍贵实物资料。西向有牌楼式大门，北向悬山顶式门二道，四周有土围墙。

中城佛寺

寺内佛塔

石屏县恒升小学

HENGSHENG PRIMARY SCHOOL . SHIPING

建设地点：石屏县
建设年代：1913 年

李恒升（？-1941 年），通称李恒，石屏龙朋人，民国初在个旧办锡矿起家。石屏、个旧、昆明、香港等地皆有其商号和房产，为石屏一富商，时有“临安马成，石屏李恒”之说。

李恒热心桑梓公益事业，不惜慷慨挥金赞助。民国二年（1913 年）龙朋学校创办初级小学，由学生缴纳学费开办，教育不发达。民国十一年（1922 年），李恒不忍家乡的桑梓教育废弛，先后捐资购租百余石归学校作经费，免收学生学费，入学儿童逐渐增加，男女生共 140 人。二十四年（1935 年）李恒升捐资建盖学校花费滇票 30 万元，加捐购出租费用，共 50 万元，龙朋学校教育因而有所发展。李恒热心地方教育，当时滇督唐继尧题词赠送“嘉惠士林”匾以表扬其公德，其字匾石刻镶嵌于石屏中学大门及其石屏城中家门。

外观及院内

个旧市宝丰隆商号

BAOFENGLONG TRADE CORPORATION . GEJIU

建设地点：个旧市 建设规模：占地面积 1 万多 M^2
建设年代：1916 年

宝丰隆商号始建于 1916 年，1926 年建成投入使用，占地面积 1 万多平方米。建筑材料来自省内各地及法国，工匠则来自通海、石屏等地，负责施工的主要技师是从越南请来的。

宝丰隆商号建筑颇具规模，整个建筑依山势而建，盘丘而上，坐西朝东，中西混合结构建筑。前大院是宝丰隆商号的主体建筑，为中西合璧走马转角楼四合院建筑，正面主楼为 4 层混合结构仿法式建筑，进门楼后有一大天井，面积为 320 平方米，由细琢皮石铺就。

宝丰隆商号建筑规模宏大，耗资巨大，时称个旧楼房之最，是民国年间个旧最大和最有影响的炼锡炉坊和商号，也是目前个旧保存较完好的锡冶炼遗址，同时也是我省和全国冶金重要的工业文化遗址之一。

内院

西式回廊

西式回廊

昆明基督教青年会

YOUNG MEN'S CHRISTIAN ASSOCIATION . KUNMING

建设地点：昆明市 建设规模：占地面积 2000 余 M^2
建设年代：1912 年 设计师：李锦佩

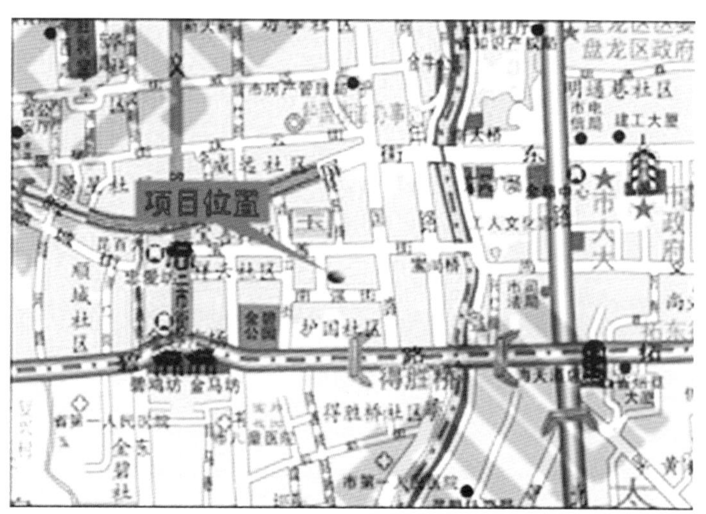

基督教青年会始建于民国元年（1912 年）位于鼎新街 2 号，1933 年在旧址上进行扩建。扩建后的基督教青年会占地 2000 余平方米，是一座灰砖砌筑的中西合璧建筑，平面呈“L”形布局，砖木结构。两侧建筑为三层高，内走廊式建筑，转角处为一个五层高六边形的攒尖瓦项建筑。主体建筑具有哥特式建筑风格特点，窗台、门柱镶有西式青石雕件装饰。

基督教青年会在扩建时，得到了国民政府及社会各界的大力支持。该建筑由设计南京中山陵中山纪念堂的著名设计师李锦佩先生设计，时任云南省主席龙云为奠基石题词。

沿街外观

侧面通道

塔楼

昆明石龙坝水电站

SHILONGDAM HPS . KUNMING

建设地点：昆明市 建设规模：占地面积 213 亩
建设年代：1912 年

石龙坝水电站是中国第一座水电站，位于中国云南省昆明市郊的螳螂川上，电站一厂于 1910 年 7 月开工，1912 年 4 月发电，最初装机容量为 480kW。抗日战争期间，日军曾于 1939 年至 1941 年先后 4 次轰炸石龙坝水电站，仍未能破坏供电，电站为抗战胜利做出了贡献。

石龙坝水电站所处的螳螂川是滇池的唯一泄水通道，螳螂川上从滚龙坝到石龙坝一段，坡陡流急，落差 30 余米。水电站是以滇池为天然调节水库，利用该段集中落差兴建的引水式水电站。

石龙坝水电站厂房静卧在一片葱翠的树林后，穿过一条条巷道，随处可见近代风格的建筑。电厂最里端的一个车间是厂里最老的机房之一，青色砖墙，拱形窗。厂房里有百岁年龄泛着青铜色光芒的德国机器仍能发电，它就是最早引进的第一座 240KW 的水轮发电机组。上世纪 50 年代，这台机组还曾被拆装到开远效力，后来又被送到过绿水河、石屏、通海等地支援；直至 1987 年，石龙坝水电站花钱购回这台机组。 2009 年 7 月，石龙坝水电站已更名“华电云南发电有限公司石龙坝发电厂”。

融入山体的厂房

建立中共地下省委。军阀混战，孙中山号召
唐继尧的军队改名“靖国军”，第一军军长赵
又新在四川战死，家人在翠湖南路建“赵公祠”，
如今是五华区教育局所在地，大门还在，其余建筑
已毁。1922年，昆明市政公所成立，着手改造旧城
私立东陆大学在贡院旧址成立，玖年4月开学上
课。1924年，建立“近日公园”，园中有“会泽唐
公再造共和纪念标”。1924年，云南第一条公路一
一昆明至碧鸡关公路建成。1925年，成立云南兵工
厂。1927年发生“二　二六政变”，结束了唐继
尧的统治，最后龙云上台主政。1928年，市政府成
立“环城马路工程委员会”，建新公路10570米
车道11.52米，人行道1.6米。1929年，此时，昆
明有公立市立女中、私立南菁中学等学校。1930年
昆明工业学校、农业学校成立。1931年建成甘美
医院。1931年，圆通山唐继尧墓建成。

1921–1930

泽楼及其他主体建筑

中学

堂

园

馆

乡图书馆

亭寺

箐天主教堂

教堂

云南大学会泽楼及其他主体建筑

HUIZE BUILDING AND OTHER MODERN TIMES BUILDINGS . YUNNAN UNIVERSITY

建设地点：昆明市
建设年代：1924 年

上世纪初，云南各界人士竭力主张在本省成立大学，时任云南督军兼省长的唐继尧顺应历史潮流，开展筹备办学之事，提出“拟办私立大学一所，名曰东陆大学”，为云南大学前身。会泽楼是云南大学的标志性建筑，于 1923 年 4 月 20 日奠基，1924 年落成，设计考究，做工精良，系典型的法式建筑。“会泽”源于东陆大学的出资人唐继尧。唐继尧系曲靖市会泽县人，外号“唐会泽”。设计人张邦翰是我国早期留法学者。

会泽楼建筑面积 3900 平方米，地上 4 层，一、二层层高 6 米，三层高 3 米。关于设计构思，张邦翰先生说“其建筑采中西法式，存古而不泥于古，尚新而不专骛于新。”楼前 95 级台阶，寓意《易经·乾卦》：“九五飞龙在天”。会泽楼借鉴美国哥伦比亚大学建筑风格，建筑线条鲜明，凹凸有致，稳重大气。外墙用石材装饰，细节处理上运用了法式廊柱、雕花、线条，呈现出浪漫典雅风格。

会泽楼

钟楼位于校东院会泽楼西面，建于民国初期，占地面积约 60 平方米，钟楼高约 60 米，每日按北京时间准点响钟，音响千米。

会泽楼

会泽楼渗入欧美建筑元素，借鉴美国哥伦比亚大学校貌建筑风范，除外貌挺拔宏伟威严外，其内部古朴大方，整个建筑线条鲜明，凹凸有致，稳重大气。外墙多用石材装饰，细节处理上运用了法式廊柱、雕花、线条，呈现出浪漫典雅风格。

贡院东号舍（考生居住考试之处所）

云南大学主体建筑会泽院后，有一座白墙黄瓦、雕梁画栋、古朴典雅的建筑是云南贡院。它始建于1499年（明弘治十二年），是明、清两代科举乡试的考场。贡院内现保留着至公堂、考棚、碑坊。

熊庆来故居

熊庆来故居建于民国二十六年（1937 年），占地面积约 150 平方米，建筑面积约 326 平方米。二层砖木结构硬山顶建筑，楼上为起居室，楼下为客厅、厨房等。

熊庆来（1893 年 -1969 年）曾任云南大学校长十二年。是我国著名教育家、数学家。

明清时期云南贡院的主体建筑。明弘治十二年（公元 1499 年）。至公堂为大殿式建筑，南北向，各开一门，门两侧皆为窗棂，光照极佳。南明时期为大西农民军四将军之一艾能奇的定北王府。永历十年（公元 1656 年）永历皇帝来滇，以此为“滇都”皇宫。清嘉庆二十四年（公元 1819 年）林则徐任主考官，在此主持云南乡试。东陆大学建校后用作礼堂。1946 年 7 月 15 日著名学者闻一多遇难前在此作《最后一次演讲》。

起凤坊

物理楼位于大学东院内，建于共和国建国初期，坐南朝北，占地面积约3500平方米。三层砖混苏式建筑，正立面上有六根三层楼高的方柱，柱头草花式雕塑简洁美观。与后楼连接处，建有双圆柱支撑跨廊。

云南大学生物楼位于云南大学东院内，建于 1954 年，分为东西两楼，占地约 6000 平方米，建筑面积 6410 平方米。三层砖石混合结构，欧洲古典建筑风格。

生物楼分为东、西两楼，之间有物理馆，中间有廊道连接。东楼坐西向东，西楼坐东向西，东、西楼正面台阶上均立有六根西式圆形大柱，雄伟壮观。

石屏县第一中学

THE FIRST HIGH SCHOOL . SHIPING

建设地点：石屏县 建设规模：校舍面积 19120M^2
建设年代：1923 年

石屏一中位于县城西北隅，是 1923 年由著名乡贤陈鹤亭先生倡导、乡绅富户李恒升、张信之等筹资创建的。学校占地面积 5171 平方米，1923 年命名为“石屏县立中学校”，1923 年 8 月改名为“云南省立石屏中学校”，1939 年 11 月，改名为“云南省立石屏师范学校附设初级中学”；1950 年，将石屏县联合中学划并学校；1953 年，改名为“云南省石屏县第一中学”。

石屏一中校园环境幽静，校舍建筑以原有的准提阁、三佛殿、喷珠池为中心，改天尊殿、财神殿为阅览室和游艺室，改三佛殿为校本部。校本部前有喷珠池，池底天然喷气，常年不息；池中有石桥，石桥东西两旁分立有“喷珠”、“喜客泉”石碑。池前，新建“企鹤楼”，高 20 米，为砖木结构四层楼。楼之东西两侧，各建一碑亭，刊立建校记及捐资建校人的姓名。整座校院以中间道路为轴，东西对称，布局精当，房屋建筑结构谨严。建国后，石屏一中校舍逐步扩大，2006 年 9 月，在县城湖滨路新建石屏一中。

中西合璧的门楼

校训
作育人才

業
敬

朱德旧居

DE ZHU`S FORMER RESIDENCE

建设地点：昆明市 建设规模：占地面积约 566M^2
建设年代：1921 年

朱德旧居坐落于昆明市五华区水晶宫小梅园巷 3 号，占地面积约 566 平方米，为坐北向南三进斜长形的院落。主体建筑为硬山顶土木结构中西合璧式两层楼房，1921 年，朱德买下这座宅院，并题名“洁园”。

朱德青年时代曾就读于云南陆军讲武堂，参加了 1911 年昆明重九起义（辛亥革命）和 1915 年的护国运动。1921 年～ 1922 年任云南省陆军宪兵司令、省会警察厅长。

1922 年，朱德为探索革命新路，毅然抛弃高官厚禄离昆赴德，将房宅托付护国军同事李云谷先生代管。新中国成立后，朱德将房宅交给云南省人民政府，云南省政府对房宅进行修缮之后，拨给圆通小学作附设幼儿园。1954 年，这里被正式定名为“昆明市第六幼儿园”。1983 年，朱德旧居被列为五华区重点文物保护单位；1987 年，被列为云南省重点文物保护单位。如今，朱德旧居不仅是继续培育祖国栋梁之材的苗圃，也是进行革命教育的重要基地。

生經百戰餘俊矣
不爭胡虜劍石收
鴉傳仁遠則南徵
何限抗世推斯仰
將帥

院落及室内

内院

大理天主教堂

CATHOLIC CHURCH . DALI

建设地点：大理市 建设规模：总面积 470M^2
建设年代：1930 年

大理天主教堂位于大理古城新民路东，建于1930年。坐东向西，礼拜堂总9间，东西长 36 米，宽 13 米。

礼拜堂部分面宽 7 间，东为祭台，祀圣母像。西为门楼，楼顶建有四角攒尖顶钟楼，门楼为仿白族民居建筑，用多层米字斗拱挑檐，构件雕刻精致。

礼拜堂为抬梁式建筑、重檐歇山顶，上下屋檐均用四跳偷心造斗拱挑檐，斗拱每间 4 垛，皆雕瑞兽为饰，檐角饰凤凰起翘。采用了白族木构建筑形式，具有中西结合的特点。

天主堂
热烈庆祝 圣神降临

昆明庾家花园附鲁园

YU`S GARDEN AND LU'S GARDEN . KUNMING

建设地点：昆明市
建设年代：1927 年 设计团队：庾恩锡、赵鹤清

石坊

窗套

庾家花园（庾庄）位于大观公园南园东侧，西临滇池草海，系民国十六年（1927 年）庾恩锡兴建中西合璧的私家花园别墅，主体建筑为两层中西合璧式砖木结构的“晋侯楼”。北面原有砖木结构的“枕湖精舍”和庾氏祠堂。园内竖有西式石坊，赵鹤清题坊额“寻芳深处”。庾家花园内拱桥曲桥，荷塘鱼池，假山曲径，柳堤环绕，环境十分幽美。1966 年至 1976 年“文革”期间，云南省外办使用，拆除了“枕湖精舍”和祠堂，增建灰瓦平房五幢。1985 年庾家花园归还大观公园，为南园的一个景区。

庾恩锡，字晋侯，云南墨江县人。民国初留学日本攻读园艺。回国后，1918 年出任云南省水利局局长，1926 年在赵鹤清襄助下兴建庾庄和白鱼口别墅。1929 年出任昆明市长，按“西湖八景”改造大观公园近华浦园，主持改建翠湖、古幢、金碧、圆通等公园。

庾庄是我省中西式园林结合的典范，成为当时园林建筑的“潮流”。庾庄作为中国特色的园林景观之一，它不仅保留了中国传统的园林景观特点，还融进了西方建筑的特点。

红楼

庾庄花廊

鲁园石舫

庾庄石坊柱础

花园景观

鲁园

鲁道源（1900–1985）字子泉，云南昌宁县人，云南陆军讲武堂毕业。抗战时曾任国民党第五十八军新十一师师长，副军长，1942 年任军长。曾在南昌主持受降，1949 年任国民党第十一兵团司令，后去台湾。

鲁园与"庾庄"一墙之隔，居滇池草海湖畔，三面临水，面对西山，视野空阔，基座庭院布局小巧别致，曲径通幽，宁静典雅，颇具江南园林特色。鲁园为鲁道源私家花园别墅。建于民国初期，花园占地 800 平方米。

昆明卢汉公馆

LUHAN RESIDENCE . KUNMING

建设地点：昆明市 建设规模：建筑面积 1280M^2
建设年代：1930 年

卢汉（1895—1974），原名邦汉，字永衡，云南昭通人，彝族，著名抗日爱国将领，原国民党滇军高级将领，国民革命军陆军二级上将。历任滇军排、营、团、旅、师、军长、云南省政府主席等职。1949 年 12 月 9 日在昆明率部起义，云南和平解放，1955 年被授予一级解放勋章。解放后，历任云南军政委员会主席、西南军政委员会副主席、国家体委副主任、国防委员会委员、全国人大二、三届常委、全国政协二、三、四届常委。

卢汉公馆位于翠湖南路 4 号，建于 20 世纪 30 年代，是昆明地区保存较为完好的砖石结构法式建筑。整个建筑呈八角形，占地面积 2500 平方米，建筑面积 1280 平方米。建筑圆拱形门廊，呈现欧式古典比例的矩形窗和墙身线角，体现了法式建筑特征。立面石柱、门套、窗套等石构件多有浮雕装饰，室内配有壁炉，内装饰全部采用柚木。

卢汉公馆系两层，砖墙、木屋架，部分钢筋混凝土结构；其屋顶为陡坡影山半瓦，侧面皆为正三角形，具有明显欧式建筑的风格。墙面及窗体十分讲究几何构图的形式美，简洁明快而富有变化。主次卧室及餐室皆有落地式门窗与阳台相通，东西侧为三面体凸窗。红瓦黄墙，配以灰色边框线条，和谐而美观，是一幢采用新技术来满足新功能和创新形式的近代优秀建筑。

该公馆不仅具有建筑艺术价值，更具有较高的历史价值。1949 年 12 月 9 日，昆明起义时，卢汉在公馆将国民党第八军军长李弥，第二十六军军长余程万，军统云南站站长沈醉等人扣押，为云南和平起义扫清了障碍，卢汉公馆见证了昆明和平起义这一重大历史事件。

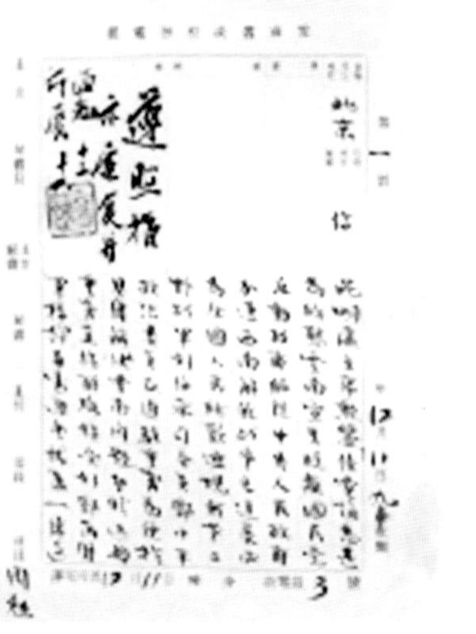

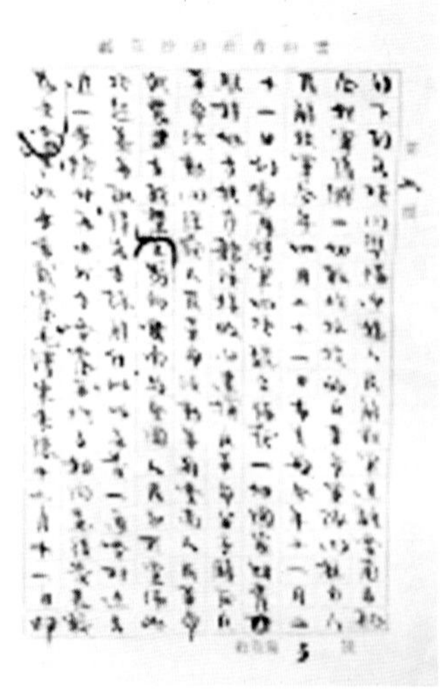

卢汉向毛泽东、朱德汇报起义的电文，由他亲笔书写并修改

公馆外观

腾冲县和顺乡图书馆

HESHUN LIBRARY

设地点：和顺乡 建设规模：占地面积 1392M^2

建设年代：1924 年

和顺图书馆为中国最大的乡村图书馆之一，于 1924 年由华侨集资兴办，为中国传统的楼房建筑。前置花园，美观素雅，图书馆中藏书万余册，其中尤以许多古籍最为珍贵。

和顺图书馆位于侨乡和顺风景如画的双虹桥畔。占地 1392 平方米，由大门、中门、花园、馆舍主楼、藏书楼等组成，为一中西合璧式的建筑群。大门为清光绪年间所建牌楼式大门，门额悬和顺清代举人张砺书“和顺图书馆”匾额，蓝底白字，十分醒目。

步入大门，登石级而上，至西式造型的平顶拱形中门，门额悬胡适先生题书馆名。中门内为花园，园内花木扶疏，布局典雅。穿过花园即达馆舍主楼，主楼为二层五开间木结构楼房，正面两侧突出两个六角亭，建筑立面玲珑别致，门窗造型西式设计，建筑结构新颖，气宇轩昂。主楼后为藏书楼。

1938 年建馆十周年之际，又于旧址改建成一座规模更大的中西合璧式的馆屋，一所坐南向北的二层木结构楼房，正前面伸出两个半六角亭，算是当时最别致新颖的建筑形式。屋前是宽敞的花园，花园外建一个三孔平顶拱门，额上嵌有李石曾书“文化之津”的石刻，正拱门头上悬胡适书“和顺图书馆”的木匾。

“文化之津”

----张天放语

书自云边通契阔

报来海外起群黎

文化之津
和順圖書館
民智泉源

昆明西山华亭寺

HUATING TEMPLE . KUNMING

建设地点：昆明市 建设规模：占地面积 1392M^2
建设年代：1 926 年 设计团队：唐继尧（主持翻修）

华亭寺位于昆明西山之碧鸡山华亭峰，故名。本寺旧址，原为宋代大理国时期鄯阐（今昆明）侯高智开别墅，元延祐七年（公元 1320 年），被尊为“云南禅宗第一祖”的雄辨法师高足玄峰法师在此处建寺，初名“大圆觉寺”，玄峰为本寺开山祖师。明景泰四年（1453 年）驻云南的太监黎义主持重修。大顺六年（1462 年）明英宗钦赐寺名为“华亭山大圆觉寺”。明世宗嘉靖三十一年（1552 年）仍恢复“华亭寺”寺名。明、清两代，本寺因兵燹及同禄之灾，迭毁迭建。民国九年庚申（1920 年），原驻锡鸡足山祝圣寺的近代高僧虚云老和尚应云南省省长唐继尧邀请，担任华亭寺方丈。当时本寺由于管理不善，破败不堪，日愈荒废，寺僧打算出售给外国人开办俱乐部，当地政府已予批准。虚公获悉后深感痛心，请唐出面制止此种非法交易行为，在唐的支持下，虚云担负起中兴华亭寺的重任。现华亭寺殿宇共分二层，规模宏伟，布局谨严，后倚卧佛、太华山峰，右傍玉案、碧蛲诸岫，前对滇池。

一水潆西又抱城 有无烟霭涧边生 白云深处苍茫外 时见僧归挂杖横

流丹阁下朝群峰 一雨一晴异淡浓 应是米家胸里有 倚栏人在画图中

藏經樓
禪林翠海
藏經樓

弥勒烂泥箐天主教堂

CATHOLIC CHURCH . LANNI QING

建设地点：弥勒市 建设规模：占地面积 201M^2
建设年代：1924 年

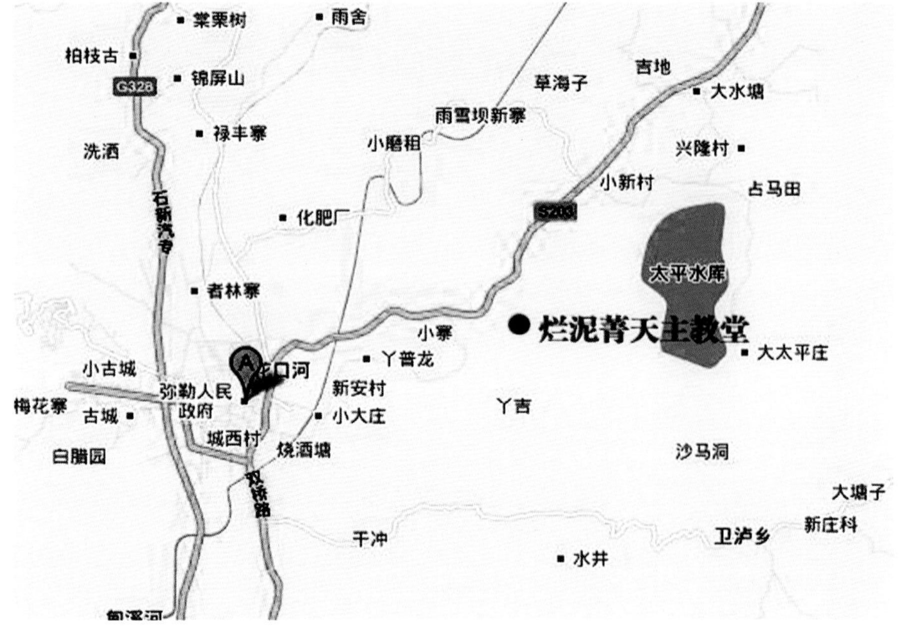

烂泥箐天主教堂位于弥勒县油乍乡烂泥箐村，1924 年建成。教堂坐西向东，占地 201 平方米。教堂通面阔 95 米，进深 21 米，高 10 米，为法国天主教传教士所建。

教堂风格整体上体现了天主教堂的特色，从高处俯瞰教堂平面为拉丁十字形造型。主体建筑坐西朝东，其正面为三层高的钟楼。建筑上拱形的竖窗、修长的立柱，镶着彩色玻璃的条窗和钟楼高处竖立的十字架，使建筑产生一种浓厚的宗教气氛。

德钦茨中教堂

CIZHONG CHURCH . DIQING

建设地点：德钦县 建设规模：占地面积 1392M^2
建设年代：1921年

区位图（卫星影像截图）

茨中教堂是一座天主教堂，这座法国传教士建造的天主教堂，1909 年动工，1921 年修建完成，气派的教堂成为“云南铎区”的主教礼堂。

18 世纪中叶，西方天主教士进入迪庆，竭力将其势力渗透到滇西北并力图扩展到云南藏区腹地，他们建立教堂、发展信徒。1921 年，茨中教堂竣工，成为大主教“云南铎区”主教坐堂，下辖 2 个分堂，先后办过一所学校和一所修女院。1951 年在此成立省立第一完全小学。茨中村位于传说中的香格里拉区域，红色的澜沧江从村旁奔流而过，一座悬索桥跨过河流，把茨中村和公路连接在一起。

教堂风格整体上体现了巴斯利卡式教堂的特征，又兼罗马教堂特色。主体建筑坐西朝东，为砖木结构。其正面为高大的钟楼，钟楼的上部，虽为中式亭阁，中式飞檐瓦顶，但它两头顶端的十字架标记还是引证了它西式的身份。在历史风雨中飘摇多年之后，政府出钱修缮、保护，使它重现当年的风采。

从空中俯瞰，这座哥特式建筑为十字造型。教堂正面的钟楼为三层，屋顶有着典型的中国式传统飞檐，钟楼的最高处竖立着十字架。教堂的大门入口处和教堂内部有着不少内容已经中国化了的对联，大多是“极仁极爱，至善至谦”这样的词语。

“文革”中，教堂因被用作小学课堂，才免于被捣毁的厄运。墙上的圣经故事壁画已经脱落殆尽，但斗拱上方的花图案依然清晰可见，天花板上的植物图案色彩如新。红色地毯上有板条钉成的座椅，周末的时候村民们都会前来行礼拜。

教堂的后院有两座并排的坟墓，墓穴均为圆拱造形，墓上有十字架，北侧墓穴的墓碑上刻着法国传教士伍许冬神父的名字，他死于 1920 年。另外一座已经没有姓名的墓穴埋葬的是瑞士传教士于伯良。于伯良来茨中不久，就因患脑膜炎去世。茨中的传教士在 1949 年以后都返回了欧洲。

教堂内院

教堂室内

大山中的教堂外观

1933年，省立一中改名昆华中学（今昆一中）。1938年，滇缅公路下关至畹町段通车；1940年，畹町至缅甸腊戌段通车。1938年，西南联大迁到昆明，云师大院内有纪念亭、纪念碑。1939年，以滇池为中心的《大昆明市规划图》完成。1940年，《昆明市建设纲要》完成。1940年，昆明标志性建筑——南屏电影院建成。

1931-1940

一人民医院老楼（甘美医院）

屏电影院（原南屏大戏院）

源别墅

鱼口磊楼

庄迎宾馆

“陇西世族”庄园

园

继尧墓

川鸡足山楞严塔

故地

昆明第一人民医院老楼（甘美医院）

THE OLD BUILDING . THE NO.1 PUBLIC HOSPITAL OF KUNMING (GANMEI HOSPITAL)

建设地点：昆明市　建设规模：总建筑面积约 2000M^2
建设年代：1931 年　设计团队：基泰事务所

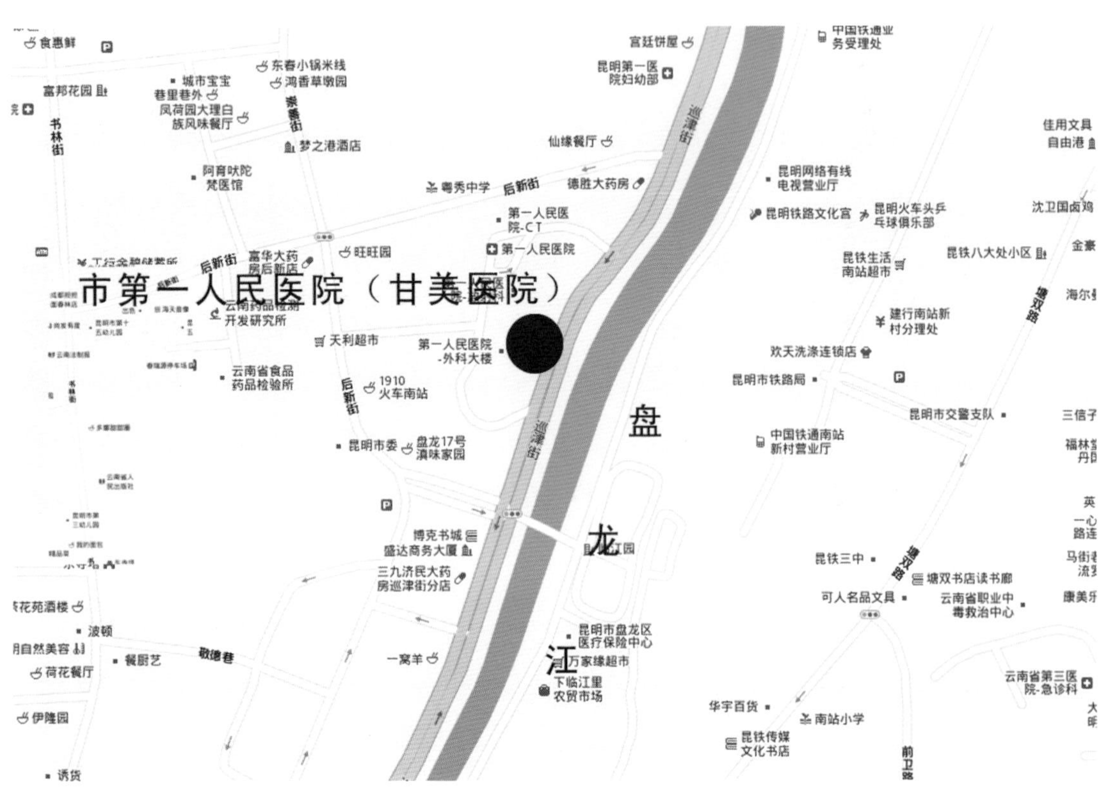

甘美医院位于青年路 504 号（原巡津街），始建于 1914 年，建筑面积约 2000 平方米，原为警察医院，1921 年扩建为宏济医院。1931 年 11 月由法国驻云南公署主持在这里开设甘美医院。前后院长均为法国人，医师多是越南人。当时有医护人员 16 人，病床 50 张，设内、外、妇、眼耳鼻喉科，设备较先进。病房主要集中在一楼和二楼，病房除设有头等、二等外，三楼还设有特殊房间，专供上层人物疗养和住宿。当年，医院服务对象多为外国人以及云南政要及商界上层人物，故被称为“贵族医院”。同时越南河内等地的官僚、资本家到昆明避暑游历也住在医院的三楼。

甘美医院”对内自称“法国领事医院”，由法国外交部和殖民部共同经营管理。医院共有 5 任院长，5 任院长均为法国籍。医院的主要越南籍职员均由越南总督委派，并拨给“越南人给养费”，在昆明，直接受法国领事馆领导，院长由法国驻滇领事馆签请法国政府委派。医院所需药品由法国驻滇领事馆用外交邮袋从越南运送到昆明，免交关税。甘美医院也是当时云南大学医学院的实习医院，除许多通法文的毕业生留该院工作外，有些医护人员也被选送法国留学。

原甘美医院主楼

甘美医院整幢建筑为砖混结构，地上主楼三层，裙楼二层，地下一层，楼上楼下设内廊，楼顶有女儿墙，为典型的法式建筑。用石材包裹的外墙微微泛黄，阳台上拱门造型、洛可可风格的阳台扶手、哥特式风格的窗棂，都散发出一股优雅法式建筑气息。2006 年被列为昆明市历史文化遗产保护建筑。

甘美医院主楼现状

昆明南屏电影院（原南屏大戏院）

NANPING CINEMA . KUNMING (PREVIOUS NANPING GRAND THEATER)

建设地点：昆明市　建设规模：总建筑面积 1200M^2
建设年代：1940 年　设计师：赵琛

南屏电影院又称南屏大戏院，于 1940 年建成，位于昆明晓东街，由龙云夫人顾映秋以及卢汉夫人龙泽清、刘淑清等昆明上层社会女性出资及主持修建，人称“夫人集团”电影院。是抗战时期昆明建成的一座最为现代化的影剧院，也是西南地区最早的一座现代化的专业电影院。

南屏电影院有座席 1352 个，由当时著名建筑师赵琛设计。1955 年公私合营，改名南屏电影院，1957 年改为国营。南屏电影院占地面积 1820 平方米，建筑面积 1200 平方米。设计新颖独特，空间组合灵活，结构简洁，造型优美，是昆明近代建筑史上有较高历史价值的代表性建筑之一。抗战时期以电影艺术推动抗战宣传，在西南及东南亚有较大影响。当时被誉为“远东第一影院”，为昆明市现存唯一有 60 年历史的影院建筑。1963 年将木结构屋架更新为钢屋架，1991 年重点进行了抗震加固维修，整体建筑仍保留原有风貌。

由于这座电影院处于狭小位置上，因此在设计上无论在平面组合和立面处理上，以及在基地的巧妙利用上，都有独到之处。如观众厅的地面采用曲线形，既能满足视线要求，又降低了门厅入口高度，从而减少了一般影剧院进入门厅的踏步。

立面造型限于基地狭小，采用不对称手法，正面用大面积弧形玻窗，并与侧面竖向墙面（影院名称标牌墙）巧妙地结合，形成了虚实墙面和横直线条的对比与协调。为了不占用门厅的有限面积，采用悬挑式楼梯进入楼厅等等。南屏电影院建成后，盛极一时。成为当时西南地区乃至全国第一流的新型电影院，可以与当时全国最高级的南京“大华电影院”和上海“大光明电影院”相媲美而不逊色。

昆明市五华区亮点停车场
收费标准按市场调节价
五华157
P
云A·456SJ
苏A·4K763
云A·515E2

昆明灵源别墅

LINGYUAN VILLA . KUNMING

建设地点：昆明市 建设规模：原占地面积 1.1 万 M^2
建设年代：1932 年

龙云（1884-1962），原名登云，字志舟，云南省昭通人，彝族。1914 年毕业于云南讲武堂，历任云南都督府副官、柳州警备司令等职。1922 年被任命为靖国军前敌司令、军长，兼滇中镇守使。1927 年后相继任云南省常务委员会主席、38 军军长、云南省政府主席等职务。抗战时期，组织第 58 军、60 军北上抗日；1944 年底，秘密加入了中国民主同盟；1950 年到北京，历任中华人民共和国中央人民政府委员、国防委员会副主席、全国人大常委、政协全国委员会常委、民革中央常委会副主席等职。

龙云在昆明的居所主要有 3 处：威远街中段的老公馆、北京路上的新公馆以及这座灵源别墅。而今，威远街上的老公馆随着昆明旧城的改造已无踪影；北京路上的新公馆成为重要政务接待场所；唯有位于西郊聚仙山麓海源寺村的灵源别墅对外开放。

灵源别墅建于 1932 年，坐东向西，原占地面积 1.1 万平方米，现仅剩主体建筑面积 1800 余平方米，为中西式园林建筑。因别墅位居海源寺，背后聚仙山有条从龙打坝流来、最终汇入滇池的海源河，民间有“聚仙之麓，滇池之源”的说法，被认为是滇池源头。并据“水不在深，有龙则灵”把别墅取名灵源。

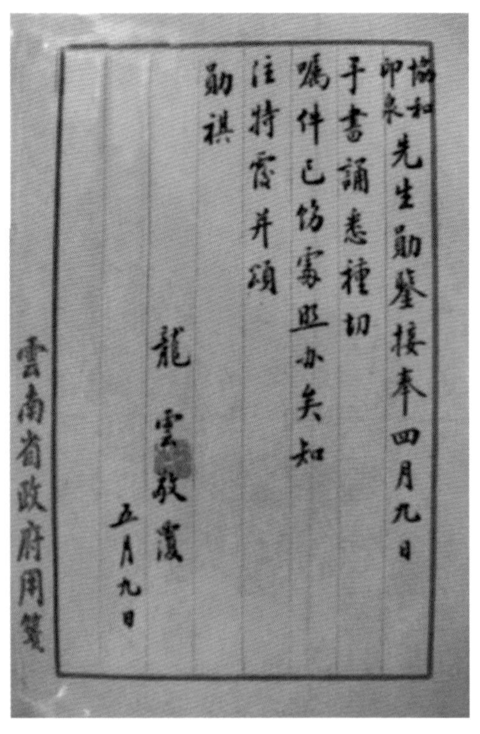

協和
印泉先生勛鑒接奉四月九日
手書誦悉種切
囑件已飭寄照办矣如
往特電并頌
勛祺
龍雲敬復
五月九日
雲南省政府用箋

以前整座别墅占地面积大，环境优美，前后自成院落，大门为城门状。红色门上镶有铜钉和龙头，门墙上建有琉璃八角亭，门楣上的大理石匾额由李根源题写“灵源别墅”四个字。

兼有会议室、会客室和起居功能的主厅名为燕喜堂，雕梁画栋，布局威严，六根石龙抱柱格外醒目。每棵柱上均用一块整石雕成“云中龙、龙中云”的形象，栩栩如生。南厢房是卧室，北厢房是文武副官的住房，至今门头上还挂有龙云书写的“健体清心”牌匾。别墅里龙的影子随处可见，门廊、花台、梁柱以及数不清的房檐屋角，都刻有龙的印记。历经半个多世纪的沧桑，别墅门亭、照壁、前园、炮楼等设施已被破坏，主体建筑保存尚好。

智善慎德

昆明白鱼口磊楼

THE STONE HOUSE OF BAIYUKOU . KUNMING

建设地点：昆明市 建设规模：花园占地 10 亩
建设年代：1935 年 设计师：庾恩锡

庾恩锡——70 年前的昆明市长

白鱼口沟谷北侧，有平地十亩，背依危崖，前对滇池，山水宜人，这里有座花园，园中建有一小楼，为民国时期昆明市市长庾恩锡于 1935 年所建。小楼均以石块堆砌而成，形如“磊”字，因此称“磊园”。磊园有三层，依崖面湖，古朴庄重，颇似欧洲古堡，又有西南碉堡之风。

该楼中间高，两边低，呈品字形，顶部镶有一圆形大理石匾，上边雕刻着庾恩锡亲自题写的“磊楼”二字，整栋楼全部用大小不一的毛石砌成，中间为三层，两边各为两层，虽然经历了 75 年的风雨，楼依然保存完好。二楼小厅，正面为玻璃墙壁，临湖有落地窗，身处室内，湖光山色尽收眼底。

磊楼具有较高的景观艺术价值，楼体面对滇池，周围有亭、榭、池、泉等相陪衬，错落有致。作为民国时期的优秀建筑，具有其与众不同的风格，同时蕴含了主人对景观独特的视角。品字形的结构，是为人自端的反映，勾画出了一幅人、景、情相融美丽的画卷。

磊楼小记

昆明震庄迎宾馆

ZHEN VILLAGE HOTEL . KUNMING

建设地点：昆明市 建设规模：总建筑面积 34117M^2
建设年代：1936 年

震庄迎宾馆地处北京路与东风路交叉口，始建于 1936 年。前身为民国时期云南省主席龙云的公馆，占地面积约 35250 平方米，有大面积观莲池。迎宾馆为庭院式建筑，含宫殿式主体建筑、戏台、水榭、假山及 8 幢式样别致的欧式小楼、书库等。1949 年底龙云从香港返回昆明后，曾在此院乾楼、坤楼居住两个月。1950 年后，经多次维修，一直为云南省政府外事接待活动的重要场所。

震庄迎宾馆，是云南省政府接待国家元首和重要贵宾的迎宾馆，特殊历史背景赋予它深厚的文化底蕴，馆内自然、人文景观相得益彰。震庄整个建筑既有中国古典园林的风貌，又有欧式建筑格调，主体建筑外观优美，内部十分开阔明亮。欧式建筑柱子四个侧面都有漩涡形装饰纹样，并围有两排叶饰，精细匀称，华丽纤巧。柱头是用毛茛叶作装饰，形似盛满花草的花篮。

“奂轮光辉”门楼

泵房

乾楼建筑细部。柱头是用毛茛叶作装饰，形似盛满花草的花篮。

瑾楼

绣楼

坤楼

乾楼。风格显著的欧式柱子，四个侧面都有漩涡形装饰纹样，并围有两排叶饰，特别追求精细匀称，显得非常华丽纤巧。

彩画及室内

水榭

戏台

新平县“陇西世族”庄园

LONGXI CLAN`S MANOR . XINPLNG

建设地点：新平县 建设规模：占地面积 4.2 亩
建设年代：1938 年

新平“陇西世族”庄园位于哀牢山主峰地段的新平县戛洒镇耀南办事处大平掌。是前清乾隆御封“岩旺土把总”世袭土司李显智末代传人，新平官、匪、霸三位一体的总代表李润之的宅第。庄园坐落于大平掌白虎山虎跳崖下。整个庄园分为主体建筑、花园、马厩三大部分，占地面积 4.2 亩。它是新平县集园林建筑、大理石浮雕、红椿木雕和绘画、书法于一体的艺术宝库。

庄园坐西朝东，门前有约 800 平方米面积的广场一块，广场边缘有高约 2 米的大理石石柱 12 根，上有以“十二生肖”为题材的大理石浮雕。广场平台下植有两株高大的古树——银杏和百年核桃树，枝繁成林，绿叶成荫。庄园大门为大理石拱顶结构，宽约 6.5 米，高约 7 米，厚约 2 米，构造坚实、造型殊异。大门的拱形结构层次分明、造型别致，雕有“蚌鹬相争”、“仙鹿蛤蟆”、 “蛟龙腾海”等图案和雄狮等浮雕。这些浮雕作品雕工精细、神态逼真、造型优美。

主体建筑分为前院、中院、大院。大院面积约 140 平方米，有桂树一株，枝繁叶茂，每年 8 月开花，香气飘溢。还有扁柏一株，终年郁郁葱葱。

正堂大屋全长约 16 米，大楼底层正面均以上等红椿木为隔板，安有雕花镏金门。正堂大门的六扇雕花镏金屏门是庄园中红椿木雕的精品。技艺高超的匠师们以其超凡的技术在方圆不盈尺的红椿木板上雕出植物的茎、蔓、叶、花、果，动物的头、躯、足、羽和人物的各种特征，如性格、年龄、高矮、身份、地位及举止神态等。花园名为养晦园，园中建有八角形水池一座，池上建有养晦亭。园中种植物苏铁、紫薇、桂花等花木，曾经在这里发生过土匪“花园暴动”。

门楼

昆明西园

XIYUAN VILLA . KUNMING

建设地点：昆明市 建设规模：总建筑面积约 1600M²
建设年代：1939 年

西园别墅位于西山太华山麓碧鸡镇山邑村，始建于 1939 年，1943 年竣工。占地面积约 33000 平方米，建筑面积约 1600 平方米。原系云南省主席卢汉的别墅，为一座中西合璧式二层高建筑。

西园分内、外两院，内院为院中院，是一幢小巧玲珑的法式别墅。室内红木地板、柚木墙裙，设有法式壁炉，装饰豪华。外院为接待用房，有客房 20 间。别墅背靠西山，面向滇池，一派田园风光，柳绿果香，鲜花四季，环境高雅恬静。现辟为接待国内外贵宾的宾馆。

1986 年 10 月 17 日，英国女王伊丽莎白二世与爱丁堡公爵一行，浏览西山后就在西园别墅就餐。

西园别墅

西园门房

平台细部

阳台细部

别墅外观

“老虎”窗

别墅外观

昆明唐继尧墓

THE GRAVE OF JIYAO TANG . KUNMING

建设地点：昆明市 建设规模：占地面积 1500M^2
建设年代：1932 年

唐继尧（1883-1927），字蓂庚，云南会泽人。1904 年考取官费留学日本，1905 年加入同盟会，1907 年毕业于日本陆军军官学校第 6 期。回国后任云南督练公所参谋处提调，云南陆军讲武堂教官、临督，新军第十九镇参谋官、管带等，参与昆明重九辛亥起义。辛亥云南军都督府成立后任军政、参谋两部次长，1912 年任贵州都督，1913 年—1927 年间任云南都督、督军。1915 年—1916 年曾参与领导反袁护国战争，1927 年被推翻，随即去世。唐继尧统治云南达 14 年之久。唐继尧在辛亥、护国中有重要功绩，创办东陆大学亦功不可没。

唐继尧墓位于圆通山昆明动物园内，1930 年破土动工，1932 年竣工。墓高约 6 米，封土堆直径约 22 米。墓前有石质厦式阁，碑阁宽 17.6 米，镶嵌着 8 个大碑。阁厦由 14 根石柱支撑。

整座墓占地面积 1500 平方米，为国内较大的陵墓。墓的豪华气派，显示了墓主生前的威赫和权力。

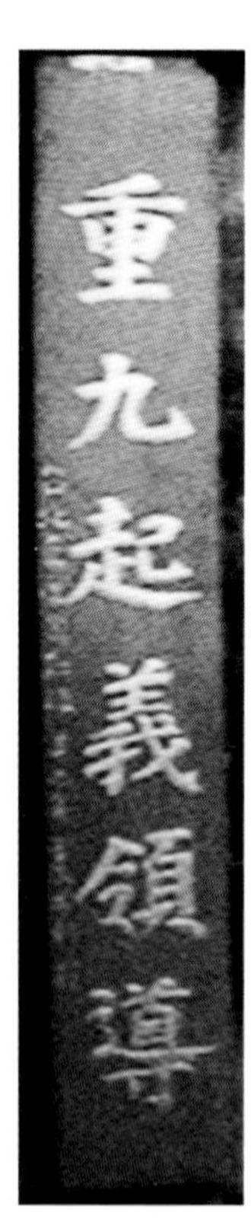

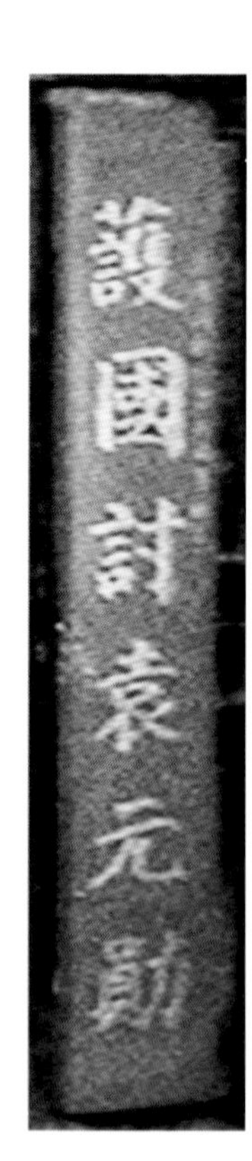

柱廊石阙

柱础

柱廊细部

柱廊基座

华表

石狮

柱廊石阙

大理宾川鸡足山楞严塔

LENGYAN PAGODA . BINCHUAN JIZU MOUNTAIN OF DALI

建设地点：宾川县
建设年代：1932 年

天柱峰礼楞严塔

虚云大师——世寿 120 岁

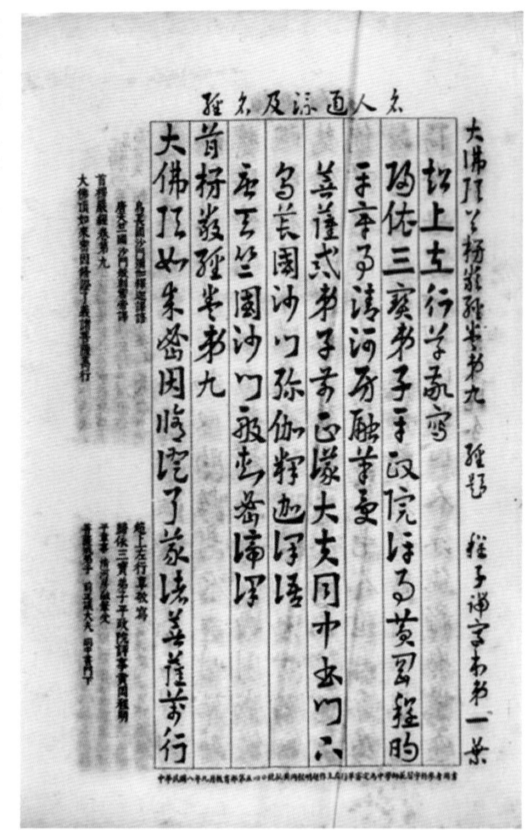
大佛顶首楞严经

宾川鸡足山楞严塔位于海拔 3240 米的宾川鸡足山主峰天柱峰极顶的金顶寺院内。楞严塔于 1932 年云南省政府主席龙云出资修建，1934 年建成，历时 3 年。楞严塔属砖石砌筑密檐式塔，塔心楼为石砌，塔身为砖砌塔高 42 米，平面为正方形的密檐式塔，内有七层，外有十三层。沿塔内 53 级螺旋形木梯盘旋而上，可达二层塔心楼。二层塔心楼四周设有外回廊，可饱揽远山近壑、朝霞夕晖。塔身层间设有木隔板，塔内一角设攀爬梯可至塔内各层，各层四壁均设通风景观孔和外配凹孔。

楞严塔佛光

鸡足山顶

塔与寺门

楞严塔

飞虎队故地

THE FORMER PLACE OF AMERICAN VOLUNTEER GROUP (NO.38 OF KUNRUI ROAD)

建设地点：昆明市　建设规模：总占地面积 4686M²
建设年代：1936 年

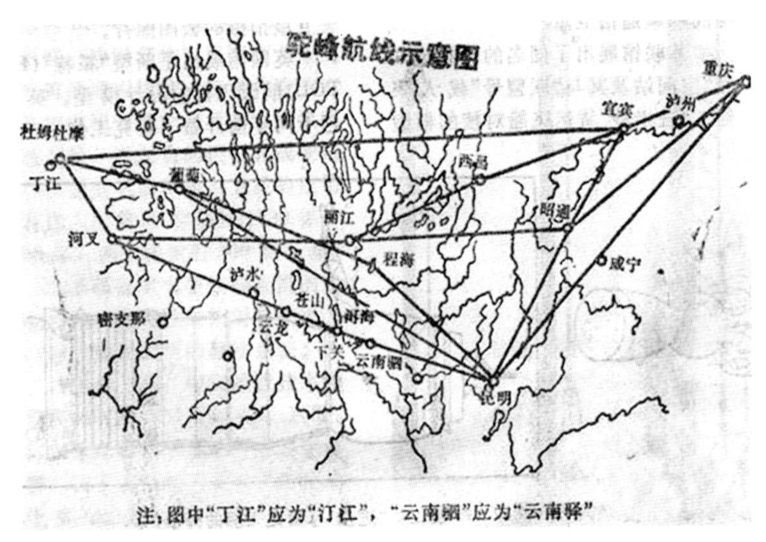

在昆明西站附近的十四冶大院中，有一幢中西合璧的办公大楼，楼的正门外廊有四根高大石柱，加上石柱后面圆形门墙，形成鲜明标志，这幢大楼是中国抗日战争时期名震中外的“飞虎队”的招待所。

据历史资料记载，曾经作过飞虎队招待所的昆明十四冶办公楼，建于 1936 年，最早为昆华农校教学大楼。当时，省主席龙云为其题辞“豳风基础”，表明当局对农业及农业教育的重视。这块奠基石镶嵌在大楼东南墙基，至今赫然可见。该建筑风格中西结合，雄伟壮观，是当时昆明地区最为壮观的建筑物之一。抗战爆发后，北京大学、清华大学和南开大学迁到昆明，组成西南联合大学。当时，西南联大理学院（后来还有文学院、法商学院）租借昆华农校教学大楼以及东西寝室为校舍，租期从 1938 年 3 月至 1939 年 7 月 31 日，前后达 1 年 4 个月。西南联大租借昆华农校校舍的这段佳话，也为这幢办公大楼增添了重要历史价值。

太平洋战争爆发，美军中国战区总司令部（亦称中印缅战区美军总司令部）设于重庆，昆明、西安、桂林、成都均设有司令部。随着美军机构和人员大量进入昆明，国民政府将昆华农校拨给美军使用。美军在昆华农校大操场上建盖了一批平房，作为美军司令部的用房。同时，昆华农校的教学大楼等建筑成为美军招待所。当时，昆明地区美军招待所多达 49 处，昆华农校的校舍为第十一招待所。因为当时“飞虎队”的声名显赫，人们习惯将昆华农校的美军招待所统称为“飞虎队招待所”。

当年昆明美军司令部的平房早已不存，仅在今昆明开关厂幼儿园旁遗有一幢被称为“将军公馆”的平房，它是当年美军将军的住所。这幢房屋的平面结构呈飞机状，主体如机身，两侧似机翼，保存基本完好。

原“飞虎队”招待所大楼

1942年，建立昆明光学仪器厂。1943年，第一个高等级旅游宾馆——安宁温泉宾馆建成，馆内“天下第一汤”题字成为温泉景区的标志。1944年，滇西反攻获胜。1945年，抗战胜利堂建成；蒋介石武力迫使龙云下台；发生“一·二一”学生运动。1946年，李公朴、闻一多被暗杀，云师大院内有闻一多雕像。1948年，发生“七·一五”学生运动，学生曾经坚守云大会泽楼。1949年，云南和平解放。1950年，成立云南军政委员会。1951年，汉族地区进行土改。

1941–1950

昆明人民胜利堂

昆明北门书屋

昆明五华山光复楼

石屏县万仙阁

昆明南屏街及宝善街

宜良县私立光德小学

昆明人民胜利堂周边法式建筑

昆明昆华医院老楼

昆明盘龙阁（李培天故居）

弥勒县弥阳建国楼

昆明人民胜利堂

THE VICTORY HALL OF THE PEOPLE . KUNMING

建设地点：昆明市
建设年代：1946 年 设计团队：兴业事务所

抗战胜利纪念堂位于云南省昆明市中心，现昆明人称之为“胜利堂”，是全国重点文物保护单位。

胜利堂建在原云贵总督府的旧址上，1944 年动工兴建，最初名为“志公堂”，随后改为“中山纪念堂”，1946 年落成时为纪念抗日战争胜利改为“抗战胜利纪念堂”。抗战胜利纪念堂的建筑形式除观众厅为弧形山墙外，采用传统的歇山顶筒板瓦屋顶，清式斗拱，彩画架枋，白石勾栏，具有浓郁的民族风格。胜利堂的周围布局也颇具特色，鸟瞰整体呈一高脚酒杯形状，气势壮观而恢宏。胜利堂两侧的弧形道路云瑞东路和云瑞西路即为杯壁，北边的云瑞北路为杯口。清代云贵总督署的照壁所在地建成椭圆形的云瑞公园作为底座。胜利堂的整体建筑艺术可谓昆明近代建筑艺术的典范。

1950 年 12 月，昆明市各界人民代表大会在胜利堂的广场中央埋下了“云南人民英雄纪念碑”的奠基石，1995 年 2 月 24 日建成。碑体通高 26 米，方形，基座为 2 层，并利用了基座下的空间内设云南人民英雄纪念展览厅。碑身底座四壁镶有反映云南人民斗争历史d 浮雕。其中，正面题为“欢庆解放”，画面展现了云南人民革命武装与人民解放军野战兵团胜利会师，解放云南，以及中国人民解放军入城昆明人民迎军的盛大场面；东面题为“护国军誓师出征”，画面表现了护国军将领在云南各族人民的欢呼声中，气宇轩昂义无反顾地在昆明誓师出征的壮烈场面；西面题为：“禹王山阻击战”，画面展现了滇军战士在台儿庄战役中于禹王山阻击日寇，与日寇顽强战斗，让日寇闻风丧胆的战斗场面；北面题为“一二一运动中昆明爱国师生游行”，画面展现了昆明爱国师生反蒋独裁、反内战争民主而举行的声势浩大的示威游行、流血牺牲的感人场面。纪念碑庄严肃穆，表达了云南人民对革命先烈的崇敬与怀念之情！

胜利堂门廊

胜利堂正面外观

汉白玉栏杆

鸟瞰胜利堂

昆明北门书屋

BEIMEN BOOKSTORE . KUNMING

建设地点：昆明市 建设规模：建筑面积 180M²
建设年代：1942 年

李公朴（1902-1946）

闻一多（1899-1946）

郭沫若题字

北门书屋旧址位于昆明市区北门街 68-70 号。为中式建筑，高两层，砖木结构，原为工商界人士李琢庵私宅。1942 年李公朴先生迁居于此，楼上两间为卧室和书房，楼下两间临街铺面开设书店，取名“北门书屋”。

1943 年，李公朴、张光年等又在此建“北门出版社”，同时成为民主同盟组织和进步学生、知识界人士的聚会场所。楚图南、闻一多、吴晗、潘光旦等著名人士常来此商讨工作。1946 年李公朴、闻一多相继被害后，书屋被迫关闭。今房屋基本保持原貌，1983 年被列为昆明市文物保护单位。上世纪 50 年代初，北门街城楼还未拆除，城楼上有明末清初书法家阚祯兆先生所书“望京楼”匾额。望京楼三个大字飘逸洒脱而有气势，为阚书的代表作。

今天在此追悼李公朴闻一多
二先生时向陆沉险恶人心
异常悲愤，但此时此地有
何话可说？我谨以最虔诚的
信念，向殉道者默誓：心不死，
毒不除，和平可期，民主有望。
杀人者终必自消灭。

周恩来

沿街立面（一）

沿街立面（二）

门楼

昆明五华山光复楼

GUANGFU BUILDING OF WUHUA MOUNTIAN . KUNMING

建设地点：昆明市
建设年代：1949 年

五华山方圆 1.5 公里，海拔 1940 米。它在昆明城中拔地而起，站在山顶昆明全城尽收眼底。光复楼所在的位置是南明永历帝的皇宫，后又成为清吴三桂的王府。再后来成为了优级师范学堂的教学大楼。辛亥革命胜利后，云南光复。云南都督府由原来的云贵总督府（今胜利堂）迁到了五华山上这幢教学大楼中办公，五华山便成了滇省政治中心。为了纪念云南光复，蔡锷在此扩建办公大楼，并改称为“光复楼”，以彰显辛亥革命之功绩。

无论从外观，还是到内涵，当年的光复楼都显现出了一种高高屹立五华之巅，俯视古城风云变幻的派头。光复楼上就曾有这样一副对联：“六诏锁烽烟，望爨道苗疆，六服河山双眼底；五华开画景，看雕甍绣户，五云楼阁半天中。”这字里行间无不显露出了傲视天下的王者气势。

民国初年，袁世凯复辟帝制。1915 年 12 月 25 日，蔡锷、唐继尧等齐聚五华山光复楼，与滇军军官、滇省知名人士歃血为盟，誓诛国贼，并通电全国，发动护国起义。直至 50 年代以前，光复楼一直是国民党云南省政府所在地，接待不少要人，如蒋介石、李宗仁等。1947 年 11 月 24 日一场大火，云南昆明光复楼受创甚巨。后于 1948 年 2 月 27 日奠基重建，1949 年 5 月 31 日落成。50 年代后，先后为云南省军政委员会、云南省人民委员会、云南省人民政府办公之所。1989 年 11 月重修，今成为现代化之政府办公要地。其楼四层，仍见庄严雄伟，周围多植花木，建花廊，筑花坛，置石桌石椅，相映成趣，清静宜人。

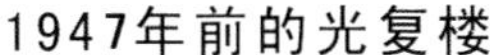

1947年前的光复楼

2010年后的光复楼

光复楼现状

石林县万仙阁

WANXIAN TEMPLE . SHILIN

建设地点：石林县
建设年代：1943 年

路南万仙阁为道教庙宇，位于云南省石林县（原路南县）城南大屯村，创建年代不详。《路南县志》言其“杰阁重楼，丹青土木，极一时之盛”。光绪辛卯年（公元 1891 年），有曲靖廪牛潘荣贵在其中降像扶乩，妖言惑众，酿成巨祸，万仙阁因此被焚毁。1943 年重修后此处被辟为公园，成为游览之胜境。万仙阁外观呈塔形，三层三檐九角攒尖顶，主楼斗较多，斗呈曲线，屋角微翘，窗花和檐板雕绘有彩图，色彩斑斓。主阁的两边建有配殿，前为连接配殿的斋房，配殿和斋房均有重檐，具有浓厚的地方特色。

氣象萬千
萬仙阁
万仙阁老年活动中心

昆明南屏街及宝善街
NANPING STREET & BAOSHAN STREET . KUNMING

建设地点：昆明市
建设年代：1945 年

南屏街及宝善街是老昆明最繁华的地段，方圆不到一平方公里，却有当时最吸引年轻人的红旗、新昆明、南屏电影院、星火剧院、北京饭店、福顺居、服装百货、眼镜钟表等商业业态。有当时昆明最大的“南屏沐浴室”，汇集着云南各大银行，是昆明商业、金融和娱乐中心。特别是在抗日战争期间，这里是当时全国少有的繁华之地，也正是在那个时期，这里的发展是较快的，也是较为时尚的。

南屏街西口

宝善街

祥云街“飞虎楼”（43-48 号）

宝善街 179 号

过去的宝善街两边全是泥砖混合建成的楼房，一楼做铺面，二楼住人。临街铺面的门是木制的，商店营业时门被一扇扇拆下来，商店打烊时再一扇扇上上去。木门的面和楼上窗子的窗条为防雨水和虫蛀全都漆上了油漆。

如今的宝善街虽也夹杂着高楼大厦，但仍不失旧有的风貌。梧桐树虽不如以前茂盛，却也和为数不多的老房子互相辉映，迎合着现代人怀旧的情绪。

宝善街中段(175-177号)

宜良县私立光德小学

GUANGDE PRIVATE PRIMARY SCHOOL . YILIANG

建设地点：宜良县 建设规模：占地面积 892M^2
建设年代：1945 年

私立光德小学旧址位于昆明市宜良县匡远镇雉山坡56号，建于1945年。坐南向北，四合二天井走马窜角楼式建筑，外观装饰上有西式建筑风格。有房屋三十八间，占地892平方米。由于前廊、正房、左耳房瓦屋面均有不同程度破损，影响整个文物建筑安全，2006年进行修缮。修缮后的建筑仍保留着原有的中西合璧的建筑风格。

光德小学外观

昆明人民胜利堂周边法式建筑

THE FRENCH STYLE BUILDINGS AROUND THE VICTORY HALL OF THE PEOPLE . KUNMING

建设地点：昆明市 建设规模：建筑面积约为 $790M^2$
建设年代：1944 年 设计团队

云瑞东路 1 号位于人民胜利堂南大门东侧，建于 1944 年兴建胜利堂期间，为胜利堂总平面高脚酒杯状杯上的弧形部分，云瑞公园处原有照壁即为“杯子底座”。占地面积约为 200 平方米，建筑面积约为 340 平方米，为三层砖木结构近代建筑。底层作商铺，上两层作办公和起居室，建筑形式与云瑞西路商铺对称。

云瑞西路 1-29 号位于人民胜利堂南大门西侧，系 1944 年兴建胜利堂统一规划的建筑，为胜利堂平面呈高脚酒杯的杯下弧形部分。占地面积约为 1800 平方米，建筑面积约为 350 平方米。1-28 号为二层，29 号为四层，为砖木结构近现代建筑。底层作商铺，上几层作办公室和起居室。

2006 年被列为昆明市历史文化遗产保护建筑。

东侧

西侧建筑

东侧建筑

昆明昆华医院老楼

THE OLD BUILDING OF KUNHUA HOSPITAL . KUNMING

建设地点：昆明市 建设规模：建筑面积约 8201M^2
建设年代：1947 年 设计团队：基泰事务所

昆华医院大门

原昆华医院院长秦光弘（历史照片）

原昆华医院副院长徐彪男（历史照片）

原昆华医院副院长缪安成（历史照片）

为少数民族同胞治病

云南省立昆华医院，诞生于 1939 年，是云南省最早的一所公立医院。建院后 6 次易名，1996 年 9 月 25 日定名为“云南省第一人民医院”，同时以“昆华医院”为第二名称。建院之初，医院业务用房 8201 平方米，设 140 张病床。上世纪 40 年代，该院汇集了徐彪南、王承烈、苏树言、孙迺忠、于兰馥、沈华杰、丁建华、沈允斌等大批全国医学界的知名专家，使医院成为了全国医学活动中心。他们良好的医德和精湛的医术让医院声名远播，为医院的建设发展奠定了坚实基础。经过 70 年的发展，现已成为一所专业人才密集、学科配置合理、设备仪器先进、整体医疗水平较高的省级大型综合医院。

建于 1947 年的昆华医院老楼为中西合璧的二层砖混结构。歇山式大屋顶是典型的中国传统建筑样式，长条形竖窗、石头做的门框以及浮雕有精致的卷涡纹样，墙头具有西式建筑特点。

昆华医院老门诊楼

昆明盘龙阁（李培天故居）

PANLONG PAVILION . KUNMING (THE FORMER RESIDENCE OF PEITIAN LI)

建设地点：昆明市 建设规模：建筑面积 572.26M^2
建设年代：1945 年

盘龙阁位于昆明市委机关院内（3 号楼），建于民国时期，占地面积 2861.3 平方米，建筑面积 572.26 平方米。外墙贴凸包石弧园条窗为西式建筑风格，大屋顶歇山飞檐，为典型中国古典建筑形式，是昆明现存老建筑中数量较少，造型、结构独特的中西合璧式建筑。新中国成立后该楼一直为昆明市委的办公重地。现虽然已不再是市委主要办公用房，但仍继续见证着昆明市的发展和新昆明的建设。

盘龙阁正面

鸟瞰盘龙阁

凸包石外墙

弥勒县弥阳建国楼

MIYANG JIANGUO BUILDING . MILE

建设地点：弥勒县 建设规模：占地面积 315M^2
建设年代：1946 年

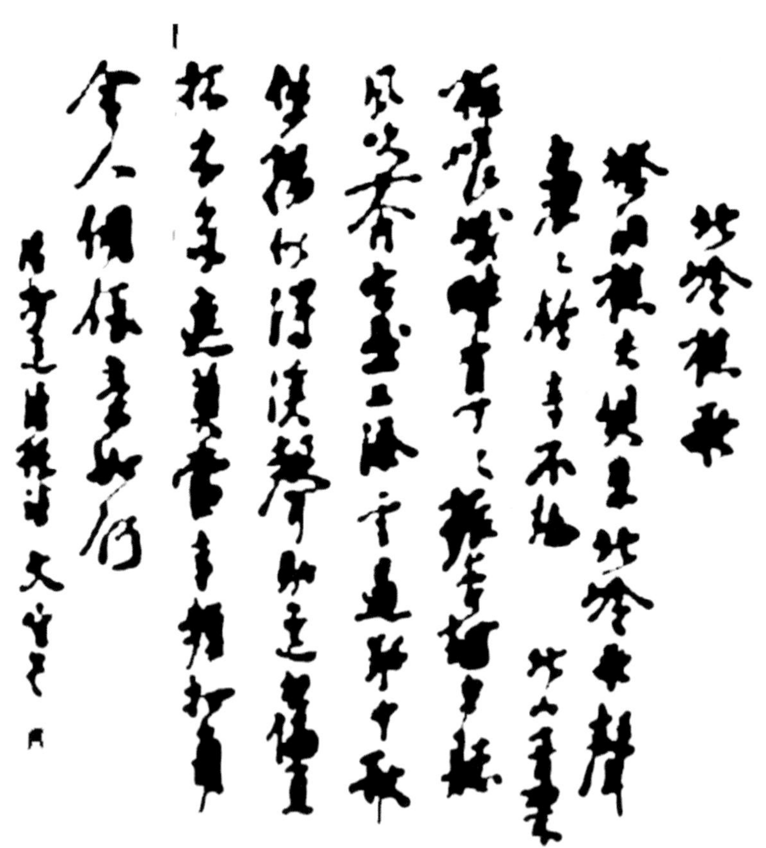

弥阳建国楼位于弥勒县人民政府大院内，建于民国三十五年（1946 年）。弥阳建国楼为砖木结构，坐北面南，占地 315 平方米。建国楼中间主楼为四重檐，东西两侧楼为二重檐歇山顶，穿斗式梁架，四周檐柱均用青砖包砌。屋檐瓦当烧印有圆形线本楷书“建国”二字，寓纪念抗战胜利后建设国家之意。登建国楼从东西两侧沿木质梯环绕上下，四面通廊迂回，建筑别致新颖。1998 年公布为云南省文物保护单位。

青砖包砌的四重檐歇山顶建国楼

建国楼一侧

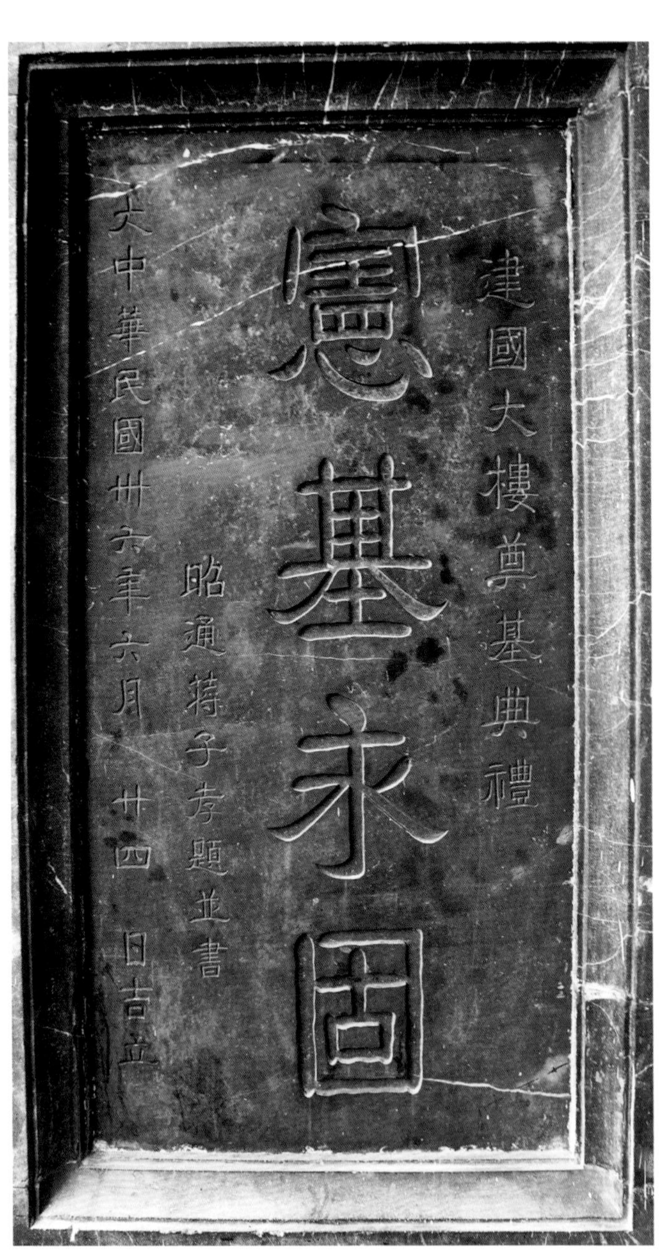

奠基纪念碑

墙身

1954年，云南确定一五期间，重点发展有色金属，建成开远火电厂、昆明普坪村火电厂。1956年，大规模开发东川铜矿、以礼河水电站；创办民族学院、昆明医学院、昆明工学院。1957年，发动反右派运动。1958年，发动大跃进、人民公社化。1960年，建立城市人民公社。

1951–1960

- 云南省博物馆
- 云南省农业展览馆
- 云南艺术剧院
- 昆明邮电大楼
- 云南省体育馆及拓东体育场
- 昆明饭店南楼
- 昆明民航老楼
- 个旧市云锡公司办公楼
- 昆明白鱼口工人疗养院－明楼
- 昆明机床厂
- 记忆中的昆明四个“十大建筑”

云南省博物馆

YUNNAN PROVINCIAL MUSEUM

建设地点：昆明市 建设规模：总建筑面积 6400M^2
建设年代：1951 年 设计团队：原昆明军区后勤部设计院

创建于 1951 年的云南省博物馆，是一座综合性的博物馆。博物馆占地面积 10050 平方米。主体建筑面积 6400 平方米。博物馆内藏有云南珍贵历史文物 13 万余种，云南古代青铜器 1 万余件。

博物馆是一座中间为七层塔楼，两翼为三层柱廊的仿苏式建筑，框架结构，高 65 米。中间塔楼塔尖置五角星。大楼一至三层为展厅，展厅面积 4200 平方米，前面是 12 根合抱粗的圆形大柱。屋顶金色灿灿，红星闪烁，气势雄伟，造型别致。大厅前廊呈弧形，排列 12 根水刷石圆形廊柱。馆内布置灵活，可整体作为展室，也可局部辟为展室。馆前庭院宽敞，绿树荫翳。2006 年被列为昆明市历史文化遗产保护建筑。

仿苏建筑（弧形柱廊、五星尖塔）

建造中的省博物馆——顾奇伟作（1951 年）

建造中的省博物馆——顾奇伟作（1951 年）

云南省农业展览馆

YUNNAN AGRICULTURAL MUSEUM

建设地点：昆明市 建设规模：总建筑面积约 10309M²
建设年代：1959 年 设计团队：云南省设计院

云南省农业展览馆位于翠湖西路，平面布局呈“工”字形，前面两翼弧形展开。馆内设综合馆及展厅 19 个，室内空间高大，设有二层回廊，是大型展品的重点展区。展厅室内空间通风良好，使用灵活，展线流畅。

主厅门前六组双圆柱巍峨壮观，两侧裙楼弧形对称成两翼。建筑外观具有西欧古典建筑风格韵味。主入口为双柱柱廊，在柱间顶部的挂落增加了民族气氛，是昆明 50 年代的十大建筑之一。

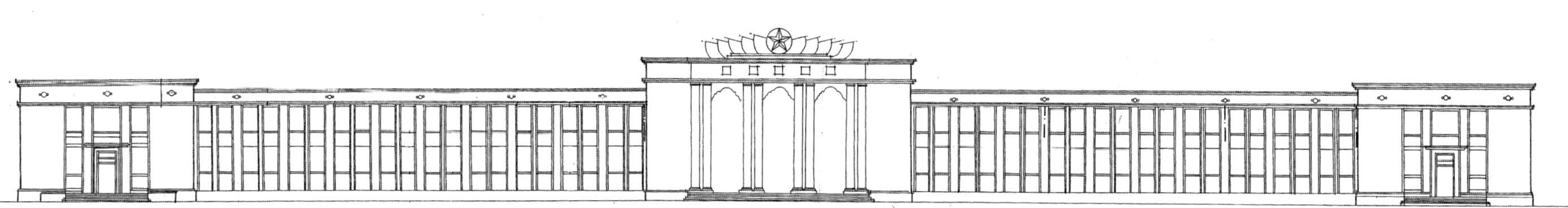

立面图

主楼中心部位

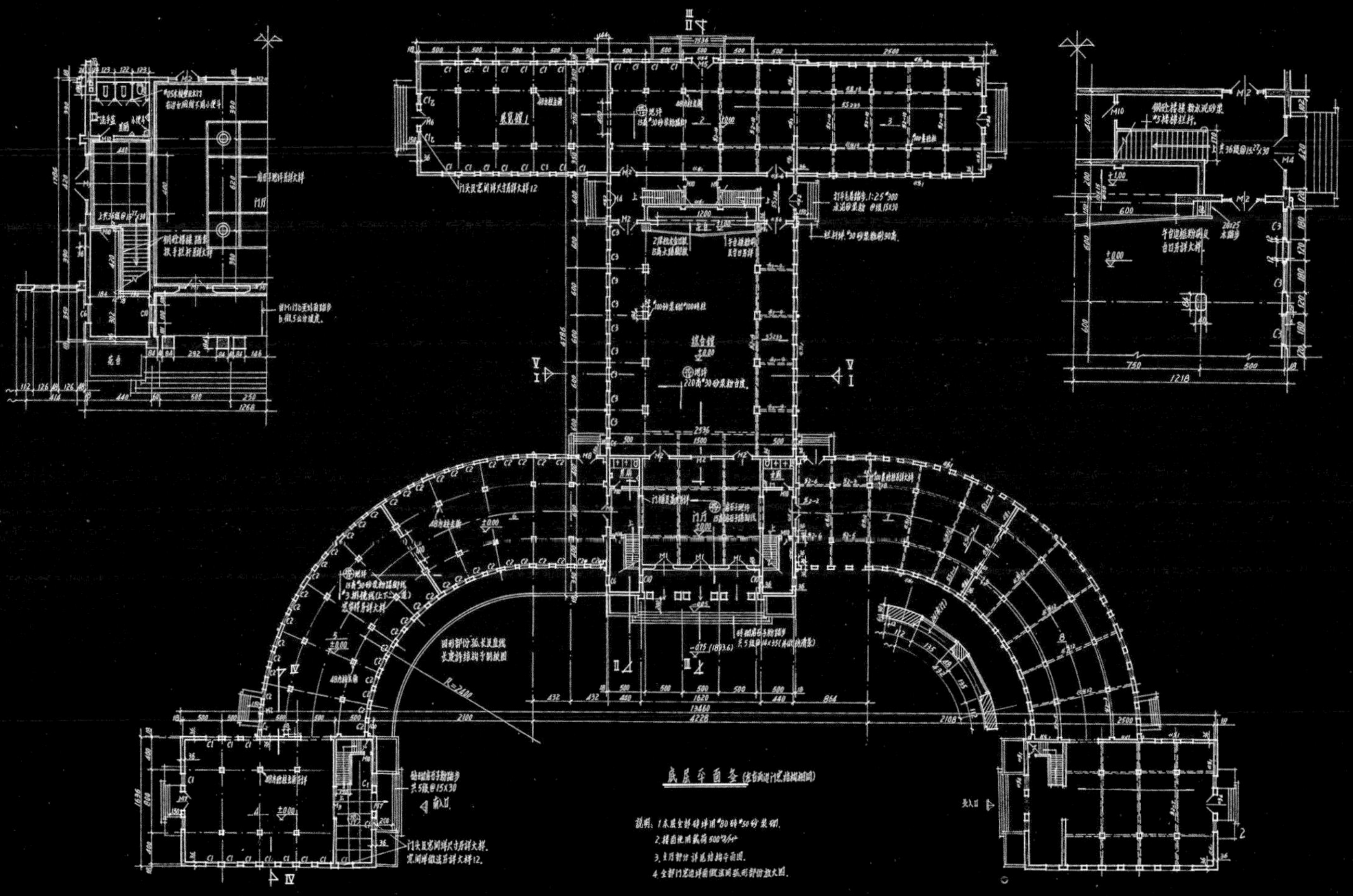
底层平面图
说明：1.本层全部砖墙用#80砖#50砂浆砌.
2.楼面使用载荷500公斤/米²
3.主厅部分详见结构平面图.
13460
4226

展馆一侧

展馆仍为人们现代生活发挥重要作用

云南艺术剧院

YUNNAN ART THEATER

建设地点：昆明市 建设规模：总建筑面积 4756M^2
建设年代：1956 年 设计团队：云南省设计院

建成时的艺术剧院

改造后的艺术剧院

云南艺术剧院位于东风西路，是国庆十周年昆明市的十大工程之一。占地面积约9500平方米，采用古典主义的设计手法呈对称布局。剧院主入口为贯通三层楼高的欧式柱廊，顶托山花尖顶。剧院后台设有化妆室、候场室、更衣室、服装室等；两侧两层长方形办公用房用连廊与观众厅连接，相互对称形成东西两翼。中央大厅前沿设4根水刷石廊柱，正面柱廊用中式柱头，檐下柱间镂空雕塑为孔雀茶花图案，突出了云南文化建筑的特色。

云南艺术剧院可容纳1200名观众同时欣赏文艺演出、观看电影，是云南省最早可观看宽银幕电影的大剧院。

雲南藝術劇院
【大型原生态歌舞集】
云南映象
Shangrila-Dynamic Yunnan
杨丽萍
三宝
订票热线：0871-3130033 13888242472
每晚8:00（星期天休息）

改造后的艺术剧院

昆明邮电大楼

THE POSTS AND TELECOMMUNICATION BUILDING . KUNMING

建设地点：昆明市 建设规模：总建筑面积约 9000M^2
建设年代：1959 年 设计团队：云南省设计院

邮电大楼位于东风东路，1957 年开工建设，1959 年投入使用。大楼坐东向西，呈 U 形布局，占地面积约 13300 平方米，主楼五层，两侧副楼四层。

邮电大楼是建国初期的“昆明十大建筑”之一，建筑临街对称布置，三段式的立面构图，体现了古典主义的风格特色。建筑立面平稳简洁，以一层长方形条窗为统一模度，使建筑取得了和谐的整体效果。大楼檐口采用中国古典石栏杆形式，檐上以砖砌仿拱代替托檐石，为典型的苏式建筑。建成后为邮电管理局综合大楼，现为昆明市电信办公大楼。

建成初期

建成初期（远景）

建成初期

改造后

改造后

云南省体育馆及拓东体育场

YUNNAN PROVINCIAL SPORTS GYMNSIUM & TUODONG STADIUM

建设地点：昆明市 建设规模：总建筑面积约 8000M^2
建设年代：1959 年 设计团队：云南省设计院

建成时

云南省体育馆位于东风路 99 号，1959 年在原“拓东体育馆”的基础上建成云南省体育馆。

1959 年建的体育馆占地面积约 9000 平方米，为一栋钢筋混凝土结构的苏式建筑。比赛大厅屋顶为弧形角钢网架，是当时先进的结构体系。主楼三层高，平顶屋面，檐下柱头雕刻装饰简洁，外墙为水刷石面，主立面檐头上五角星、红旗、麦穗的雕塑突出了民族特色。

体育馆观众厅平面为四面等排矩形，比赛场地长 39 米，宽 23 米，可供篮球、排球、体操等比赛，能容纳观众 5000 人，可同时在这里观看多种项目的体育比赛。

已丧失原有功能的体育馆

建筑细部装饰

“经济、适用、美观”建筑方针指导下的建筑形式“美”追求

拓东体育场始建于1958年，当年只为设施一般的体育场所。1990年开始重修，经过两年的修建，拓东体育场以崭新的面貌呈现在观众面前。这座重修的运动场，在原来的基础上新修了四层看台，观众容量由原来的3万增加到4.2万。

为迎接'99昆明世博界艺博览会开幕式进行了加顶改造

昆明饭店南楼

SOUTH BUILDING OF KUNMING HOTEL

建设地点：昆明市 建设规模：建筑面积 10600M^2
建设年代：1958 年 设计团队：云南省设计院

始建于 1958 年的昆明饭店地处昆明市中心，是云南第一个由国家投资建设的涉外宾馆。昆明饭店店名由郭沫若先生所题。店内厅名取自著名历史长联“大观楼长联”中涉及到的地名。饭店以其端庄大方的建筑风格，及优质的服务，多次接待国内外政要、名流。

1958 年建成的昆明饭店南楼，立面为三段式，建筑平面呈一字形，中部高五层，两端四层。砖砌外墙，局部粉刷，檐下门廊有中式部件纹样。底层采用灰白色的洗石子，檐口点缀民族纹饰。外观造型简洁朴素、稳重大方，建筑比例匀称适度，色调淡雅和谐，具有中国建筑特色，是 50 年代云南建筑的代表作品之一。

南楼有标准客房 120 间，套间 16 间，为混合结构，是我省最早的涉外高级宾馆，也是最先安装电梯、供热水并采暖的建筑，各方反应甚佳。

建成初期外观

80 年代改造后外观

大楼背立面

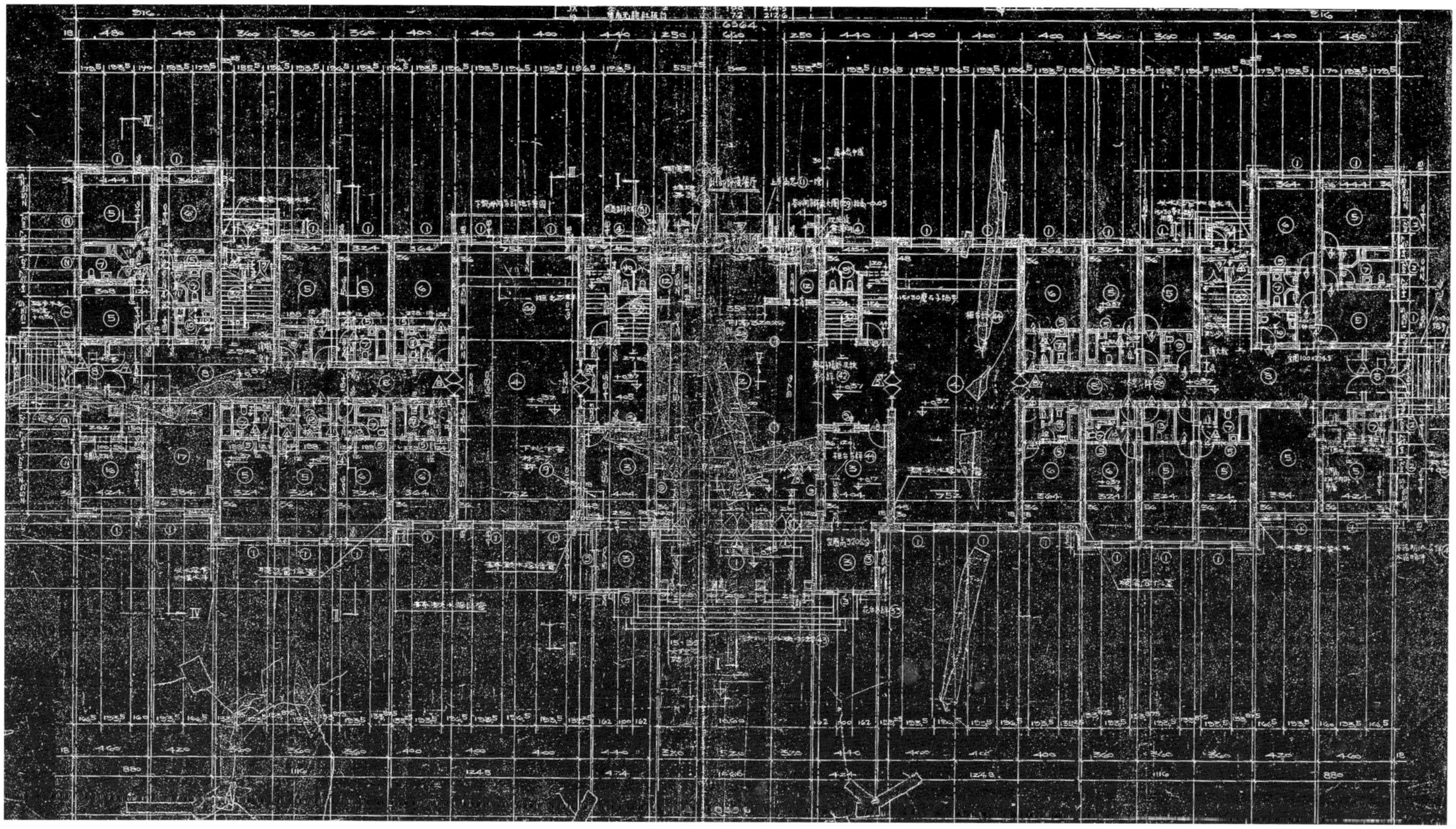

平面图及立面图

昆明饭店新楼建成初期（1978 年）

昆明饭店新楼（2011 年）

昆明民航老楼

THE OLD BUILDING OF KUNMING CIVIL AVIATION

建设地点：昆明市 建设规模：占地总面积 4297.12 亩
建设年代：1953 年 设计团队：云南省设计院

昆明机场始建于 1923 年，曾于 1958 年、1993 年、1998 年进行了 3 次大规模的改扩建。昆明机场，原是巫家村的牧场。光绪年间，清军在此建兵营，巫家坝成立练兵场。辛亥革命那一年，蔡锷率新军第十九镇七十四标在巫家坝兵营发动“重九起义”，推翻了清政府在云南的统治。1922 年，巫家坝陆军操场被改建为飞机场之后，成为我国抗战时期最繁忙的军民两用机场，成为当时中国唯一的国际进出口机场。

新中国成立后，又多次对巫家坝机场进行了改造和扩建。1993 年，按国际一级机场的标准，加长跑道至 3400 米，宽 60 米，并装置现代化的导航设施，使其能起降波音 747、A130 等大型客机。1999 年 4 月 20 日，机场新候机楼正式启用，总面积达 5.8 万平方米，计有登机桥 12 个、停机位 30 个。近年来巫家坝机场已成为中国六大国际航空港之一。

昆明机场占地总面积 4297.12 亩，站坪和停机坪面积 25 万平方米，停机位 49 个，共有候机厅 17 个。机场航站楼的旅客的设计吞吐量为 1047 万人次 / 年，服务功能完善，是一座现代化的航空港。建于 50 年代的老民航楼是当时流行的苏式风格，外观造型简洁朴素、稳重大方。

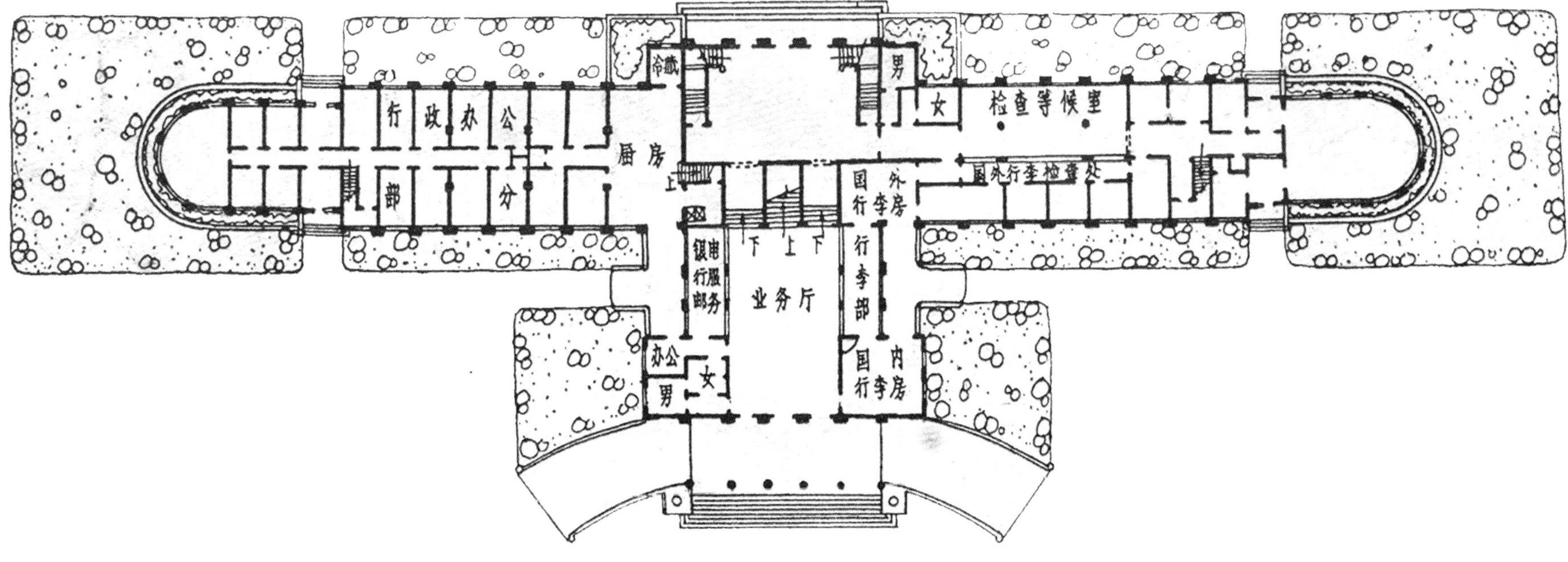

昆明民用航空站

个旧市云锡公司办公楼

THE OFFICE BUILDING OF YUNNAN TIN GROUP CO.,LTD , GEJIU

建设地点：个旧市 建设规模：7600M^2
建设年代：1954 年 设计团队：核工业部有色冶金设计院

云锡公司前身是清光绪九年（1883 年）清政府建办的个旧厂务招商局，新中国成立后，国家把云锡作为全国 156 个重点建设项目之一加以投资建设。

建设于 50 年代的云锡公司办公楼，以中西合璧的构件和简化的装饰形式来表现现代建筑的特色。建筑立面采用中部高，两端低的对称式三段式设计手法，上下分为基座、墙身、屋檐三个部分。建筑比例匀称适度，外观造型简洁朴素、稳重大方，是 50 年代云南建筑中的精品。

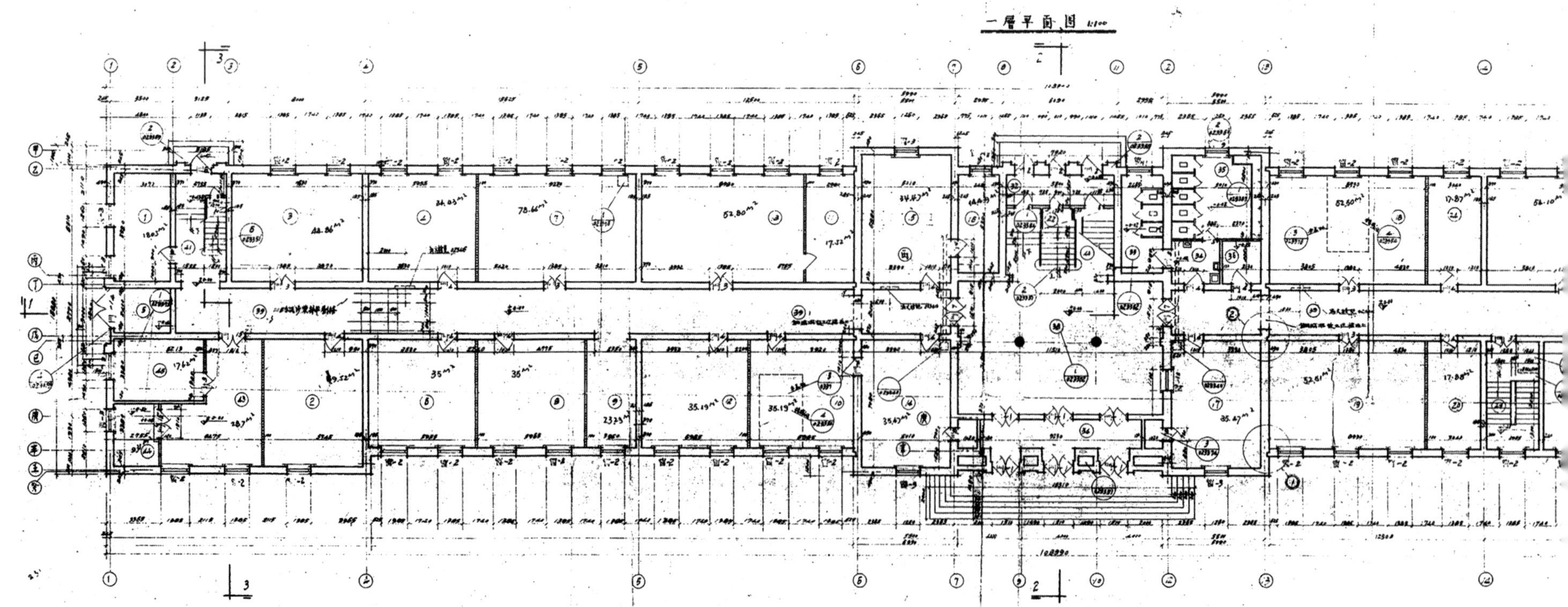

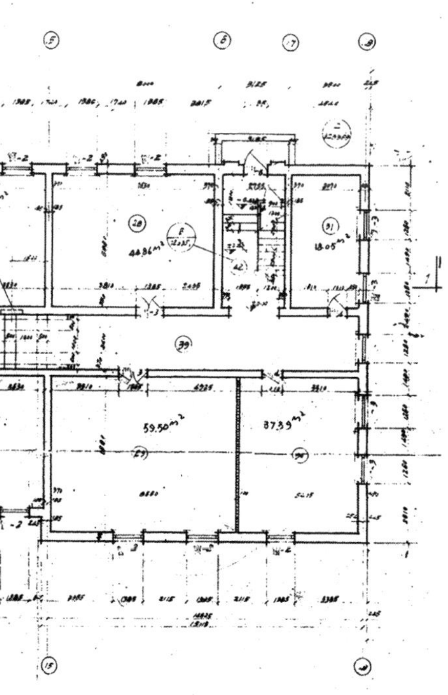

办公楼正立面

昆明白鱼口工人疗养院——明楼

MINGLOU WORKER'S NURSING HOME . BAIYUKOU

建设地点：昆明市 建设规模：总建筑面积约 18123M^2
建设年代：1953 年 设计团队：云南省设计院

明楼（建于 1953 年）

白鱼口位于滇池西岸，距昆明主城区三十多公里。它如一个半岛伸入滇池。这里林木葱郁，湖水明净，环境十分优雅。每逢汛期，泥沙两来，沉积湖中，形成水下同流，水体宁静。小白鱼纷至沓来，嬉戏滇池，故称之为“白鱼口”。

白鱼口沟谷北侧，有平地十亩，背依危崖，面对滇池，山水宜人。1953 年在白鱼口建云南省工人疗养院，成为风景疗养胜地。坐落于疗养院内的老明楼平面呈喷气式飞机形状，立面为欧洲古典主义建筑风格，正面一层为欧式古典柱廊。2001 建成的新明楼建筑面积 18123 平方米，高 31 米，长 220 米，功能齐全，造型秀美。

新明楼（改建于80年代）

昆明机床厂

KUNMING MACHINE TOOL FACTORY

建设地点：昆明市 建设规模：总建筑面积 20447M^2
建设年代：1936 年（原名中央机器厂）1953 年（更名昆明机床厂）1993 年（注册成立昆明机床股份有限公司）

机床厂大门（建于1938年原中央机器厂门楼）

机床厂早期管理用房

机床厂招待所

机床厂车间

机床厂小厂房

机床厂宿舍

机床厂宿舍

机床厂门柱

机床厂影院

机床厂工人文化宫

昆明机床厂前身是建于 1936 年的中央机器厂。到 1949 年底，拥有房屋建筑面积 20447 平方米、设备 562 台。

新中国建立以来，昆明机床厂不断进行扩建、改建。在 1957 年以前建设只是进行少量的填平补齐。后来，为发展大型、精密和超重机床的生产，进行了 5 次扩建。第一次扩建从 1958 年开始，建成大型联合车间、铸工车间等，增加了部分关键设备。第二次扩建从 1972 年开始，按规模建成并新增年产大型精密机床 500 台。第三、第四两次方案虽经批准，但一直没施工。第五次扩建从 1983 年开始，列为国家重点技术改造项目，总投资 1700 万元，其中基本建设投资 957 万元。扩建内容为新建检测计量实验楼、工具车间及住宅。并购置国内外先进设备和仪器，建立科研测试基地。建成后，为生产大型、精密机床创造了较好的物质技术条件。

机床厂车间（60 年代）

机床厂办公大楼(80 年代)

机床厂附属中学（现茨坝中学）

机床厂生活区（80 年代）

记忆中的四个昆明“十大建筑”

MEMORY OF 4 OUT OF “TOP10 BUILDINGS” IN KUNMING

建设地点：昆明市
建设年代：20 世纪 50 年代

昆明东风大楼（图片源于书籍扫描）

昆明百货大楼（图片源于书籍扫描）

昆明云南饭店（图片源于书籍扫描）

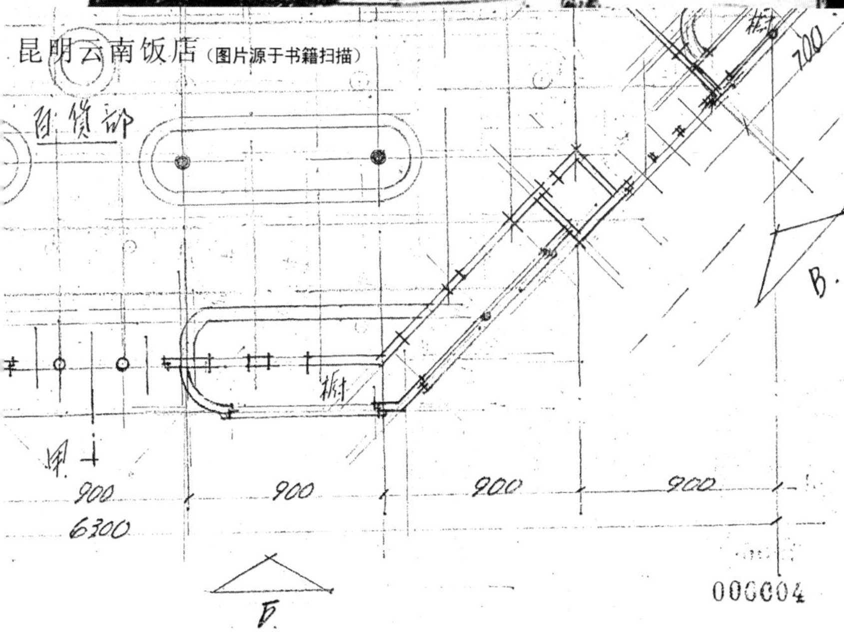

昆明翠湖宾馆（图片源于书籍扫描）

1960-1962调整、恢复国民经济。1966年发生文化大革命，大批古建筑被毁，其中包括42处寺、观、教堂。昆明430处街巷改名，老字号消失，961个茶馆被封。1966年，贵昆铁路通车；1970年，成昆铁路通车。1970年 昆明围海造田，滇池水面减少233平方公里。

1961–1970

- 昆明工学院
- 昆明冶金工校
- 云南财贸学院（云南财经大学）
- 昆明医学院
- 云南师范大学
- 昆明钢铁厂
- 中科院昆明动物研究所
- 中科院昆明植物园
- 成昆铁路及昆明火车站
- 云南民族大学

昆明工学院

UNIVERSITY OF SCLENCE AND TECHNOLOGY . KUNMING

建设地点：昆明市北郊 建设规模：占地面积约1000亩
建设年代：20世纪60至70年代

昆明工学院系原1925年创建的东陆大学矿冶系，于1954年从原云南大学分离出来，更名为昆明工学院。

1995年2月，昆明工学院更名为昆明理工大学。

昆明工学院校区坐落在昆明市区莲花池畔，占地面积约1000亩。建设于60年代末70年代初的昆明工学院莲华校区主教学楼和图书馆，以其横竖线条对比、简洁而均衡的构图、带形窗的运用及色彩的搭配，现代建筑的墙身立面的处理手法与传统的大坡屋顶相结合，体现了该时期的一种建筑特征。

学院办公楼

学校鸟瞰（60年代）

教学楼

图书馆

教学楼

图书馆

昆明冶金工校

KUNMING METALLURGY COLLEGE

建设地点：昆明市 建设规模：占地 30 多万 M^2
建设年代：20 世纪 60 至 70 年代

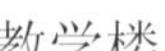

教学楼

学生宿舍

昆明冶金高等专科学校是一所以工为主，工、管、文、商、艺并举，多学科、综合性的院校。学校始建于 1952 年，其前身是 1952 年建立的云南省首批中专学校——云南个旧矿业技术学校；1954 年迁至昆明市后改名为昆明有色金属工业学校，隶属于国家重工业部。1958 年学校更名为昆明冶金工业学校，隶属国家冶金部，成为全国知名的三所冶金工校之一。1985 年成立了云南矿冶专科学校。1992 年经国家教委批准更名为昆明冶金高等专科学校，由部属院校变为省属院校，成为云南省唯一的省属高等工程专科学校。

校本部位于昆明市学府路。现学校内部的教学楼等建筑为 60 至 70 年代建设的。建筑以其横竖线条对比、简洁而均衡的构图、带形窗的运用突出了现代建筑特征。

昆明冶金工校
昆明冶金专科学校

云南财贸学院（云南财经大学）

YUNNAN UNIVERSITY OF FINANCE AND ECONOMICS

建设地点：昆明市

建设年代：1951 年——2009 年 设计团队：后期建筑设计主要由清华大学设计院和云南省城乡规划设计研究院完成

图片来源——云南省城乡规划设计研究院提供

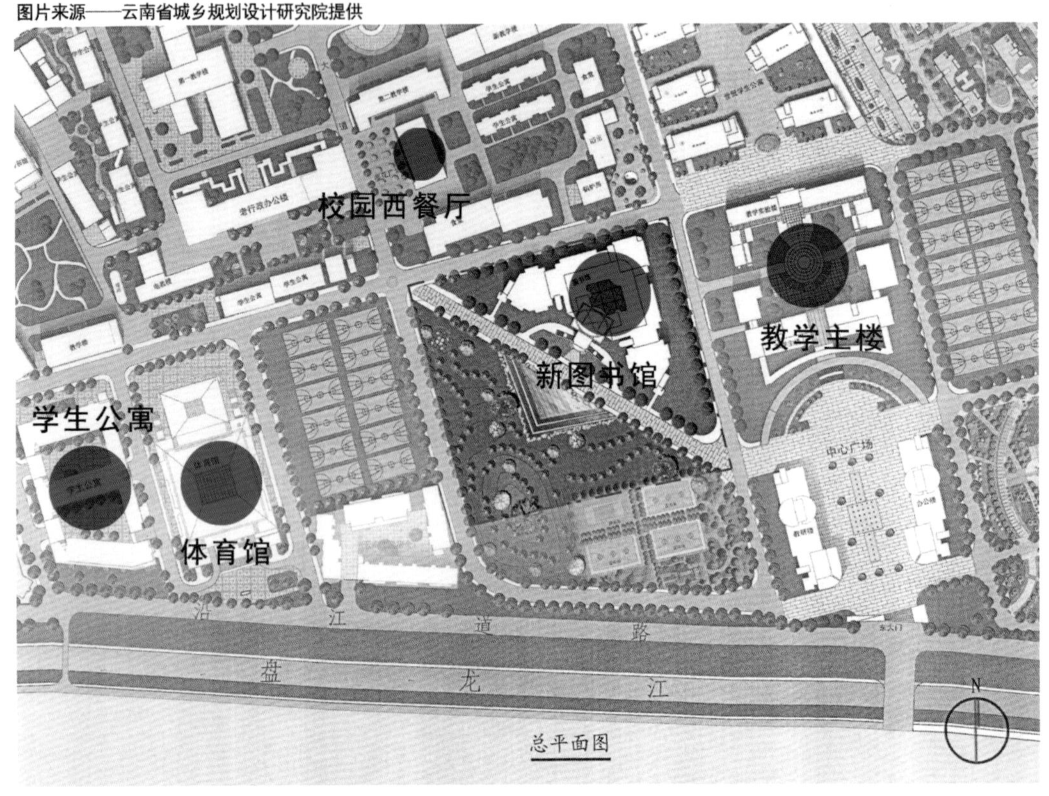

总平面图

学院图书馆

校园西餐厅

1951 年初，由财政干部训练班组建的云南省财政干部学校是云南财贸学院的基础；1981 年 8 月教育部批准成立云南财贸学院；1998 年 2 月云南经济管理干部学院与云南财贸学院合并办学；2006 年 2 月，教育部正式批准云南财贸学院更名为云南财经大学。云南财贸学院 1995 年被云南省政府确定为省属重点大学，是一所以经济学、管理学和法学为主，哲学、文学、理学和工学协同发展的多科性省属重点大学。

坐落在学府路的云南财贸学院本部内还保留着一些 60 至 70 年代建设的教学楼等建筑。该时期建筑以宽厚的大挑檐、入口处墙面的混凝土花格窗、垂直带形钢窗与竖向遮阳板，体现了简洁大方的现代建筑特点。

学院图书馆

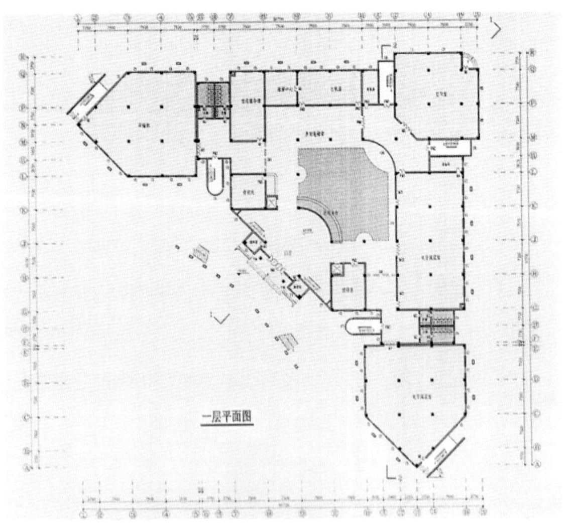

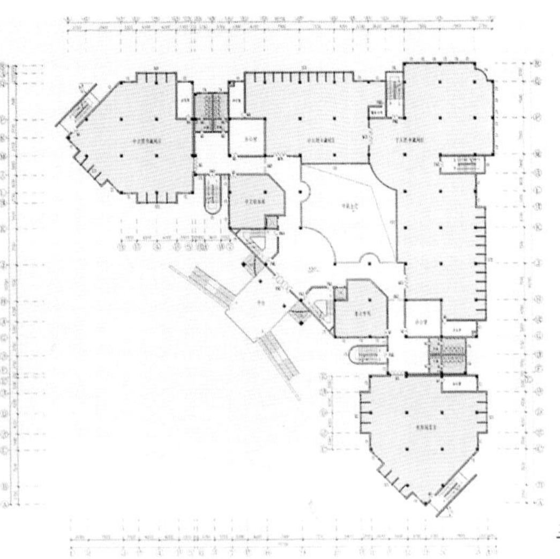

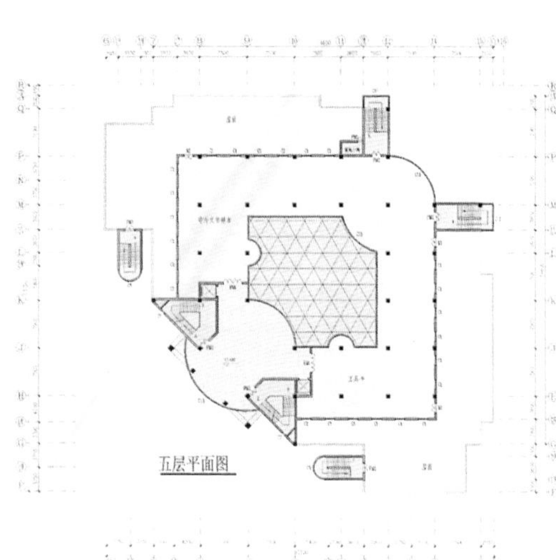

财经大学图书馆（2006年）

财经大学新图书馆建筑造型高低错落，平曲面交叉融合，在强调整体组合效应的同时兼有虚实不同的对比，建筑体型丰富，具有光影多变的艺术效果。建筑顶部结合出屋面的电梯机房等，组合了“天圆地方”的构架，寓意“天人合一”。建筑色彩以红白两色调为主，以砖石效果来体现图书馆宁静致远的建筑内涵。

财经大学体育馆（2009 年）

财经大学体育馆（2009 年）

位于校园内的云南财经大学体育馆建筑面积 1.56 万 m^2，有 2800 个座位。平面为矩形，观众看台沿比赛场地两侧布置，观众席具有良好的视线效果。建筑造型以简洁大气的形象来追求体育建筑的特性，上部向内收分为圆弧形屋顶与下部简洁的矩形体上下呼应，比例协调，虚实对比的玻璃和面砖富于建筑动感，表达了体育建筑的特征。

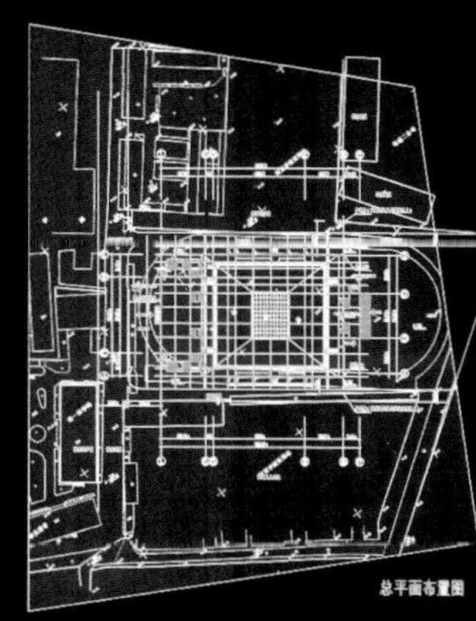

总平面布置图

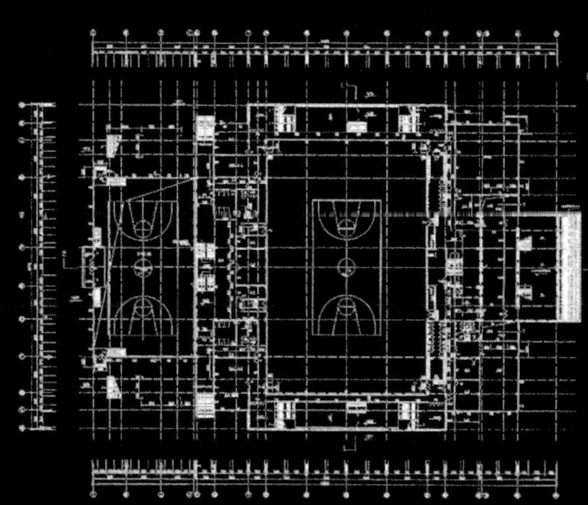

一层平面图

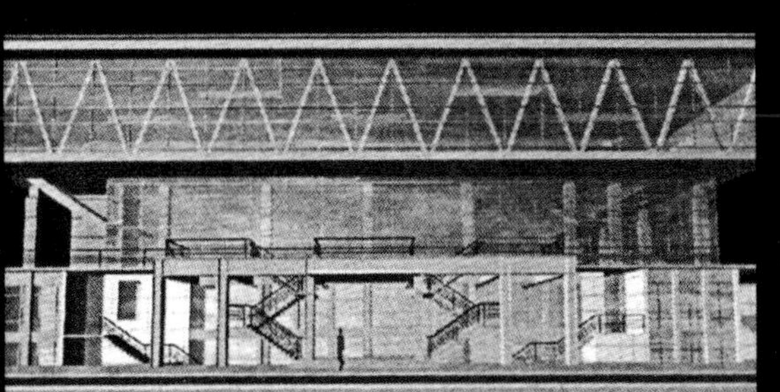

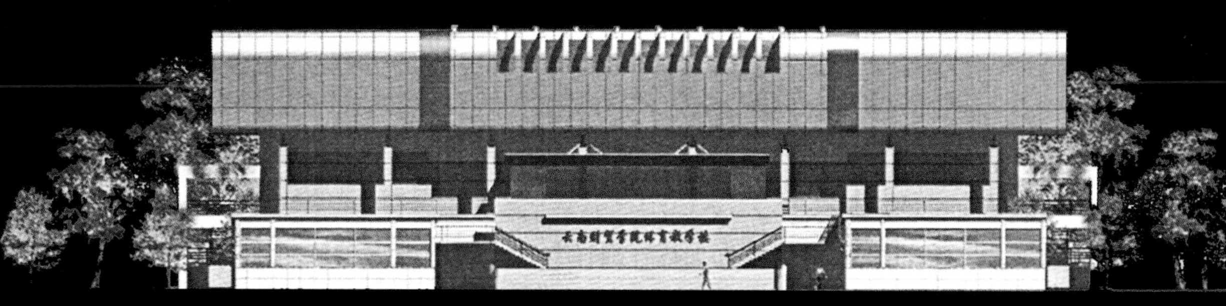

逸夫楼（2009 年）

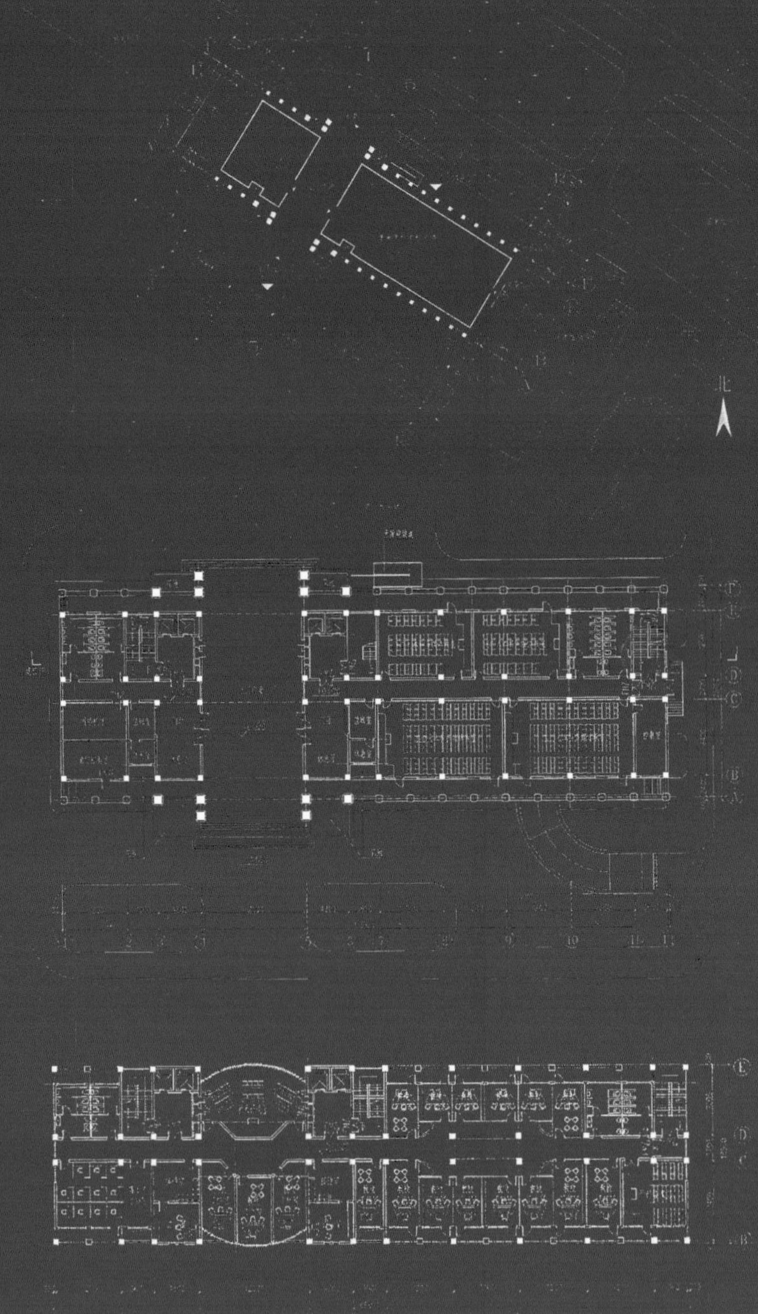

逸夫楼

教学主楼（2009 年）

新办公楼

学生公寓（2009 年）

昆明医学院

KUNMING UNIVERSITY OF MEDICAL SCIENCES

建设地点：昆明市 建设规模：总建筑面积 14.5 万 M^2

建设年代：20 世纪 60 至 70 年代

昆明医学院是云南省一所多学科、多层次的高等医学院校，其前身是创建于 1933 年 9 月的云南省东陆大学医学专科班及随后创建于 1937 年的云南大学医学院。1956 年独立建院，至今已有近 70 年的悠久历史，为全国 44 所老医学院校之一。1993 年被省政府确定为省属重点院校，是云南省最大的集教学、科研、医疗为一体的高等医学院校。

昆明医学院内还保留着五六十年代建设的建筑，建筑外观造型简洁朴素、稳重大方，建筑比例匀称适度，色调淡雅和谐，檐口点缀的民族纹饰，使建筑具有中国特色。

主体建筑设计极为经典，可视为学院派风格代表

门廊

门柱

云南师范大学

YUNNAN NORMAL UNIVERSITY

建设地点：昆明市 建设规模：占地约 100 亩
建设年代：20 世纪 60 至 70 年代

抗日战争时期的 1937 年，北京大学、清华大学、南开大学在岳麓山下组成了长沙临时大学，开学一个月后，日军沿长江一线步步紧逼，危及衡山湘水，师生们于 1938 年搬迁入滇，改名国立西南联合大学。1946 年 5 月 4 日举行结业典礼，7 月 31 日宣布结束，西南联大在滇 8 年。

1946 年 5 月，在上述 3 校迁回原址后，师范学院留昆独立建校，改称国立昆明师范学院。新中国成立后，定名为昆明师范学院。1984 年 4 月，经云南省人民政府批准，更名为云南师范大学。1999 年 2 月云南师大与云南教育学院、云南体育进修学院进行实质性合并办学，重组云南师范大学。

坐落在一二一大街的老校区内还保留着一些 60 至 70 年代建设的教学楼等建筑。顺应该时期建筑风格以横竖相间的条窗、水平的挑檐、入口处墙面的混凝土花格窗、遮阳板，体现了现代教学建筑简洁大方的特点。

学校大门

昆明钢铁厂

STEEL FACTORY OF KUNMING

建设地点：昆明市 建设规模：占地面积约为 10 平方公里
建设年代：20 世纪 60 年代

昆明钢铁厂始建于 1939 年，总部位于昆明西南 32 公里的安宁市境内。占地面积约为 10 平方公里，是国家特大型工业企业，云南省最大的钢铁联合生产基地。新中国成立后于 70 年代之前相继建成四座具有一定规模的高炉，使昆明钢铁厂得到了一次较大的发展。

昆明钢铁厂厂区内还保留着 60 至 70 年代的建筑。该时期建筑立面简洁大方，以宽厚的大挑檐、浅栗色粘石墙面、垂直带形钢窗与竖向遮阳板，体现了现代建筑的特点。

老办公楼

中科院昆明动物研究所

KUNMING INSTITUTE OF ZOOLOGY OF CAS

建设地点：昆明市
建设年代：20 世纪 60 年代

中国科学院昆明动物研究所成立于 1959 年 4 月，其前身为昆虫研究所紫胶站。1963 年曾改名为中国科学院西南动物研究所，1970 年划归云南省后，改名为云南省动物研究所，1978 年重归中国科学院，恢复原所名。

昆明动物研究所经过几代人的共同努力，已经从仅有几间土坯房的小小生物站，发展成为如今在国内外均有一定影响、多学科相互交叉渗透的综合性动物学研究机构，整体水平进入国内一流研究所行列。

60 至 70 年代是昆明动物研究所发展的第一个时期，现研究所内还保留着该时期建设的建筑。该时期建筑以入口处的大挑檐、墙面上的花格窗、垂直或水平的带形钢窗及横竖向遮阳板，体现了该时期建筑的特点。

实验用房

中科院昆明植物园

KUNMING BOTANIC GARDEN OF CAS

建设地点：昆明市 建设规模：占地面积 44 公顷
建设年代：20 世纪 60 年代

昆明植物园始建于 1938 年，是一个集科研、科普、旅游和教学实习为一体、具有明显区域特色的多功能综合性植物园。是我国西南地区最大的亚热带植物多样性及种子资源保存研究基地和山茶、木兰、秋海棠等植物的引种栽培中心。

昆明植物园距昆明市中心 12 公里，与古树参天的黑龙潭公园共同组成了一个著名的风景旅游区。拥有六十多年历史的昆明植物园总面积 44 公顷，昆明植物园在 60 年代迎来了一个发展期，现在植物园内还存在许多该时期的建筑。该时期建筑风格为传统与现代建筑形式相结合，多为现代建筑的墙身配以传统的坡屋顶，体现了该时期建筑的一种特点。

植物园主体建筑

成昆铁路及昆明火车站

CHENGKUN RAILWAY & KUNMING RAILWAY STATION

建设地点：昆明市 建设规模：全长 1100 公里
建设年代：1970 年

昆明火车站

成昆铁路通车

(图片源于网络)

成昆铁路路线图

成昆铁路自四川省成都市至云南省昆明市，全长 1100 公里。原为国防三线建设的重点工程，1958 年 7 月动工，后停建，1964 年 8 月复工，“文化大革命”开始后又一度停工，1970 年 7 月 1 日全程贯通，为中国铁路主要干线之一。

成昆铁路穿越地质大断裂带，设计难度之大和工程之艰巨，均属前所未有；沿线山势陡峭，奇峰耸立，深涧密布，沟壑纵横，地形和地质极为复杂，素有“地质博物馆”之称。而它的修筑，为人类在复杂地区建设高标准铁路创造了成功范例，堪称世界筑路史上的奇迹。

于 1958 年启用的昆明站，以中西合璧的构件和简化的装饰形式来表现现代建筑的特色。建筑立面采用中部高，两端低的对称式三段式，上下分为基座、墙身、屋檐三个部分。建筑比例匀称适度，外观造型简洁朴素、稳重大方。

成昆铁路桥梁

云南民族大学（老校区）

YUNNAN UNIVERSITY OF NATIONALITIES (OLD CAMPUS)

建设地点：昆明市
建设年代：20 世纪 60 年代

办公楼

教学楼

云南民族学院创建于 1951 年 8 月 1 日，2003 年 4 月 16 日更名为云南民族大学，是一所培养包括汉族在内的各民族高级专门人才的综合性大学，是中华人民共和国最早成立的民族高等院校之一。

学校老校区坐落在风景秀丽的商山之麓、莲花池畔。其建筑以其横竖线条对比、简洁而均衡的构图、带形窗的运用及色彩的搭配，现代建筑的墙身立面的处理手法与具有民族特色的屋顶相结合，体现了该时期的一种建筑特征。

云南民族大学的老校门是由我国著名的建筑设计大师梁思成先生设计的。梁思成先生一生中只为三所大学设计过校门，那就是北大、清华和云南民族大学。

民族大学大门（梁思成设计）

1971年，建成省农业大学（有遗址）。

农村推行家庭联产责任制。

1976年与1975年相比，GDP下降14.9%，工业产值下降23%。

1971–1980

- 昆明昆湖饭店
- 昆明工艺美术大楼
- 昆明新华书店（小西门）
- 昆明汽车客运南站
- 昆明市藤泽友谊纪念馆
- 云南省农垦局知青招待所
- 昆明董家湾大厦
- 云南天文台
- 昆明春城剧院
- 昆明滇池电影院

昆明昆湖饭店

KUNHU HOTEL

建设地点：昆明市
建设年代：1980 年

坐落于昆明市中心的昆湖饭店具有现代建筑简洁大方的特色。平面呈一字形布局，规整的平面布置极大地提高了建筑的使用效率。建筑立面以入口处宽厚的大挑檐、浅栗色干粘石墙面、矩形钢窗与竖向相间的遮阳板体，现了现代建筑的特点。

沿北京路外观

昆明工艺美术大楼

THE BUILDING OF ARTS AND CRAFTS

建设地点：昆明市
建设年代：1978 年

昆明工艺美术大楼始建于 1976 年，1978 年落成，1979 年开始以“昆明工艺美术服务部”的面貌向社会开放，见证昆明工美事业面对改革开放的历史进程，也成为市场经济建设初期云南接待外宾的形象之窗。在 20 世纪 80 年代发展最辉煌的时期，“昆明工美”作为当时全国各省市必设的工美服务机构，以国营方式整合全国优秀工美产品并服务大众生活。

该建筑造型简洁舒展、色彩质朴，建筑内外交融、视线通透，浅色干粘石墙面与竖向遮阳板，体现了现代建筑的特点。

昆明新华书店（小西门）

XINHUA BOOKSTORE (XIAOXI MEN STORE)

建设地点：昆明市
建设年代：1980 年

昆明新华书店（小西门）位于昆明市翠湖公园附近。建筑造型简洁大方，正面三层壁柱凸出墙面，混凝土空花格窗，轻盈通透，建筑比例优美，风格清新，富有文化气息和地方特色。

沿东风西路外观

昆明汽车客运南站

KUNMING SOUTHERN BUS STATION

建设地点：昆明市 建设规模：总建筑面积 10320M^2
建设年代：1980 年 设计团队：云南省设计院

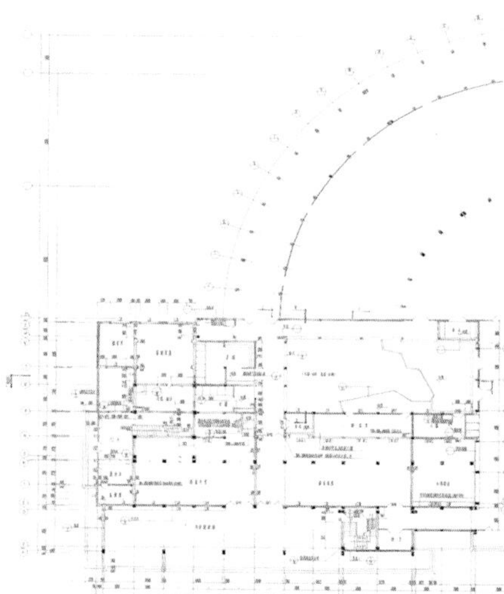

底层平面图

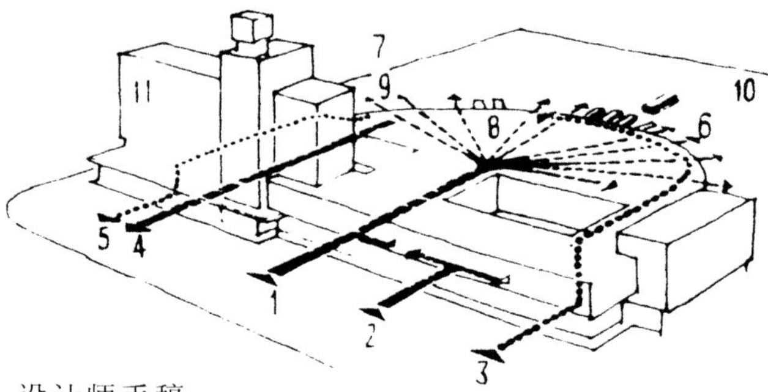

设计师手稿

昆明汽车客运南站由站房和司乘人员招待所两部分组成，设有 30 个发车位。候车大厅、站台、发车棚呈半圆形放射状，乘客可直接到达乘车位，缩短了步行距离，交通路线简捷明晰。立面造型高低错落，横向条窗和竖向条窗简洁明快，富有交通建筑的特色。

客运站发车站房

昆明市藤泽友谊纪念馆

KUNMING FUJISAWA FRIENDSHIP MEMORIAL

建设地点：昆明市 建设规模：总建筑面积 9548M²
建设年代：20 世纪 80 年代 设计团队：昆明市设计院

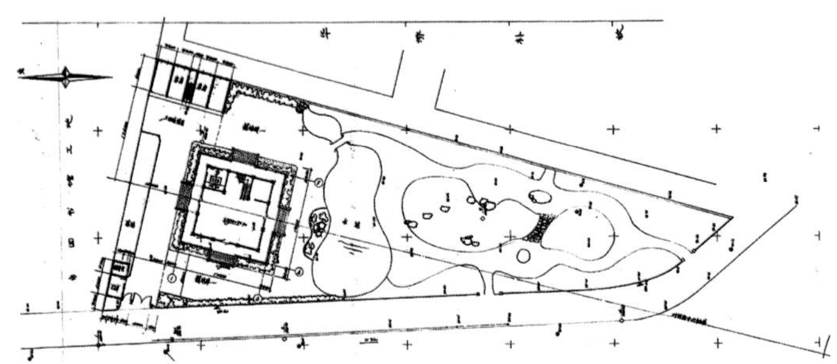

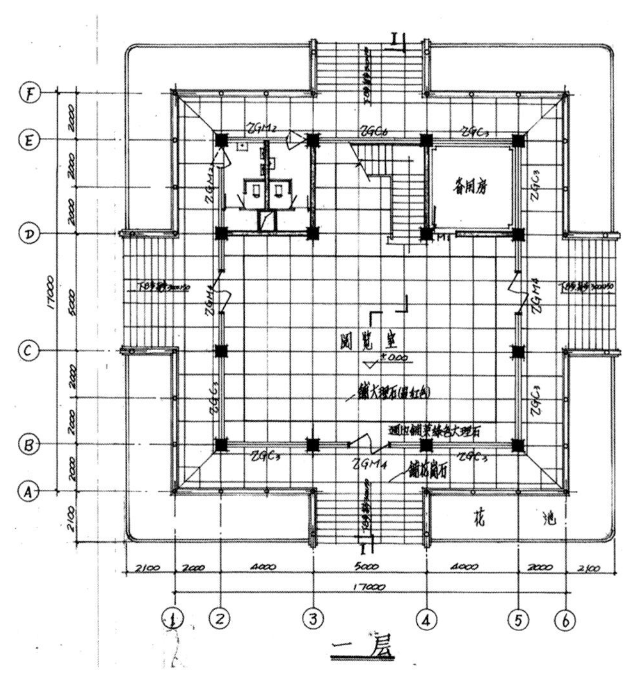

昆明市藤泽友谊纪念馆和市图书馆比邻而建，位于环城东路。其中昆明市图书馆用地面积 6600 平方米，建筑面积 8660 平方米；藤泽友谊纪念馆用地面积 3600 平方米，建筑面积 888 平方米。

藤泽友谊纪念馆是为了纪念昆明和藤泽两市结为友好城市五周年而兴建的。友谊馆三层高，平面为正方形，一、二层为大空间，三层中央设有日式室内庭园。纪念馆置于 1.2 米高的花岗岩基座上，四坡水金色琉璃瓦攒尖顶、汉白玉的石柱、孔雀浮雕、山茶花栏板、云纹柱头，充分体现了中式建筑的美和云南地域文化的内涵。

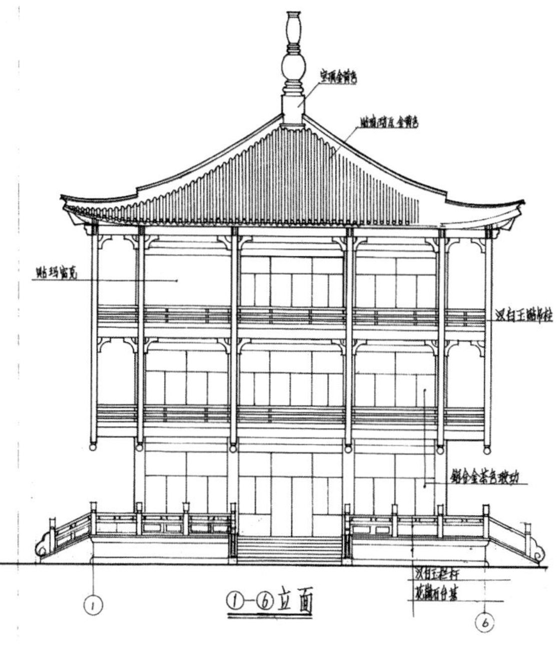
宝顶金黄色
汉白玉栏杆
花岗石台基
①-⑥立面

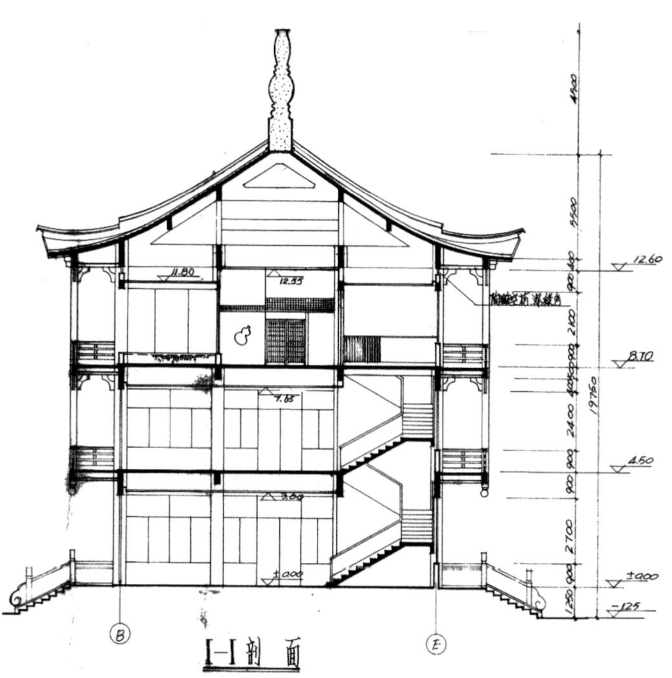
12.60
8.10
4.50
±0.00
Ⅰ-Ⅰ剖面

云南省农垦局知青招待所（三叶饭店）

ZHIQING HOSTEL OF YUNNAN BUREAU OF LAND RECLAMATION AND CULTIVATION

建设地点：昆明市 建设规模：建筑面 10887M²
建设年代：1976 年 设计团队：云南省设计院

70 年代为接待途经昆明的省外知识青年，云南省农垦局于昆明火车站旁建知青招待所。招待所占地 0.57 公顷，床位 1599 个。由 11 层高的南楼和 5 层高的北楼组成，是我省第一个高层建筑。两楼用连廊连接呈“L”形布局，造型简洁大方，立面高低错落。外墙用大面积浅灰色水刷石，横向窗间墙为绿色，风格清新、明朗朴素。

南楼又是第一幢全预制高层装配钢筋混凝土框架剪力墙结构，垂直干道布置，朝向好，造型新颖灵活。

昆明董家湾大厦

DONGJIAWAN BUILDING . KUNMING

建设地点：昆明市
建设年代：1980 年

昆明董家湾大厦坐落于昆明市东边。建筑平面为“八”字形布局，为高层板式办公楼。建筑外立面采用对称布局，框架结构外露呈列柱的处理手法，使建筑有较强的韵律感。白色的柱子和浅绿色外墙饰面，建筑整体风格典雅秀丽，是 80 年代初的高层建筑的佳作。

云南天文台

YUNNAN OBSERVATORY

建设地点：昆明凤凰山 建设规模：占地面积 460 亩
建设年代：1975 年

中国科学院云南天文台（Yunnan Observatory of Chinese Academy of Sciences）是中国科学院下属的 5 座天文台之一。抗日战争期间，当时的中央研究院天文研究所内迁到昆明后，在昆明东郊凤凰山建立了凤凰山天文台。天文台所在地海拔 2014 米，北纬 25° 02′，东经 102° 47′。中华人民共和国建立后，一度成为紫金山天文台昆明工作站。1975 年扩建为综合性的天文台——云南天文台。云南天文台占地面积 460 亩，绿化面积达 90% 以上。台区内有大片樱花、梅花、海棠、果木和竹林，四季鸟语花香。几十个造型独特的望远镜观测室点缀其中，形成一条特殊的风景线。天文台内还有足球场、篮球场、乒乓球室、儿童乐园等文体娱乐设施，给学生们提供了广阔的校外活动空间。

云南天文台是中宣部、科技部、教育部、中国科协联合命名的“全国青少年科技教育基地”、中国科协命名的“全国科普教育基地”和云南省人民政府命名的“云南省科学普及教育基地”。

早期的天文观测站

新的服务用房

现在的办公楼

昆明春城剧院

CHUNCHENG THEATER . KUNMING

建设地点：昆明市 建设规模：建筑面积 3785.84M²
建设年代：1980 年 设计团队：昆明市设计院

春城剧院位于云南省昆明市中心繁华地段。始建于1980年，先后进行过三次装修改造，有二十多年的历史，是一个集大型文艺演出、会议、电影放映、高科技数字电影、商场、餐饮为一体的多功能综合娱乐场所，是目前昆明市演出功能较为完善的综合性剧场和大型文艺演出的主要场馆。剧院占地 5.5 亩，建筑面积 3785.84 平方米。剧院除举办大型文艺演出、戏剧演出外，还具备电影放映和承办大型会议的功能。

剧院处于主交通十字路口，交通便利，拥有主楼、裙楼、后楼三部分。主体建筑共三层，内设一个主体大厅（正厅、楼厅）能同时容纳 1000 人。该建筑造型简洁舒展、色彩质朴，建筑内外交融、视线通透玻璃窗，体现了现代建筑的特点。

春城剧院
CHUNCHENG THEATER
售票厅
SHOU PIAO TING
牌男装
欧美家具文化节
破肚皮不管嘎！

春城剧院现状

昆明滇池电影院

DIANCHI CINEMA . KUNMING

建设地点：昆明市
建设年代：1975 年

建成初期的滇池电影院

昆明滇池电影院位于昆明市中心，有二十多年的历史，是一个集电影放映、商场、餐饮为一体的多功能综合娱乐场所。

滇池电影院处于主交通道路旁，交通便利。拥有主楼、后楼两部分。主体建筑共三层，内设一个主体大厅，从大厅可直接进入楼厅部分能同时容纳 1000 人。该建筑造型简洁舒展、色彩质朴，前厅的玻璃通窗使建筑内外交融、视线通透，水刷石墙面与横竖向相间的线条，体现了建筑的特点。

电影院现状

云南确定烟、茶、糖、胶为支柱产业。1982年，昆明、大理被批准为第一批国家历史文化名城；1981年，春花自行车、山茶电视机、白玫洗衣机、兰花电冰箱问世。

1981–1990

- 大理州博物馆
- 云南大学图书馆
- 石林宾馆餐厅
- 昆明护国大厦及鑫昆大厦
- 玉溪聂耳纪念馆及昆明西山聂耳墓
- 云南教育学院综合楼
- 昆明市工人文化宫
- 昆明金龙饭店
- 昆明锦华大酒店
- 昆明外贸大楼

大理州博物馆

MUSEUM OF NATIONALITIES .DALI

建设地点：大理市 建设规模：建筑面积 8400M^2
建设年代：1986 年 设计团队：云南省设计院

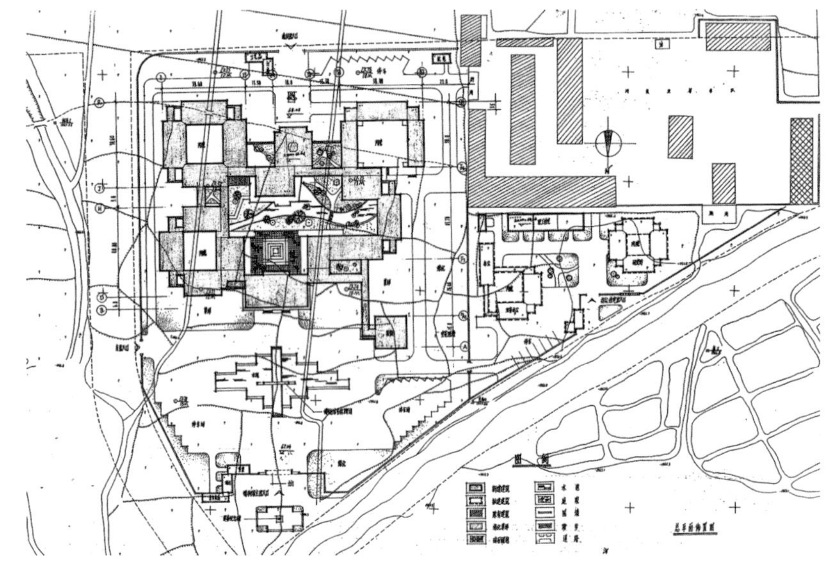

大理州博物馆占地面积 50 亩。该馆总面积 8400 平方米，展出平面面积 4600 平方米，绿化面积 14000 平方米，公共空间占总面积的五分之四。建筑布局采用了对称形式，中轴线上依次布置着大门、石拱桥、专题展厅、照壁和中心展厅等，以楼台殿宇的格局、宏伟壮观的气势，展示了博物馆的建筑特色。博物馆各院之间以长廊相连。建筑材料和装饰手法基本按白族民间传统工艺制作，突出了浓郁的地方特色和民族风格。整个建筑群浑然一体，与四周苍松翠柏、绿叶红英交相辉映，其本身就是一道精美的白族建筑艺术景观。

博物馆门楼

馆内环境设计

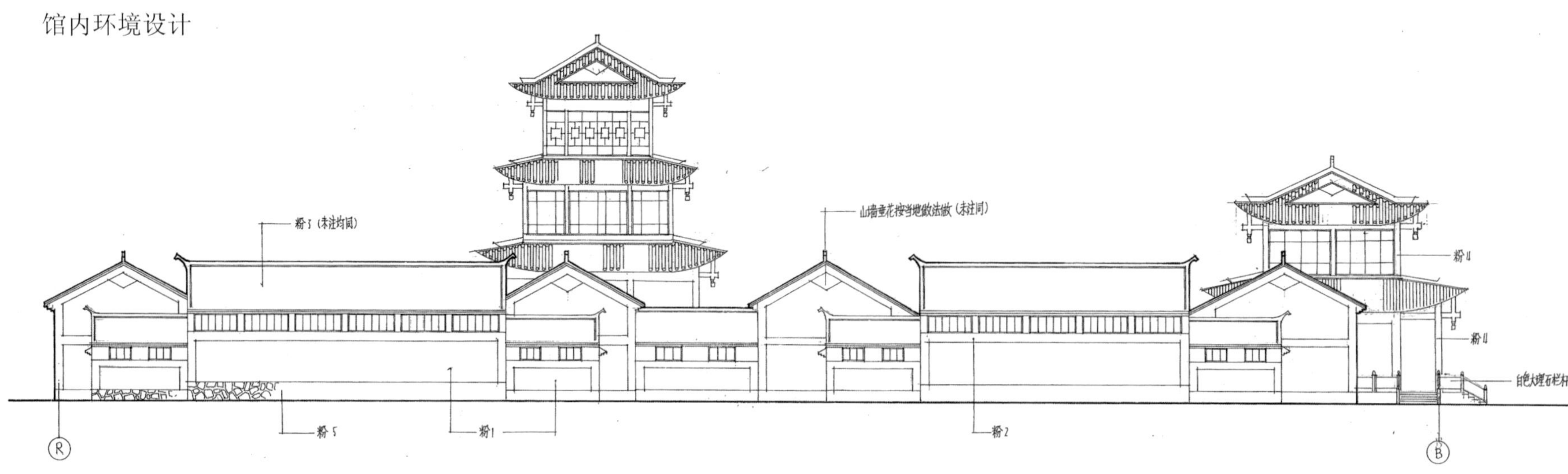

馆内

楼、阁、廊、庭层次丰富

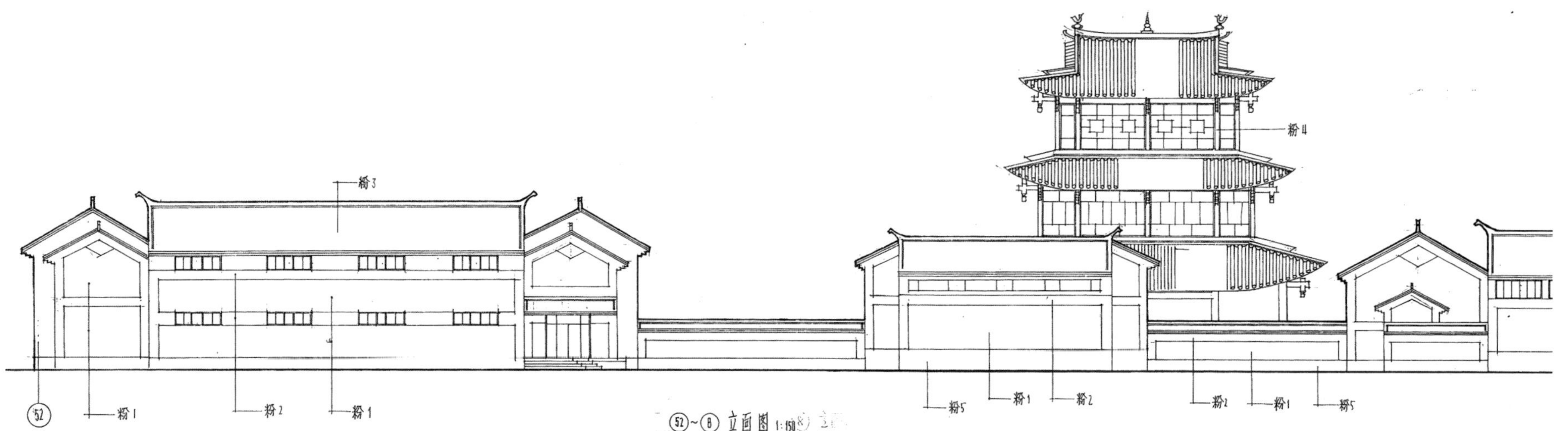

云南大学图书馆

LIBRARY OF YUNNAN UNIVERSITY

建设地点：昆明市 建设规模：建筑面积 1.74 万 M^2
建设年代：1982 年 设计团队：云南省设计院

总平面图

云南大学图书馆位于校本部中心广场东部。其建筑艺术造型来源于本土的合院式布局，平面呈“口”字形，主要功能用房书库、阅览室等围绕中庭展开布局。入口外的建筑造型具有云南民居吊脚楼的艺术内涵，体现了一定的时代性和地方性的融合。立面采用红色面砖斜挑檐，白色垂直隔片，藕色仿石面砖外墙面，又与传统建筑有几分神似。采用室内室外交融化处理手法，将室外墙面引入室内，4层楼面架空做屋顶花园，使室内外环境融为一体。

图书馆外观

石林宾馆餐厅

RESTAURANT OF STONEFOREST HOTEL

建设地点：石林风景区 建设规模：建筑面积 1500M^2
建设年代：1985 年 设计师：陈可石

石林宾馆新餐厅坐落在世界闻名的云南省昆明市石林彝族自治县石林风景区外的小山丘上，其建筑艺术的表达来源于周围石林景观。设计构思源于石林的特点：1. 石林多是竖向划分，竖向阴影。2. 轮廓线高低不齐，错落有致。3. 横向断层，横向植被。4. 粗犷的质地。石林宾馆新餐厅建筑造型中，将石林景观的特点加以提炼，在空间处理上，以开间为单位形成进退凹凸、高低错落的外观。并借鉴当地民居的手法将二层花池挑出，配以栏板使建筑造型丰富而别致。整个建筑物既与石林风景区的环境协调，又独具特色。建筑内部装修充分吸取了当地撒尼族姑娘服饰上的色彩基调——黑、红、白，以及当地民族图案。采用地方材料，具有浓郁的民族地方特色。

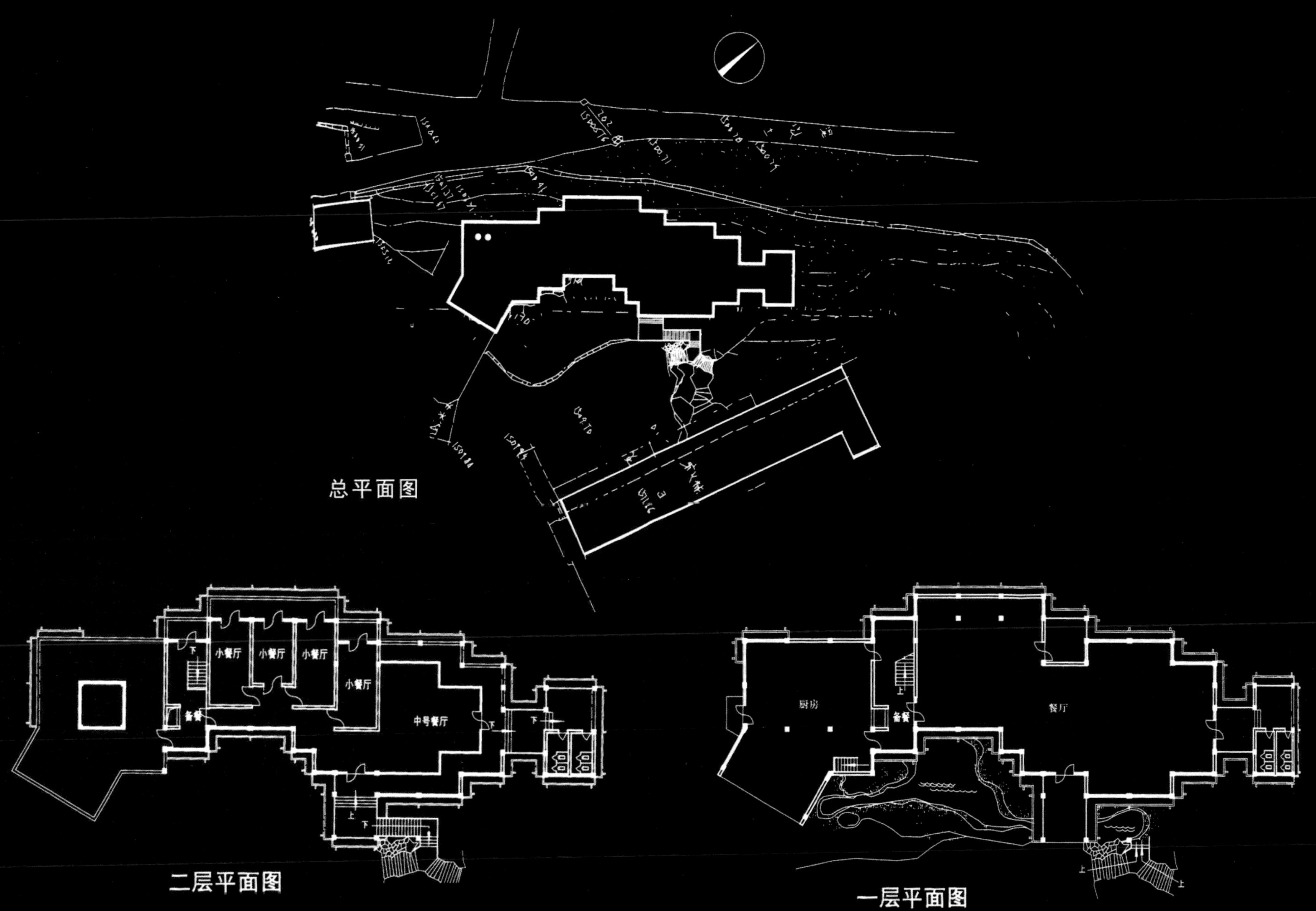

总平面图

二层平面图

一层平面图

昆明护国大厦及攀昆大厦

KUNMING HUGUO MANSION AND PANKUN MANSION

建设地点：昆明市 建设规模：建筑面积 156442M^2 （护国大厦）
建设年代：1987 年 设计团队：阮昕 赵东敏（现就职于澳大利亚 atelier s-h 设计事务所）

护国大厦（1987-1991）

昆明的护国大厦是一个全国性设计比赛的得奖作品。它是赵东敏建筑师以及阮昕教授早期合作的一个作品。它位于云南省省会昆明市的中心地段，24 层的综合体，由酒店、办公、银行和商业空间构成。在 1980 年后现代主义设计的大环境下，设计师创造了从现有城市空间到复杂形态的一个转变，这使这一标志性的高层塔楼更好地连接和有助于人们享有公共空间。设计师与当地设计院合作，在几年的时间里完成了这个项目。尽管在这期间由于大厦所有权的变更，导致了一些变化，护国大厦依然是这六百万人城市最具影响力之一的城市建筑。

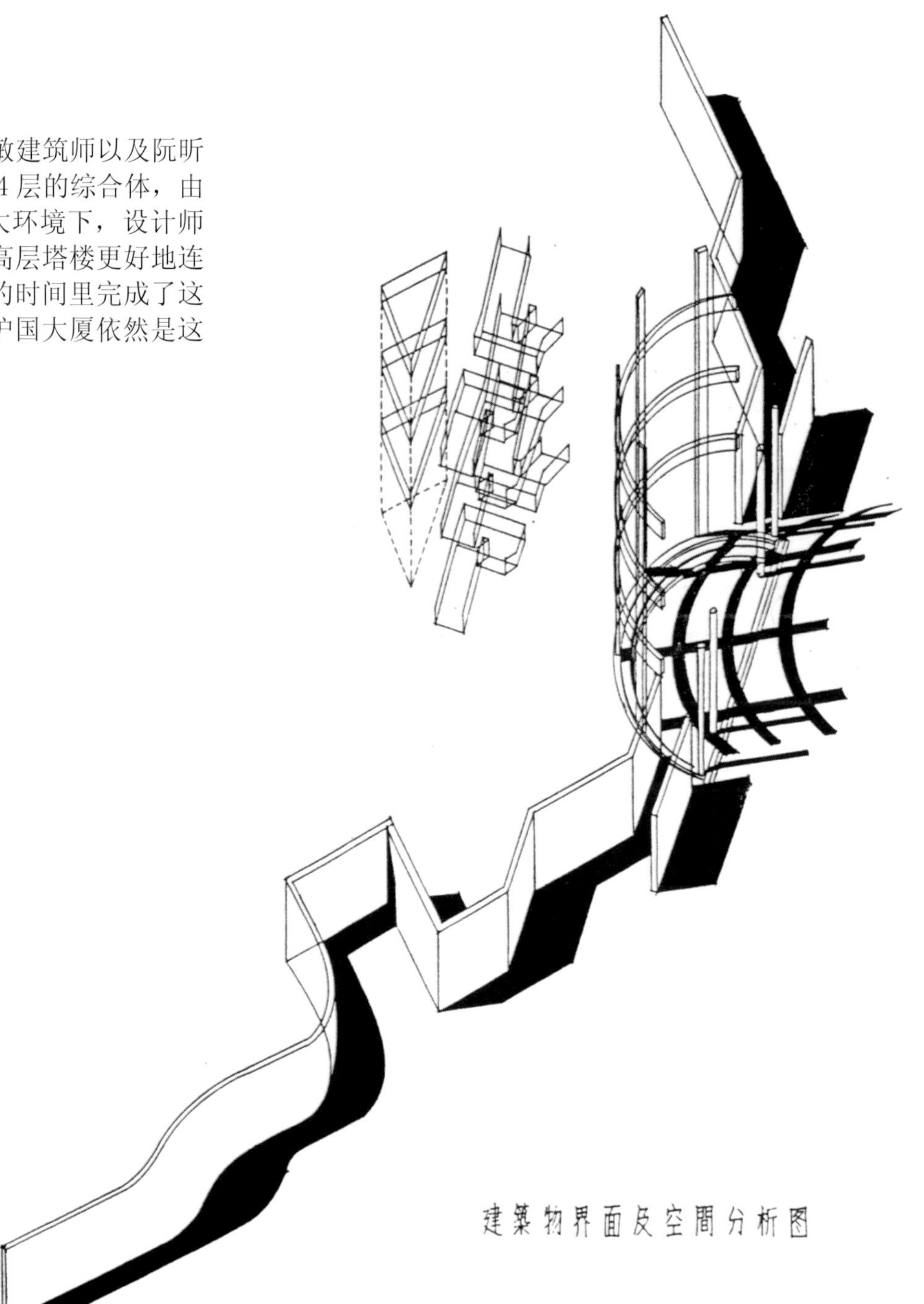

建築物界面及空間分析图

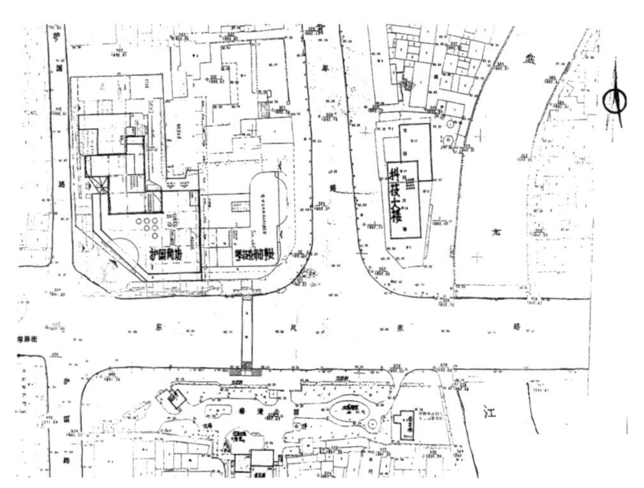

护国大厦

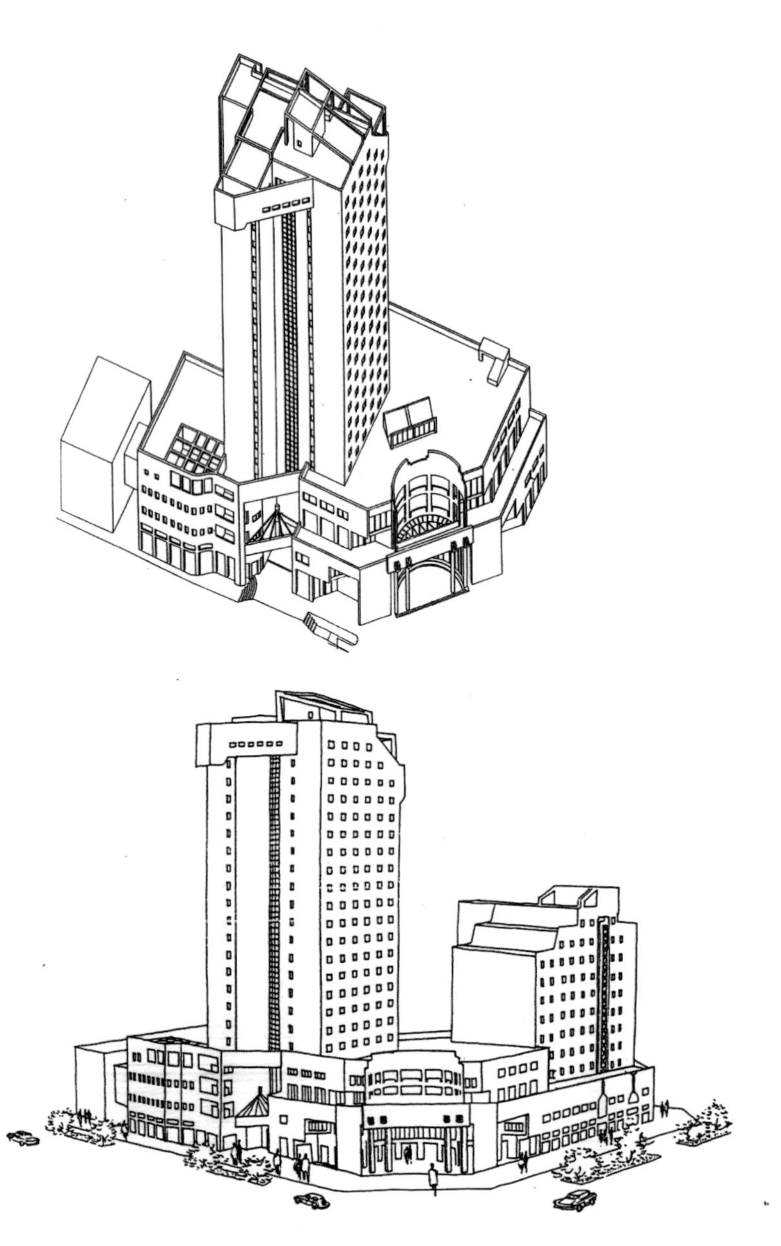

建筑群整体——设计师手稿

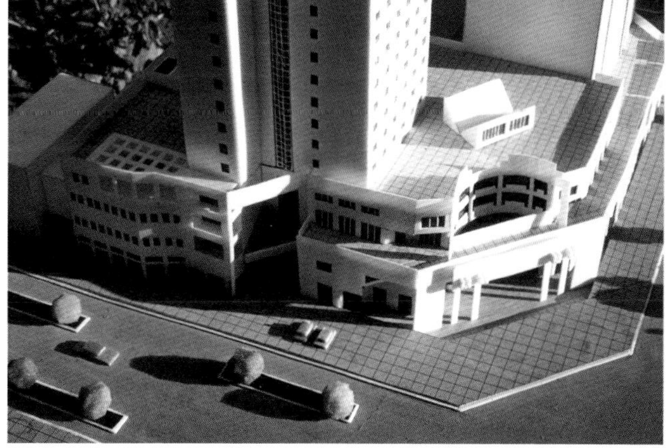

护国大厦模型

攀昆大厦

玉溪聂耳纪念馆及昆明西山聂耳墓

NIEER MEMORIAL . YUXI & NIEER GRAVE . WEST MOUNTAIN OF KUNMING

建设地点：玉溪市　建设规模：占地面积 20 亩（纪念馆）
建设年代：1986 年　设计团队：云南省城乡规划设计院

聂耳像

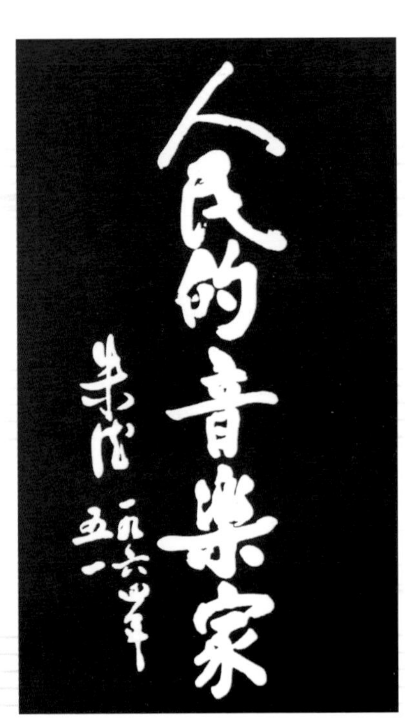

朱德题词

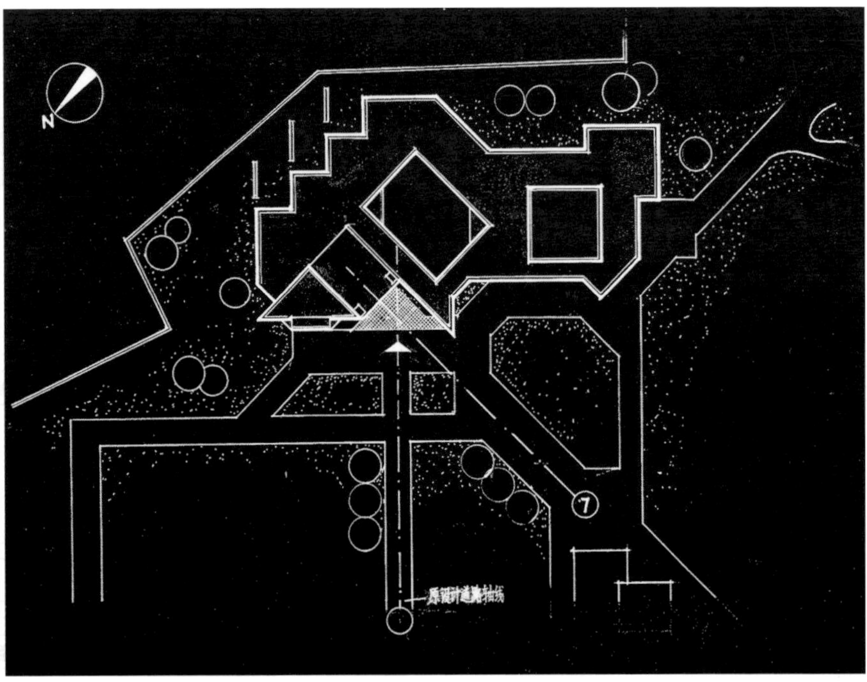
纪念馆总平面图

建于1986年的玉溪聂耳纪念馆位于玉溪城中心的聂耳公园内，以灵活的几何形体穿插、转45°方格柱网与室内展览空间、参观流线的有机结合，内庭院与外环境相互呼应，使建筑从外部形体到流动的室内空间都充满了现代感，并体现了园林化、园艺化特征。

纪念馆入口的转折尖角形成了非对称空间，起到引导人流的作用。大面实墙结合线槽、高窗及几何形体表现出强烈的雕塑感。其横竖线条对比、简洁而均衡的构图、带形窗的运用及色彩的搭配，表现出较突出的现代建筑特征，建筑创作匠意十足，堪称经典。

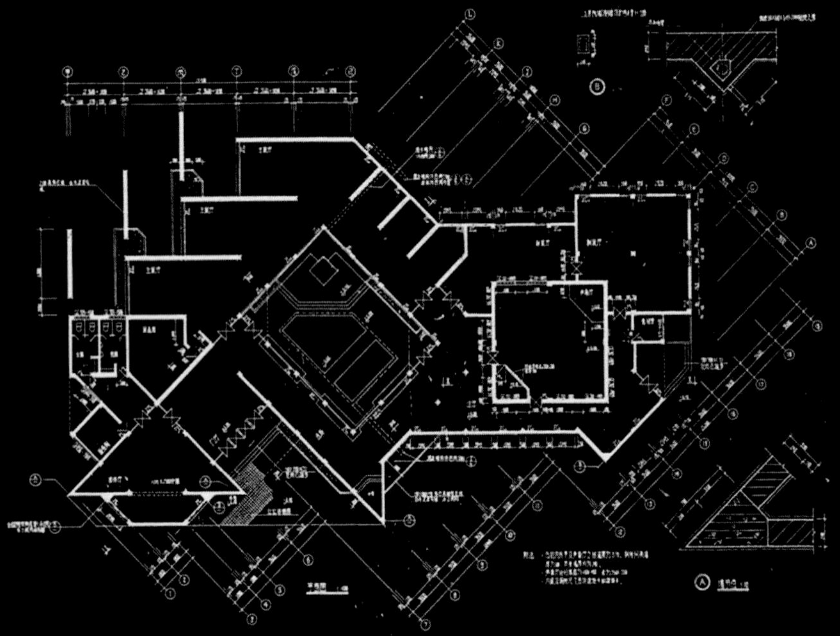

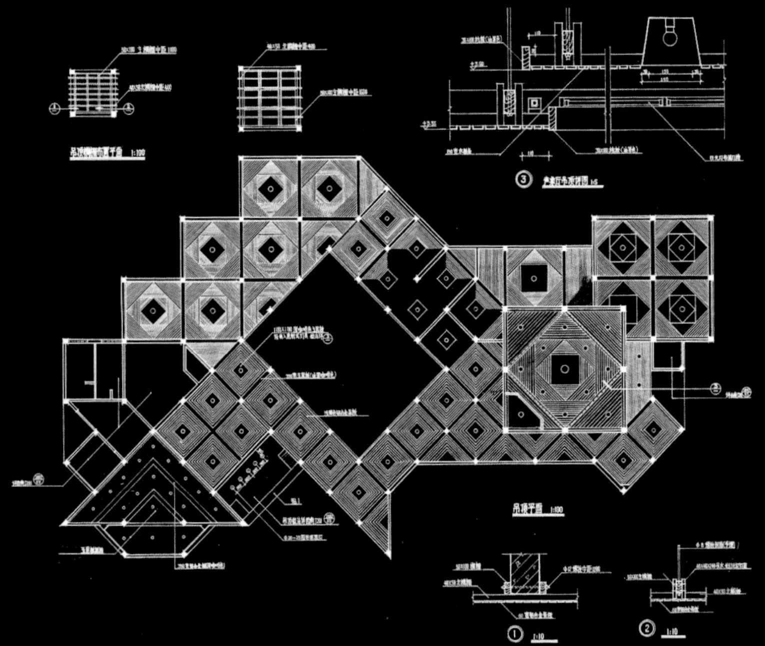

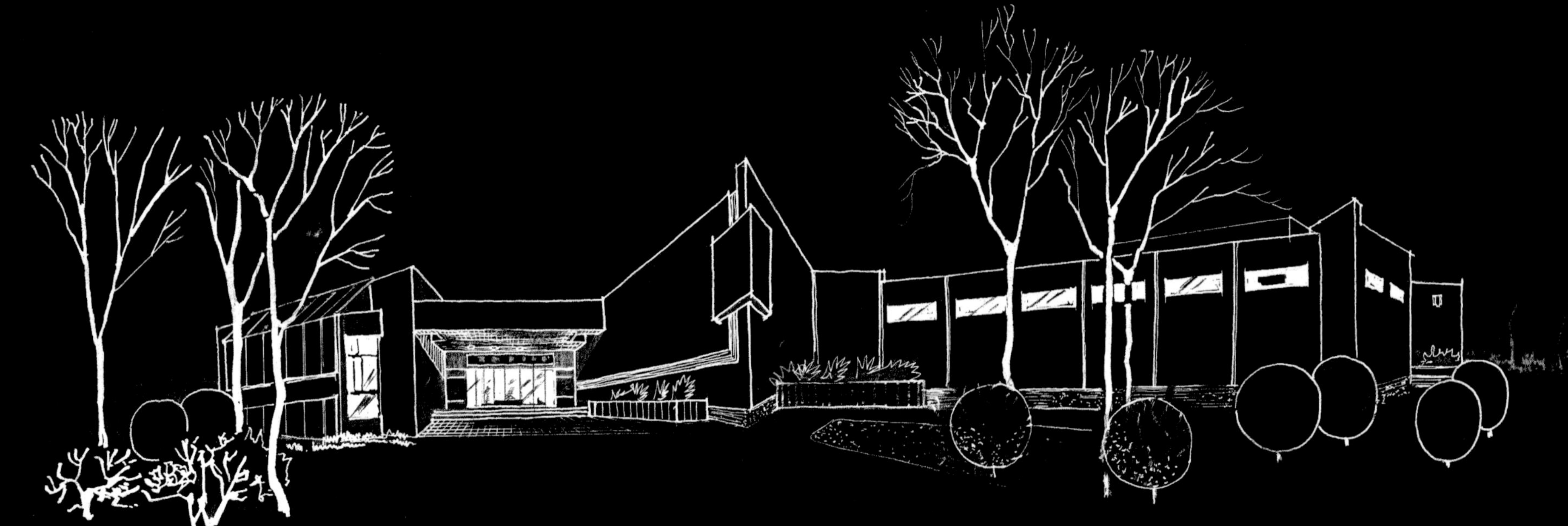

聂耳纪念馆

昆明西山聂耳墓

建设地点：昆明市　　设计师：顾奇伟

墓园主体比较方案草图

设计师手稿

在西山太华寺与三清阁之间，有一片缓坡，坡上松柏森森，人民音乐家聂耳的墓就在这片绿树丛中。墓地呈琴状，主体为琴盘，墓穴为琴颈，道上七个花台，象征着七个音阶；道上的 24 级石阶，示意着他 24 岁的生命年华。琴盘顶部，七块晶莹的墨石上，分两行横书“人民音乐家聂耳墓”。墓地设计新颖、构思精巧、既富于特点，又显得庄严大方。

人民音乐家聂耳之墓

云南教育学院综合楼

THE MAIN TEACHING BUILDING OF YUNNAN EDUCATION COLLEGE

建设地点：昆明市　建设规模：建筑面积 16000M^2
建设年代：1985 年　设计团队：云南省城乡规划设计研究院

云南教育学院综合楼坐落在昆明市一二一大街。建筑采用体块穿插的构图手法，以其横竖线条对比、简洁而均衡的构图、带形窗的运用及色彩的搭配，体现较突出的现代建筑特征。

综合楼建成后，因其功能合理，建筑造型简洁、明朗、富现代感，充分体现了综合楼的特质，而深受欢迎，成为同时期其他院校学习参观之地，是改革开放初期现代风格的代表作。

综合楼主体

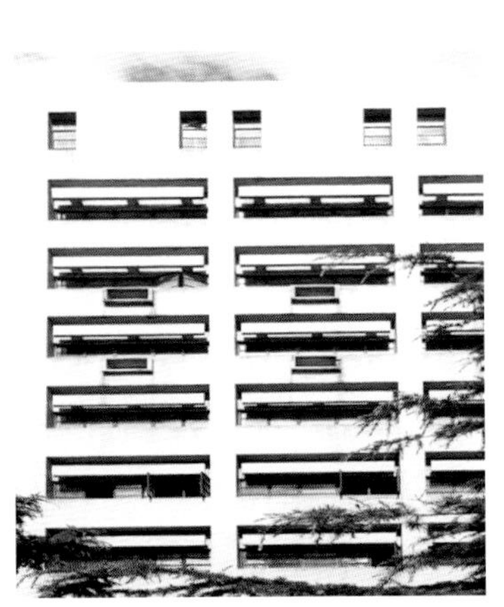

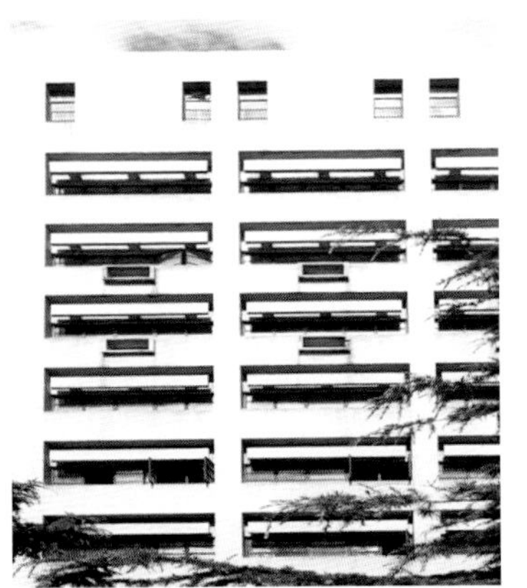

综合楼主体

主楼报告厅

昆明市工人文化宫

CULTURAL CENTER OF WORKERS. KUNMING

建设地点：昆明市　建设规模：建筑面 18673.3M^2
建设年代：1986 年 设计团队：云南省设计院

50 年代的工人文化宫

一层平面图

工人文化宫位于昆明市中心的东风广场，位置十分显要。其东面的东风东路，交通繁忙，是昆明东西方向的主干道。建筑考虑了昆明是历史文化名城的城市性质，受到历史悠久的昆明东寺西寺双塔、大理三塔的启迪，用现代技术、材料和语言，赋予其时代气息。文化宫平面为组合六角形，主楼立面有“群塔”风味，形式独特。从整体看似群塔拥立，从局部看是 2-3 个塔体，反映了地方特点，突出了建筑个性。考虑该建筑处于城市中心广场的重要地位，采取对称严谨的基本布局，主楼有明确的中轴线特征，反映了文化建筑的性格。立面处理上区别不同地位，采用不同手法。中部一个六角形的高度突出于其他六角形之上，强调中心突出，达到主次分明，层次丰富的效果。在低层部分用凸形窗打破过长的水平线条的单调呆板，增加灵活、亲切的气氛，使该建筑富有鲜明的特点、个性和地方特色。中央顶部突出部分为观赏厅，是群众活动的最高点。在此可俯览昆明全城，低层部分为多功能厅、展览、图书和小型演出厅等便于大量群众进行活动。六角形平面采光充足，而空间效果却灵活生动。

建设中的工人文化宫

建筑现状

昆明金龙饭店

JINLONG HOTEL . KUNMING

建设地点：昆明市　建设规模：建筑面积 30167.68M^2
建设年代：1988 年　设计团队：昆明市建筑设计院

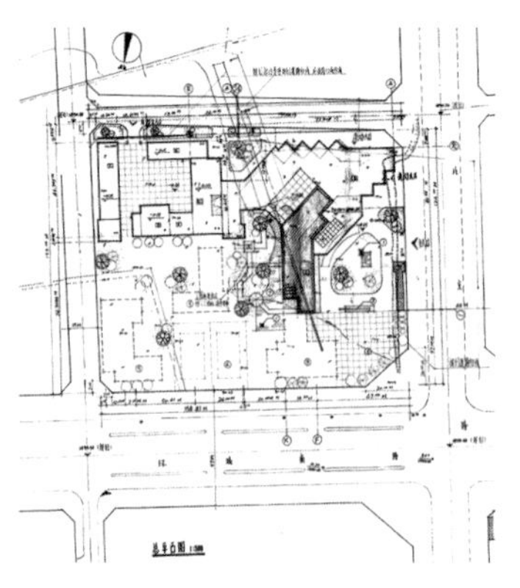

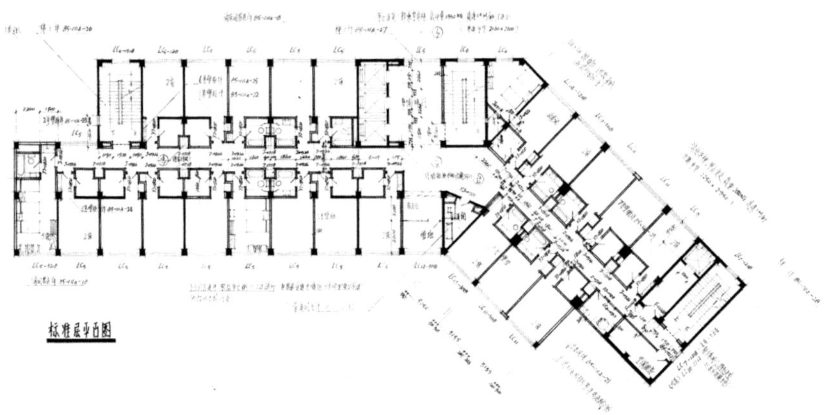

金龙饭店位于北京路及环城南路交会处之东南角，地理位置优越。饭店占地两公顷，主楼共 18 层，其中地上 17 层，地下 1 层，共有各类客房 302 间，总床位 608 床。1985 年设计，1988 年 1 月建成试营业。

饭店高层主体平面采用内走廊向前折转 45 度处理，前后块体在两端错开 2-3 开间，除了打破一般矩形平面的单调外，还增加了部分较好朝向的客房，并相应改善了内走廊两端的采光和通风。临街建筑造型均有较强的时代感。饭店根据所在道路的环境及性质，没有生硬地穿衣戴帽强加传统的符号。建筑造型简洁、干净、大方，刚劲而又舒展，体现出较强的个性和雕塑感。立面色调采用浅巧克力色与浅橘黄色错叠处理，既与相邻建筑群浅色调协调统一，又有鲜明的色调对比及强烈的识别性。为了打破一般高层板式千篇一律的造型，饭店在平面布置上除了南端向前折转外，还有意前后块体错开二个开间。在竖向构图上又将叠合体的前半部减去两层，使后半部高出两层，从而形成错落有致的既简洁又有变化的形体。

金龙饭店位于城市主要节点的建筑外观

昆明锦华大酒店（原锦华大酒店）

JINHUA HOTEL . KUNMING (THE FORMER OF JINHUA HOTEL)

建设地点：昆明市　建设规模：建筑面积 3.5 万 M^2
建设年代：20 世纪 80 年代　设计团队：云南省设计院

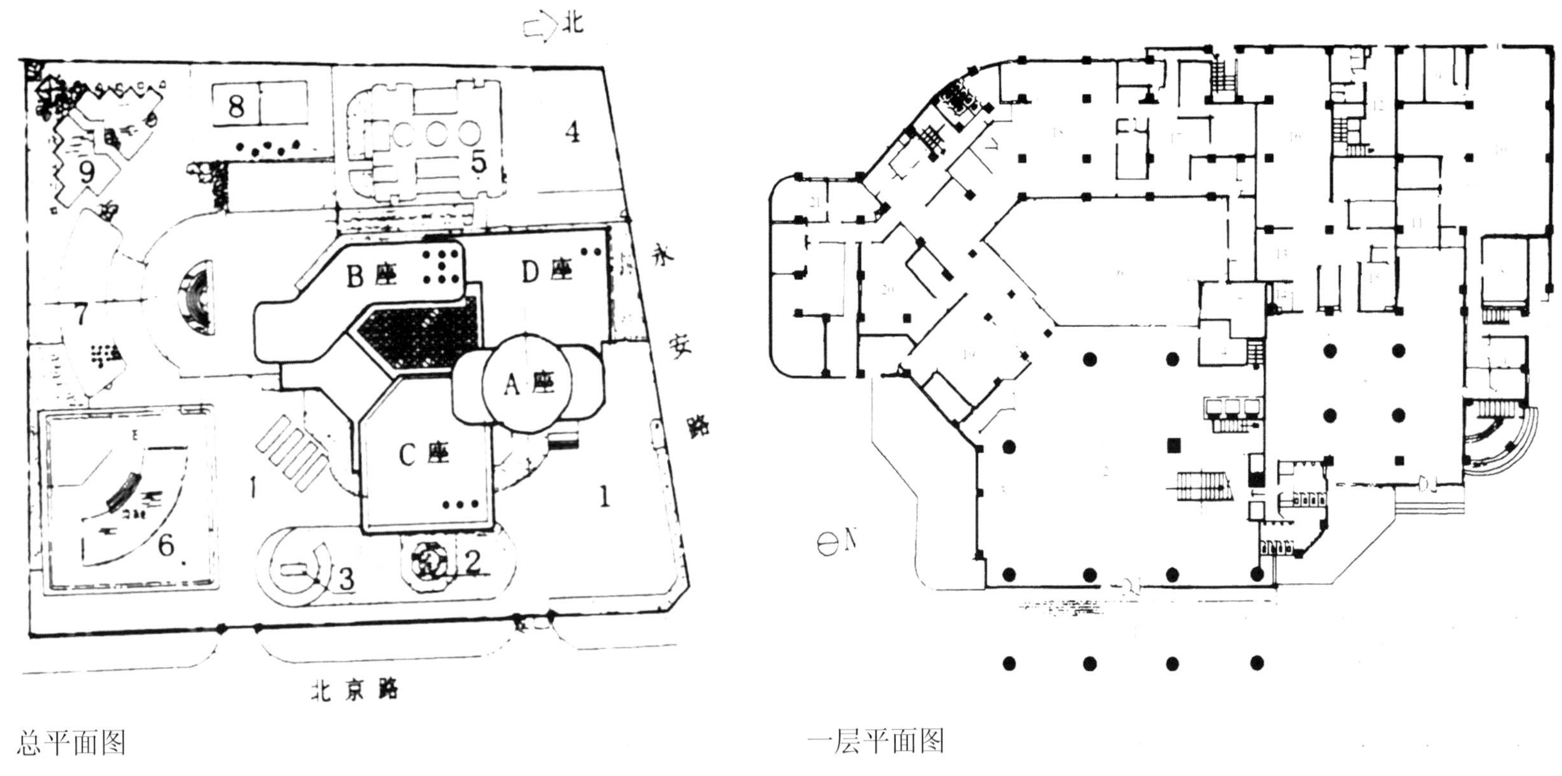

总平面图　　一层平面图

锦华大酒店位于云南省昆明市主干道北京路的南段，前院无围墙，与城市空间融为一体。大堂连接 22 层椭圆形主楼和 7 层副楼，造型独特、时代感强。大堂外实墙上有表现滇文化的浮雕。大堂内装修华丽、高雅，源于沧源崖画的壁雕，古朴苍劲，很有特色。其建筑装饰凸显艺术特色，主入口外立面三面大片实墙上，以民族文化为主题的铜月浮雕，体现了时代特征与云南民族文化的结合。其大堂室内装饰借鉴沧源崖画的大幅石质浮雕，风格古朴，气质高雅，反映出云南的传统文化及地方民族特色。主楼呈圆角矩形，副楼为“S”形，旋转餐厅为圆形，裙房大堂为“覆斗”形。形体变化较丰富。其建筑艺术造型新颖别致，整体谐调，有强烈的识别性和时代感。

室内

建成初期外观

改造后外观

改造后外观

昆明外贸大楼

THE FOREIGN TRADE BUILDING OF KUNMING

建设地点：昆明市 建设规模：建筑面积 1.8 万 M^2
建设年代：1987 年 设计团队：云南省设计院

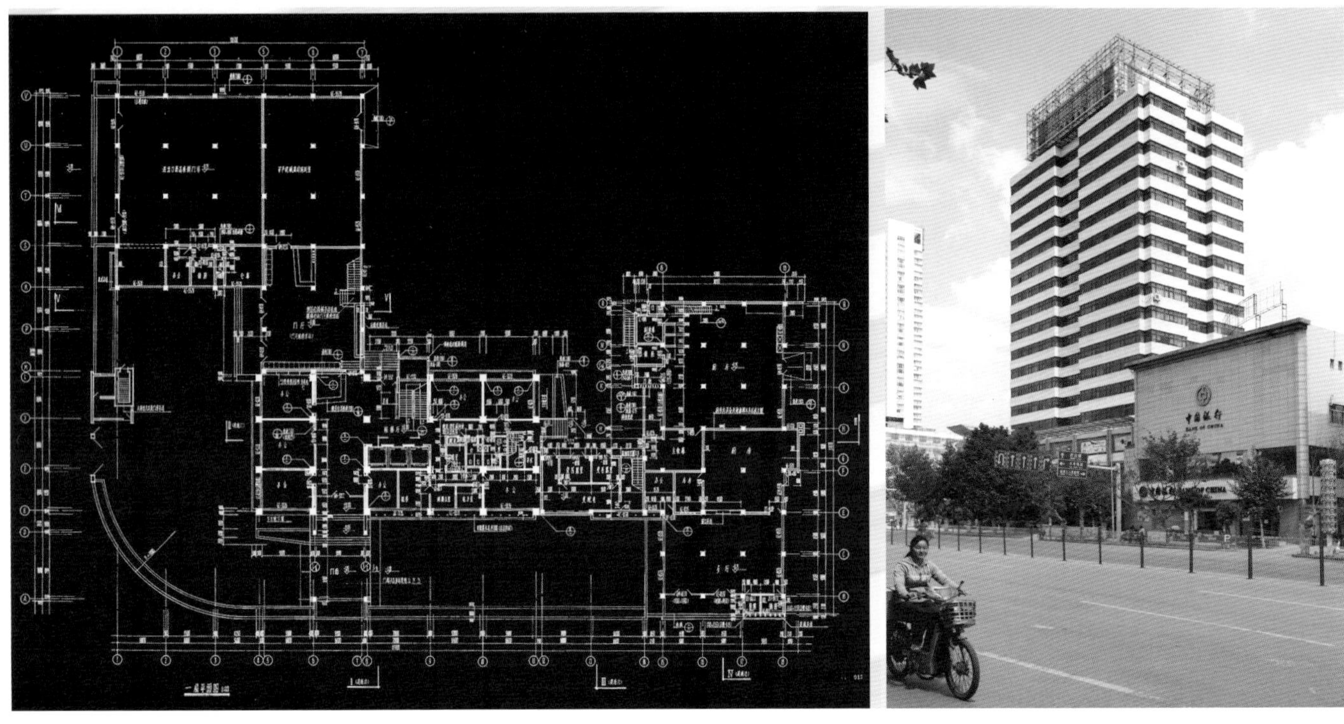

外贸大楼位于昆明北京路，为高层点式办公楼。外立面采用对称布局，框架结构外露呈列柱的处理手法使建筑有较强的韵律感。白色的柱子墙面和浅灰蓝色玻璃窗虚实对比，使建筑整体风格典雅秀丽，是 80 年代初高层建筑的佳作。

经得住时间考验的外观设计

云南形成冶金、建材、医药等专业集团

公路通车里程，1990年6.82万公里，全国第三；2000年10.96万公里。建成昆明绿色食品加工园区、文山三七工业园区、西双版纳热带花卉示范园区。斗南成为全国最大花市。黄磷产量占全国二分之一。鲁布革水电站建成；漫湾水电站一期建成；小湾水电站开工。云南有昆明、大理、丽江、建水、巍山等国家级历史文化名城；腾冲等11个省级历史文化名城；会泽娜姑集等16个历史文化名镇。1993年，西南地区首家国际商品交易昆明国际商品交易中心第一届交易会开展。1994年，建水、巍山被批准为国家历史文化名城。1999年，昆明99世界园艺博览会在昆明开幕。

1991—2000

- 泸西县阿庐古洞景区建筑
- 楚雄彝族自治州博物馆
- 云南省民族博物馆
- 昆明市博物馆
- 丽江大研古城木府
- 大理“南诏风情岛”
- 保山市博物馆
- ’99昆明世博会主要展馆
- 云南人民英雄纪念碑
- 昆明金马碧鸡坊
- 澄江古生物研究站
- 红河州体育馆
- 昆明佳华广场
- 西双版纳傣园酒店
- 昆明市新闻中心

泸西县阿庐古洞景区建筑

ALUGUDONG SCENIC ARCHITECTURE . LUXI

建设地点：泸西县 建设规模：建筑面积 2671M²
建设年代：1993 年 设计团队：云南省城乡规划设计研究院

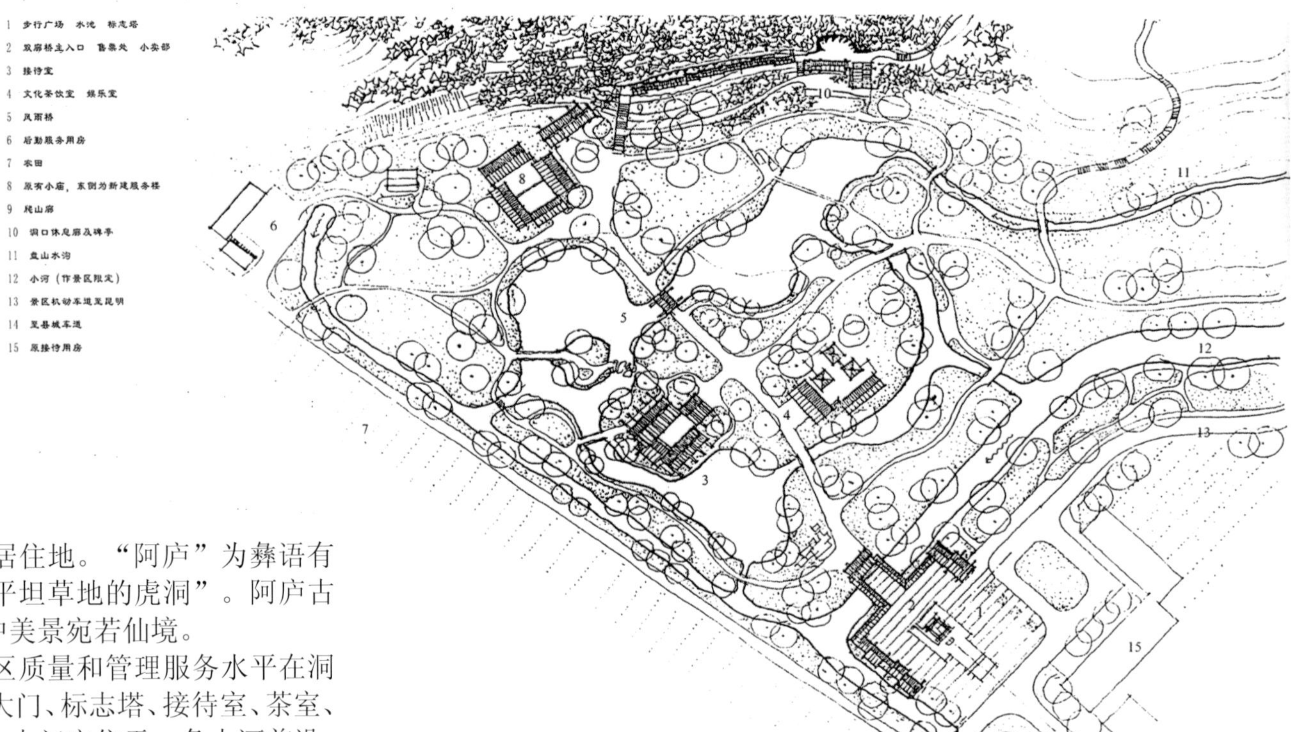

阿庐古洞位于泸西县北部彝族先民居住地。“阿庐”为彝语有山水之地，阿庐古洞彝语意为“前面有平坦草地的虎洞”。阿庐古洞是成形于约两亿年前的大型溶洞，洞中美景宛若仙境。

阿庐古洞洞前景观建筑是为提高景区质量和管理服务水平在洞外修建的旅游服务设施，包括入口广场、大门、标志塔、接待室、茶室、风雨桥、爬山廊、洞口休息廊、碑亭等设施。大门定位于一条小河前沿，将桥作为两侧，辅以空廊，使路、桥、廊、河构成一体。沿主路顺地形踏步至爬山廊，尽端至洞口前的双柱亭廊和碑亭。洞外景区密切结合地形，建筑尺度宜人，布局灵活，使建筑与环境有机共生、互为依托、互相增辉。

广场标志似坊非坊，以其高度增加识别性，以其通透减弱体量感，使其挺拔而具古韵。接待室等建筑，以“窝棚”为母题，采用屋脊交叉、坡屋顶斜撑延伸至地面，具有浓郁的民族建筑文化的特质。

阿庐古洞洞外景区建筑风格定位于彝家特色和古朴韵味，以挺拔、简洁、朴实而有力度的形态特征以求彝乡建筑特质。以建筑的始祖“窝棚”将现代之新纳入古的情理之中以求古韵。山道，由于洞口太隐蔽而局促，增设了爬山廊，增强其导向感。爬山廊设计平直，形成跌落跳跃节奏。原有狭窄的山道不予拓宽，避免破坏山体和珍贵的植被。廊均为单排柱，将横梁自由深长楔入山岩和山体“拉扯”成为一体，使其空透、稳定。小坡度的山道和爬山廊使游客鱼贯而行欣瞰乡野田园，先抑后扬进入洞内尽赏鬼斧神工。

景区大门

碑亭

碑亭

管理用房

管理用房

桥亭

景区管理中心

展览厅

廊亭

门楼

楚雄彝族自治州博物馆

YI MINORITY AUTONOMY MUSEUM . CHUXIONG

建设地点：楚雄市　建设规模：建筑面积 1.12 万 M^2
建设年代：1995 年　设计团队：云南省设计院

楚雄州博物馆于1993年6月破土兴建，1995年7月建成开馆，位于州府鹿城南路472号。其建筑充分利用坡地高差，依山布局，将彝族民居建筑特色与现代建筑风格相融合。既突出了浓郁的地方民族特色，又体现出现代建筑的宏伟气势，是楚雄市标志性建筑之一。

楚雄是彝族的发祥地和主要聚居区之一，有着久远的文化积淀。彝族为古羌戎后裔，在其民居的建设中，从与生活息息相关的劳作中取得灵感，将水牛角、黄牛蹄、羊头加以简化，提炼形成垂柱拱架，悬挂在屋檐四边。其间用檐板相连，板上雕刻虎头，并用葫芦、星月等图案装饰梁柱。居山顶而建的博物馆主楼，采用院落式层层递进的空间形式，四角镂空的人屋顶颇有殿堂风韵。具有彝族文化特色的屋檐、门枋、窗套、拱架和牛角吊耳造型独特，体现了建筑的民族性、地域性与时代性的结合。

黑、红、黄是彝族人民最喜爱的三种色彩，黑色刚韧、吉祥，象征铁文化；红色热烈、奔放，象征着彝族崇敬的火文化；黄色善良、友谊，象征着彝族人民金子般宝贵的品德。用这三种色彩构成的具有彝族文化的各种图案，使建筑具有浓郁的民族文化特色。

主展厅

鸟瞰

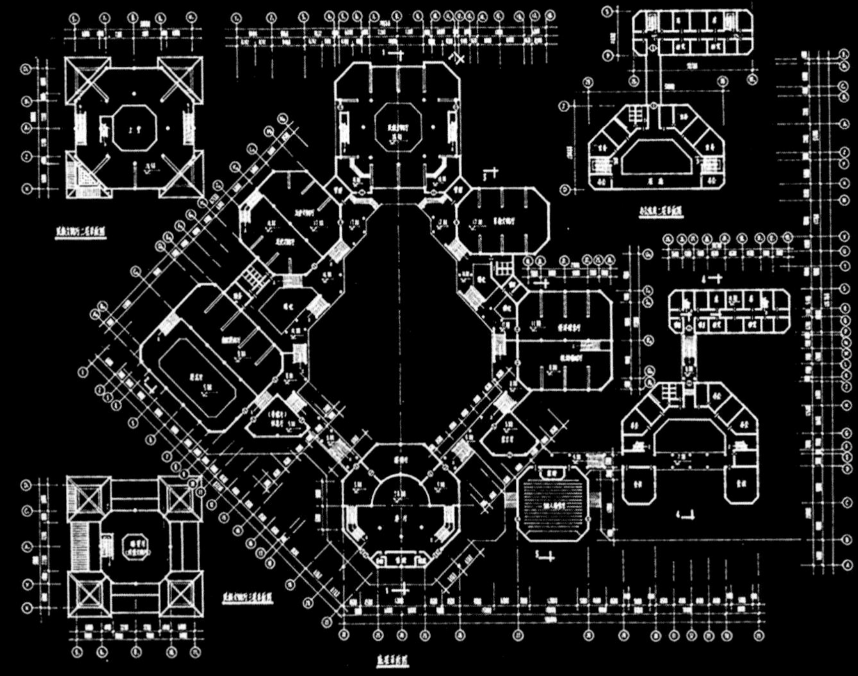

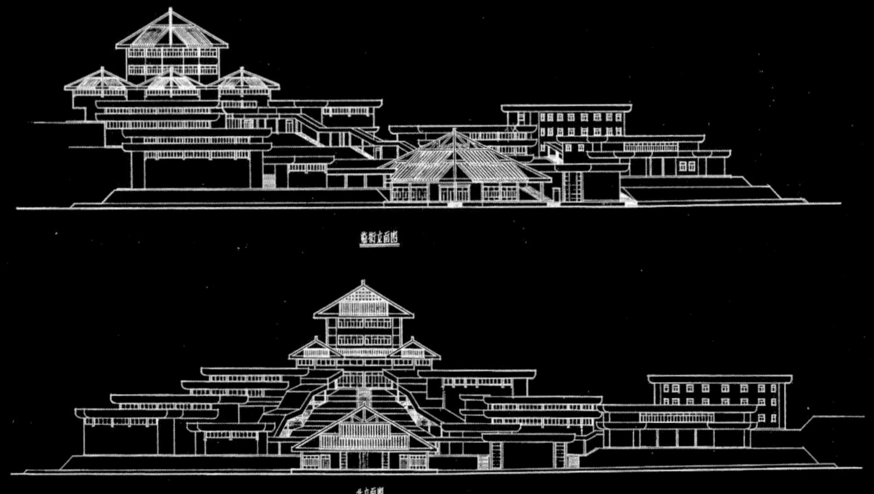

主体建筑外观

装饰设计效果

特色展厅

云南省民族博物馆

YUNNAN PROVINCIAL MINORITY MUSEUM

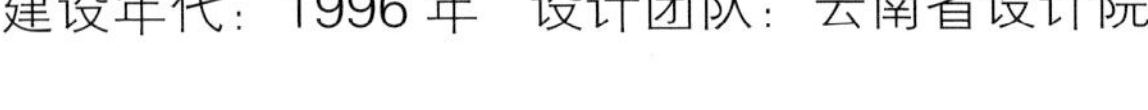

建设地点：昆明市　建设规模：建筑面积 60000M^2

建设年代：1996 年　设计团队：云南省设计院

门柱

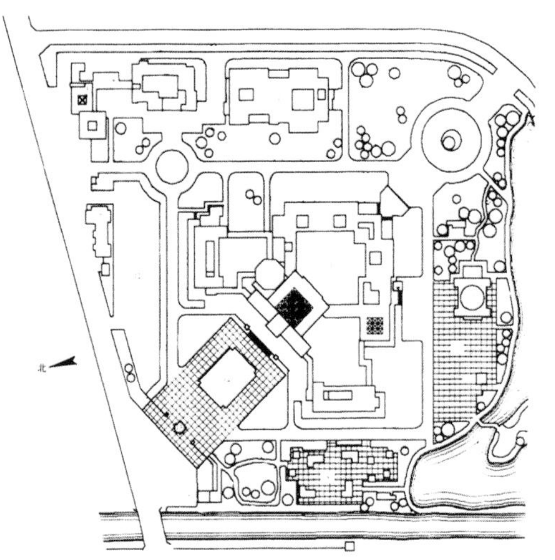

总平面图

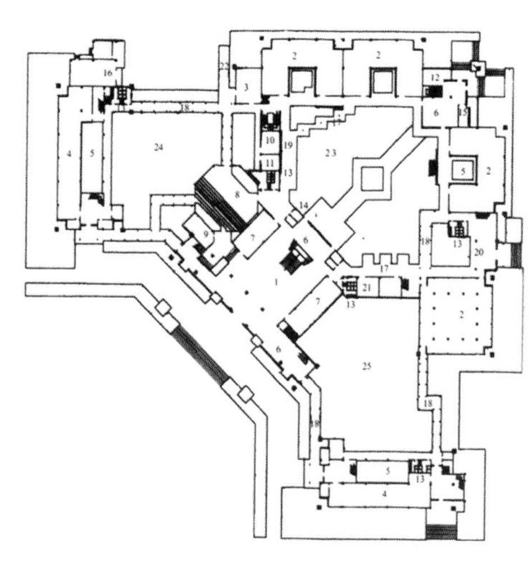

一层平面图

云南省民族博物馆位于昆明海埂云南民族村旁。场馆占地面积 13 万平方米，建筑面积 6 万平方米。分为展示区、收藏区和科研办公区。馆内有 16 个展室，展出面积达 6000 平方米。还配有设备齐全的报告厅、会议室、接待室等，是中国规模最大的民族博物馆。

博物馆采用分散的庭院式布局，以结合风景区的自然环境，创造优美的外部空间。展览馆沿主轴线同绕中央庭院布置主馆，两侧布置东、西庭院及附馆，其间以联系廊连接。使建筑分为相对独立又相互联系的 3 个部分，便于使用。主馆除了中央庭院之外，展厅借鉴云南民居的“三坊一照壁”、“一颗印”的布局，采用“凹”字形平面，三面展厅同绕一个半开敞式的采光天井。天井的底层向中央庭院敞开，可供观众休息。二层设一“照壁”与走道隔开。“照壁”起反射光线的作用，使光线漫射至室内。展览馆按顺时针主方向从左到右布置展览游线。每个展厅相对独立，但整个展线是连续的，避免了走回头路。观众从一个展厅到另一个展厅时，可通过中央庭院观赏自然景色，消除视觉疲劳。“凹”字形的展厅利用天井采光，故展厅的外墙可不设采光窗，只在展厅的转角处设置垂直的角窗，便于布置展板及解决眩光问题。在建筑外形上形成大面积的实墙，虚实对比，体现了博物馆建筑的特点。主馆及附馆的屋顶局部采用云南少数民族古建筑中的长脊短檐屋顶，主馆的正中采用具有古代滇文化内涵的“吞口”铜质雕饰。大门两侧置铜鼓，上有铜牛孔雀圆雕。建筑的转角及屋顶的轮廓采用中国传统建筑的木构架穿斗的造型，体现了建筑的民族性、地方性与时代性的结合。

与自然对话
Rendezvous with Nature
与自然对话
Rendezvous with Nature

博物馆前广场

室内及庭院

建筑主入口

昆明市博物馆

KUNMING MUSEUM

建设地点：昆明市　建设规模：建筑面积 7140M²
建设年代：1994 年　设计团队：云南省城乡规划设计研究院

设计模型

方案效果图

国家级文物
——大理国经幢

昆明市博物馆是集文物展览、收藏和遗址公园为一体的博览建筑，建于原古幢公园内，总用地面积 2.25 万平方米。古幢为唐代经幢，是国家一级保护文物。

博物馆的总平面布置以古幢为中心，建碑亭式的主体建筑。前有柱廊、水池、大门等构成中轴线。轴线的东侧布置进厅及展览馆，轴线的西侧是预留的发展用地，布置连廊及辅助用房。

古幢展厅为半开敞式的碑亭建筑。古幢原有位置不能移动，即为碑亭的中心，四周设参观回廊。回廊以内为高差 1m 左右的下沉式展厅，这种展厅使观众有较好的参观视角，使文物与观众有适当的距离，又突出了文物的位置。古幢展厅为单层建筑，空间高 2 层，采用柱廊围绕透空的半开敞式，保持了古幢原有的温度、湿度环境，不受风雨日晒的侵蚀。古幢展厅以粗犷的麻黄石饰面，取其出土之意和体现古朴风格。进厅以东的展厅为中央设天井的四合院布局，四合院的东侧为文物库房及管理用房，高三层，其余均为二层的展厅。展厅顶层斜屋顶与平屋顶的结合处设天窗，外墙设凸窗，以避免阳光直射。

博物馆建筑采用传统与现代相结合的处理手法。古幢展厅的覆斗式屋顶，第二层展厅悬挑的凸窗，文物库房的半坡斜屋顶与平屋顶的结合以及外墙的红砂石饰面等等，力求体现唐宋传统建筑风格与云南民族、地方建筑特色和博物馆建筑的文化品位，体现了传统和现代的结合，时代性、民族性和地方性相结合的特点。

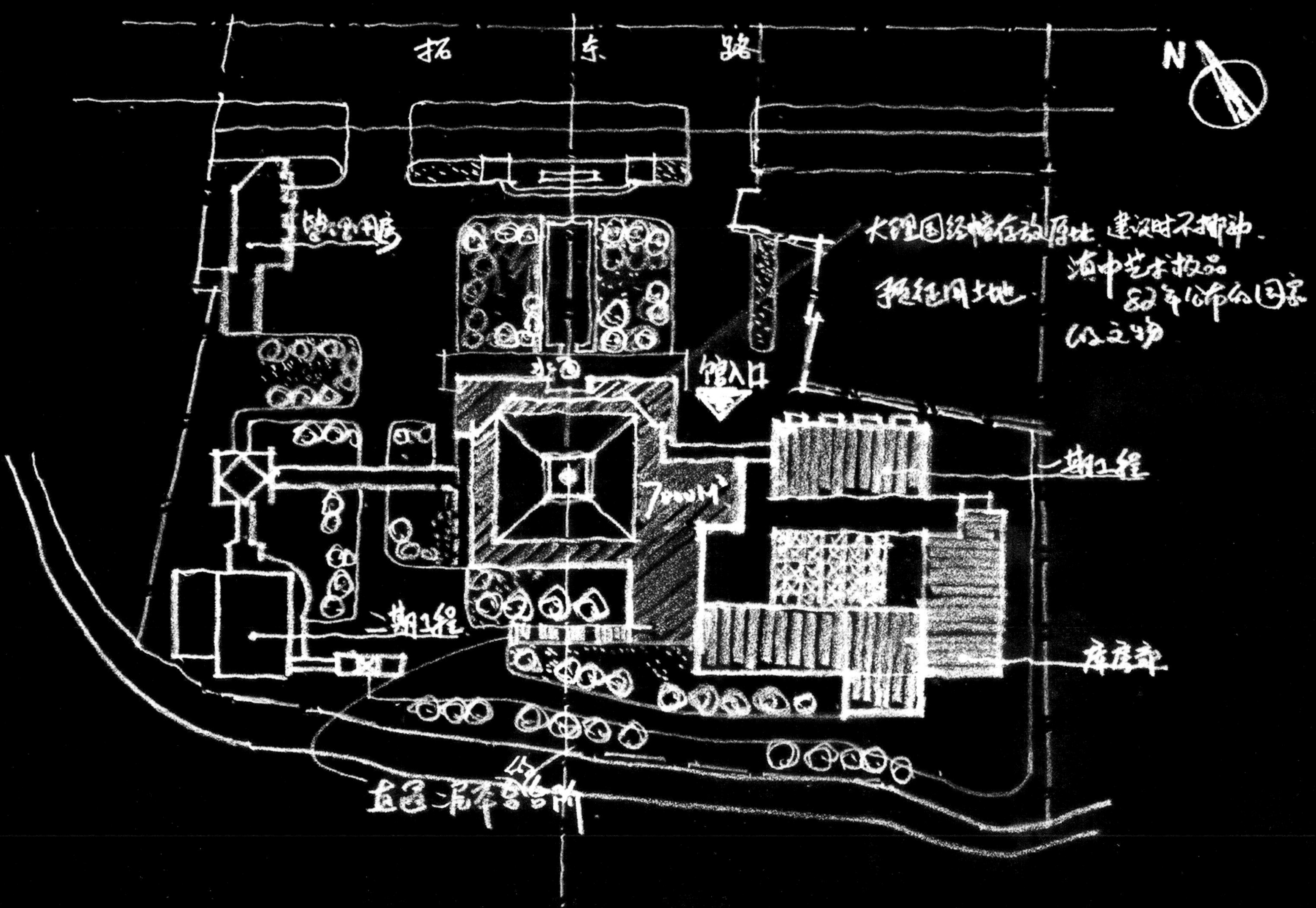

张辉手稿

建筑室内外效果

鸟瞰博物馆

丽江大研古城木府

MU'S RESIDENCE OF DAYAN ANCIENT TOWN . LIJIANG

建设地点：丽江市　建设规模：建筑面积 6445.6M^2
建设年代：1999 年　设计团队：云南省城乡规划设计研究院

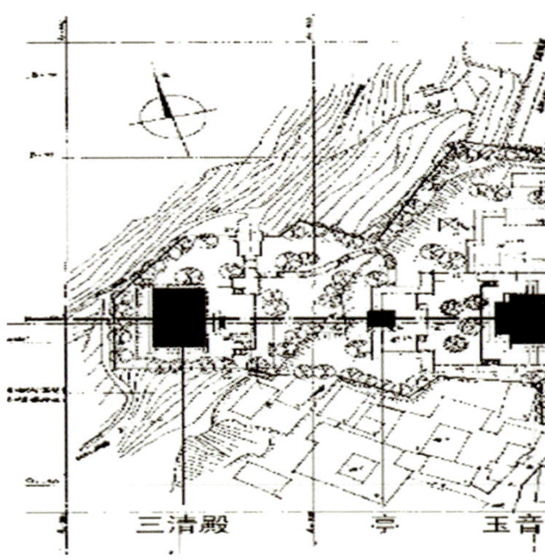

丽江木府始建于元代，鼎盛于明洪武年间，毁于清咸丰年间。丽江木氏土司衙门位于丽江大研古城的西南角，鼎盛时木府占地一百多亩，有近百座建筑，是古镇的心脏所在，1996 年大地震后进行重建。木府建筑群的布局传承了中国古建筑的传统衙署形制，在主轴线上依次布置：照壁、金水桥、忠义石坊、仪门、正殿、光碧楼、玉音阁、三清殿。木府分前后两院，前院主要为土司衙门的议事、接见、读书、理事之场所；后院为休憩、活动、礼乐之场所。木府建筑群外观庄重、雄伟、素雅，在明代中原建筑风格的基础上，融入了纳西族、白族等各种工艺风格，展现了纳西人民广采博纳多元文化的开放精神。

顾奇伟手稿

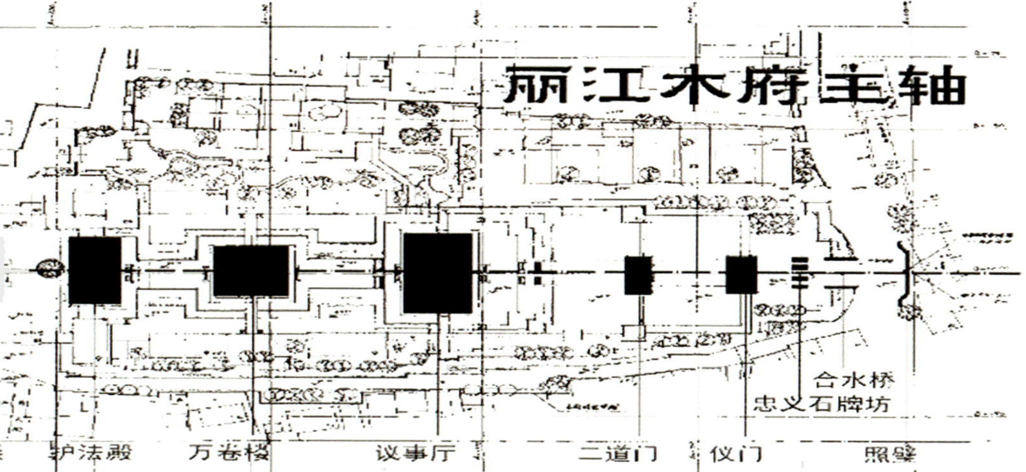
丽江木府主轴
合水桥
忠义石牌坊
护法殿
万卷楼
议事厅
二道门
仪门
照壁

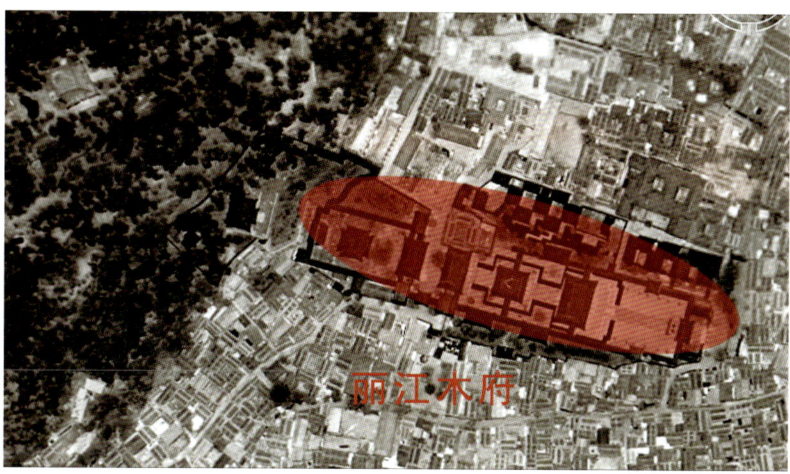
丽江木府

宫室之
麗擬於
王者

忠義

護法殿

議事廳
誠心報國

木府

天威咫尺

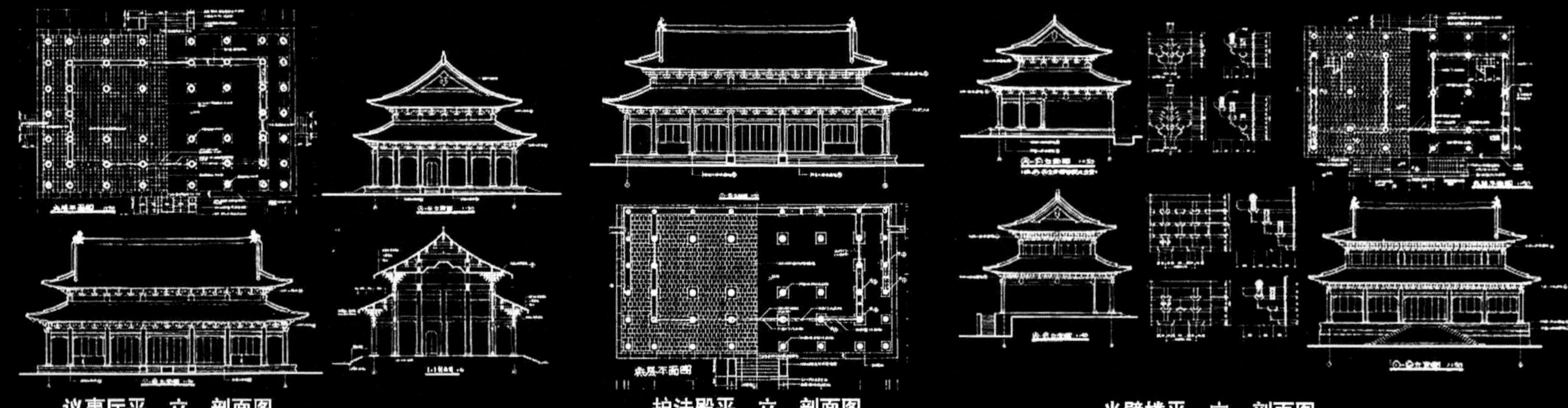

议事厅平、立、剖面图　　护法殿平、立、剖面图　　光壁楼平、立、剖面图

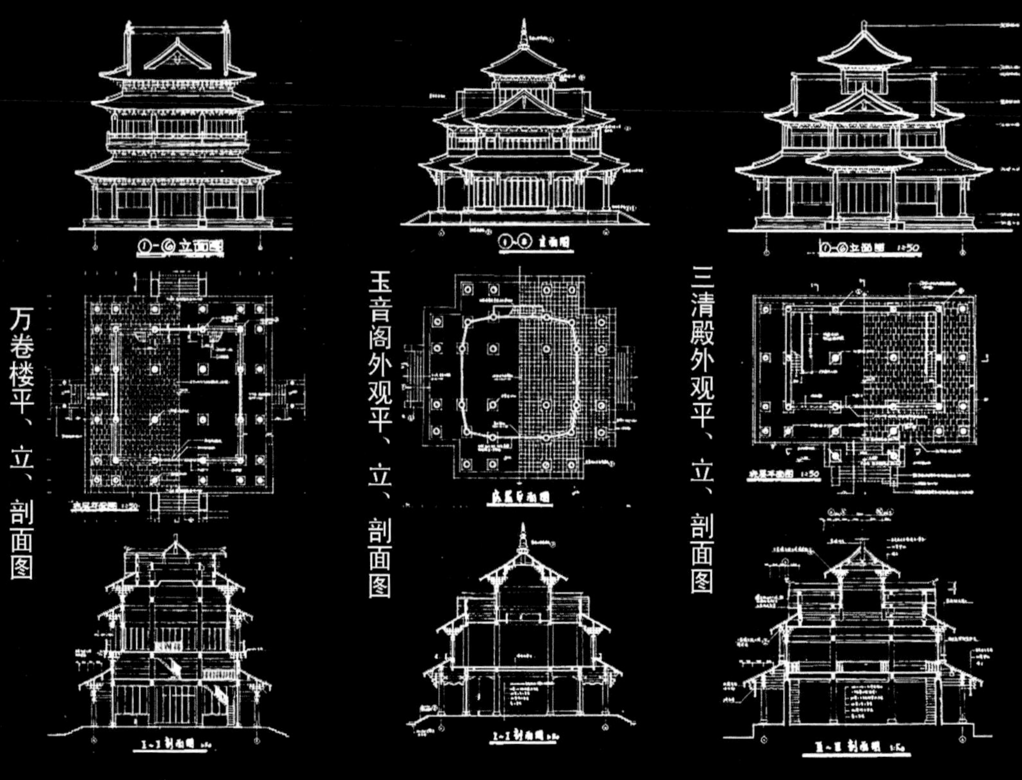

万卷楼平、立、剖面图　　玉音阁外观平、立、剖面图　　三清殿外观平、立、剖面图

大理“南诏风情岛”

NANZHAO FENGQING ISLAND . DALI

建设地点：大理市　　建设规模：建筑面积 9200M^2
建设年代：1999 年　设计团队：云南省城乡规划设计研究院

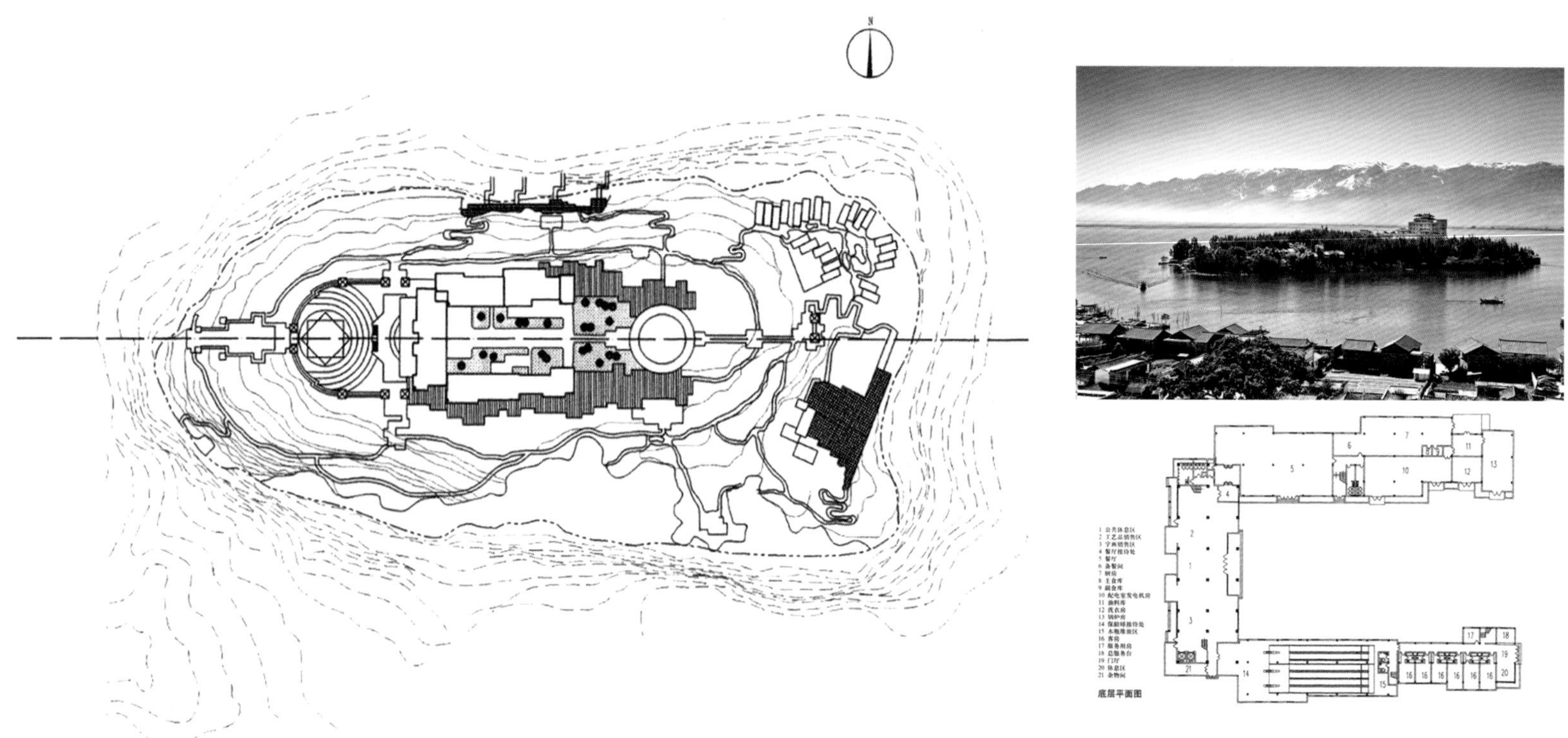
底层平面图

大理“南诏风情岛”是 1999 年落成的一个新的旅游景点。该岛是大理洱海三岛此前唯一未开发的岛屿，环境幽静雅致，西望苍山洱海，东临渔村——双廊乡，具有得天独厚的自然环境优势。阿嵯耶观音在众多神像中，是最具有南诏、大理特色的神像。整个“南诏风情岛”分为六个区域，由水陆交通人流集散区、人文景观区、自然风景区、自然村落观赏区、游客中心和服务设施区组成。行宫（酒店）地处全岛的中心位置，汉式行宫的大屋顶造型，突出了南诏文化与中原建筑文化的相互交流。白色外墙和厚重的收放墙脚、“四合五天井”的建筑布局，建筑立面以大理“南诏文化”及“本主”文化贯穿始终。借鉴吐蕃时期传统行宫的做法，夯土为台。主楼五层，副楼二层，立面造型高低错落，出挑和退台相结合，配以烽火台、剑窗、斜墙造型，使建筑彰显出皇家城堡的独特与庄严。

孤岛景致

风情之岛

阿嵯耶观音在众多神像中，是最具有南诏、大理特色的神像

牌坊

城堡领地

保山市博物馆

BAOSHAN MUSEUM

建设地点：保山市　建设规模：建筑面积 3224M²
建设年代：1999 年　设计团队：云南省城乡规划设计研究院　保山科丹建筑设计有限公司

保山“三馆”位于保山市区南端，由（博物馆、图书馆、文化馆）广场和永昌文化园组成，是保山中心城市内标志性的公益文化设施。1999 年 2 月 1 日破土动工，建成于 1999 年 10 月。“三馆”建筑风格独特，依次排开，形成一个“品”字形的建筑群落。博物馆坐落中央，图书馆、文化馆分立两旁。博物馆整座建筑通高 19.6 米，最大直径 56.6 米。馆舍内部分上下两层，中间部分为圆形大厅，上有网架玻璃顶以供采光。大厅外侧为连结上下层的环形楼梯，再外侧即为房舍及门道。

博物馆建筑造型仿中国古代云南铜鼓造型，外立面以反映保山历史文化为题材的“九龙传说”、“永昌象耕”、“强渡怒江”等的大型浮雕为装饰。

铜鼓造型主体

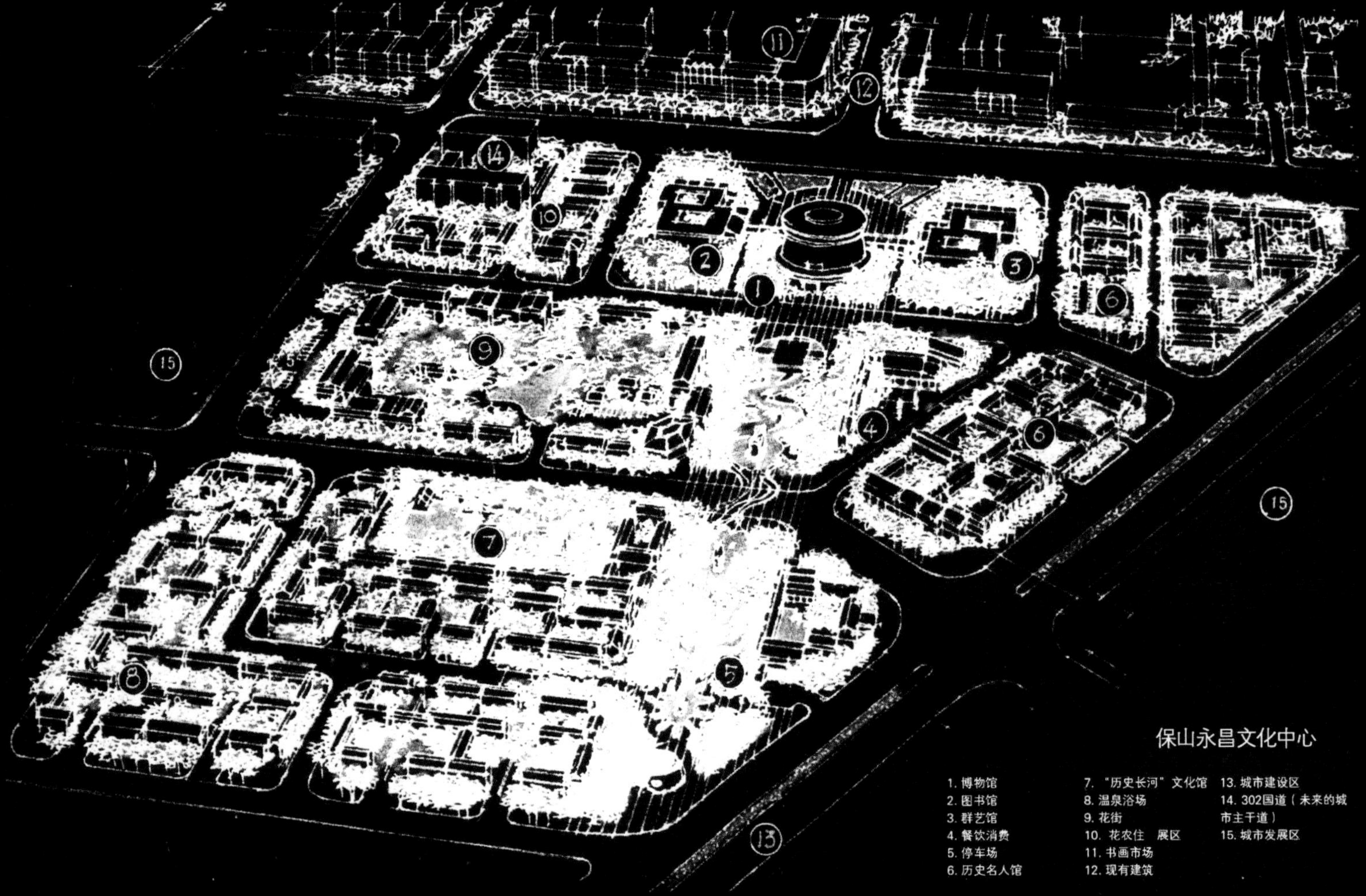

保山永昌文化中心

1. 博物馆
2. 图书馆
3. 群艺馆
4. 餐饮消费
5. 停车场
6. 历史名人馆
7. “历史长河”文化馆
8. 温泉浴场
9. 花街
10. 花农住　展区
11. 书画市场
12. 现有建筑
13. 城市建设区
14. 302国道（未来的城市主干道）
15. 城市发展区

永昌文化中心方案草图

底层平面及剖面

1. 门厅
2. 休息
3. 展示
4. 管理

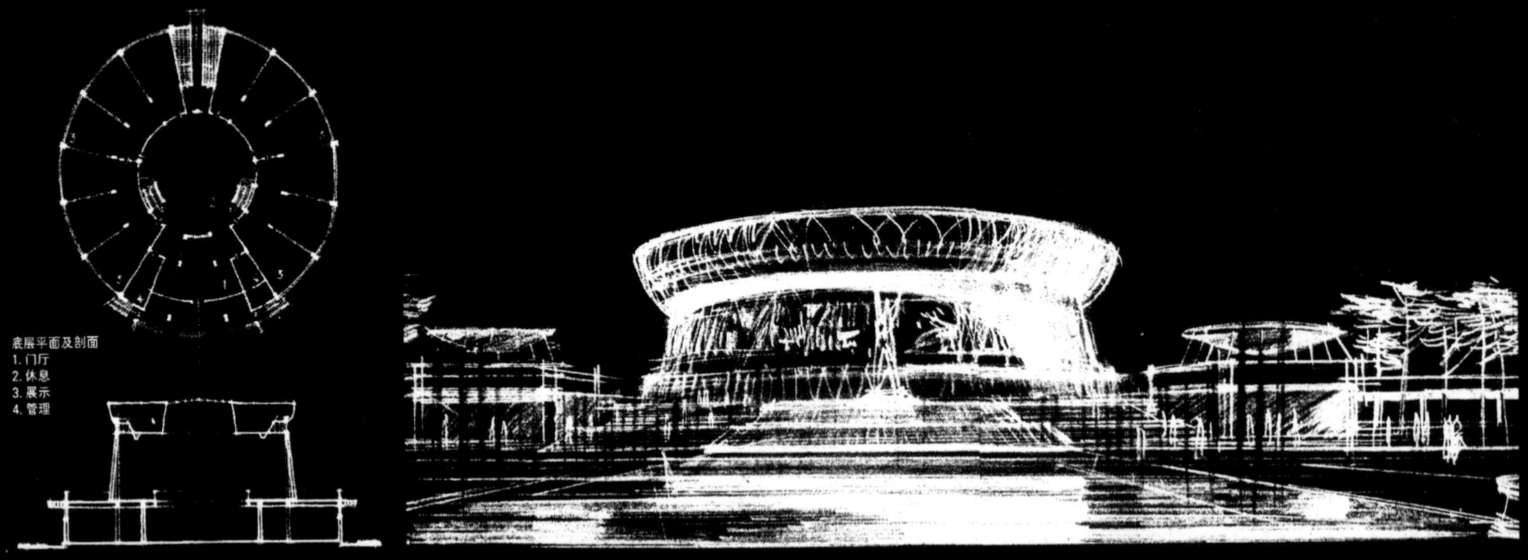

’99 昆明世博会主要展馆

KUNMING ’99 WORLD EXPOISTION ARCHITECTURE

建设地点：昆明市　建设规模：占地面积 19927M^2（中国馆）
建设年代：1999 年　设计团队：云南省设计院（中国馆）云南省城乡规划设计院 昆明建筑设计院 昆明冶金设计院

中国馆是’99 世博会最大的室内展馆，它与人与自然馆、大温室主广场（新世纪广场）构成世博会主场馆区。中国馆处于广场北面较高地势，比中心广场高 9 米，正对中心广场。设有供开幕、闭幕和开展会期活动使用的观礼台。中国馆建筑布局采用中国传统园林手法，形成院落式建筑群体，通廊将各功能展厅有机组合在一起。整个建筑共分 2 层，建筑物顶部高 18 米。基本单元平面为 24×24 米，共 7 个。

中国馆借鉴中国建筑传统手法，建筑群各单元均为盝顶，以构架斜脊延伸，挑檐起翘，形成类似传统庑殿建筑的轮廓，又有所创新，具有现代感。细部处理也吸取了传统建筑梁柱穿插手法。采用了简化斗拱，并以华表、石狮、景门、照壁等传统建筑小品丰富环境，使整个建筑既显现出鲜明的中国气派，又富有时代精神。

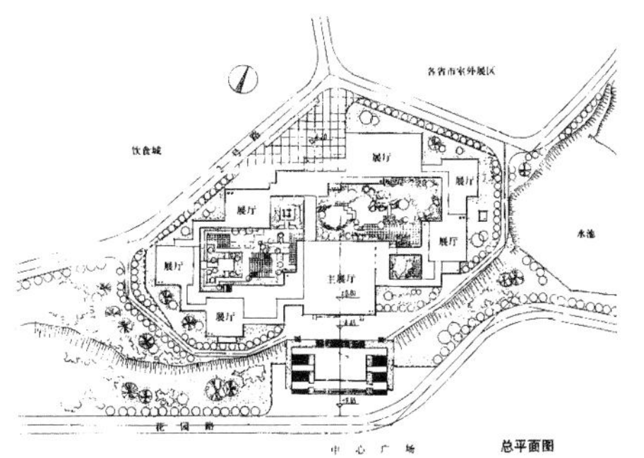

中国馆

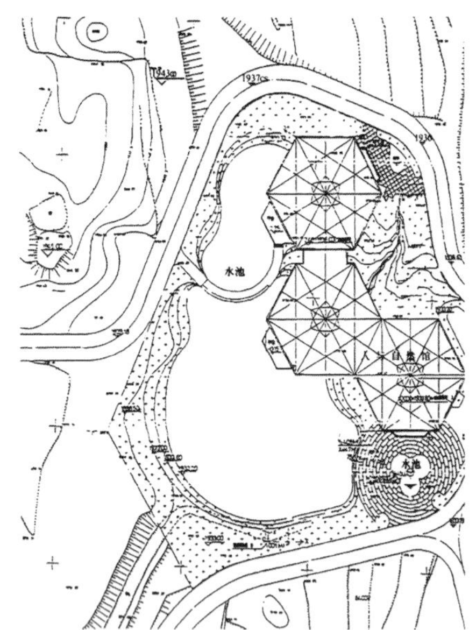

人与自然馆

人与自然馆建筑构思源自植物三叶草六片叶的形态，建筑为三个边长为 24 米的正六边形，依地形高差错落组合，充分满足展示内容对空间、流线的要求，形成灵活可变、连续有序的使用空间。多个三叶草的“U”形叶片的落地大斜坡屋面，使人与自然馆个性鲜明、形式新颖，充分体现了人与自然和谐的主题。

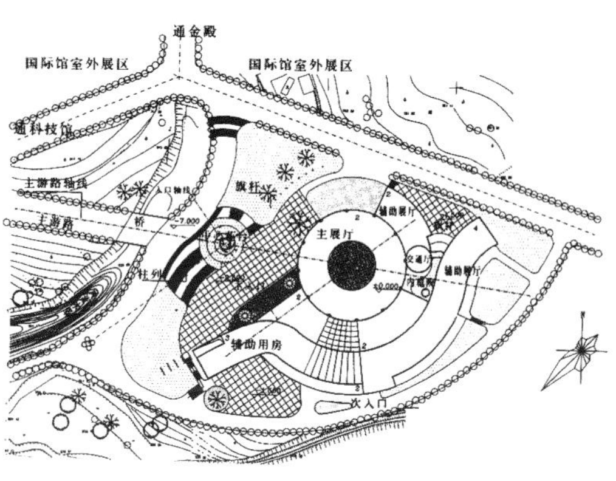

总平面图

国际馆

国际馆位于世博园展示线的尾部，用地起伏为园区大型场馆之一，该建筑充分利用地形高差，依山就势的布置着功能空间，形成从主入口广场依次而上的各展示空间，并围绕中庭呈弧线布局，流线明确，导向流程清晰。室内外庭园交融，使建筑与自然穿插共生、相互交融。

科技馆

科技馆是世博会五个主要展馆之一，建筑以简洁的几何形体言简意赅地表达其科技特征，建筑外部采用全金属材料，并结合几何造型反映现代科技的“高、精、尖”特点。科技馆结合地形，将内设环幕影院的球置于馆前，突出其球体造型，隐喻人类发展至今在各个领域所取得的“果实”。将当层主展厅置于后部并水平展开，隐喻“地平线”，暗示着人类发展的里程中人与自然的共生关系。

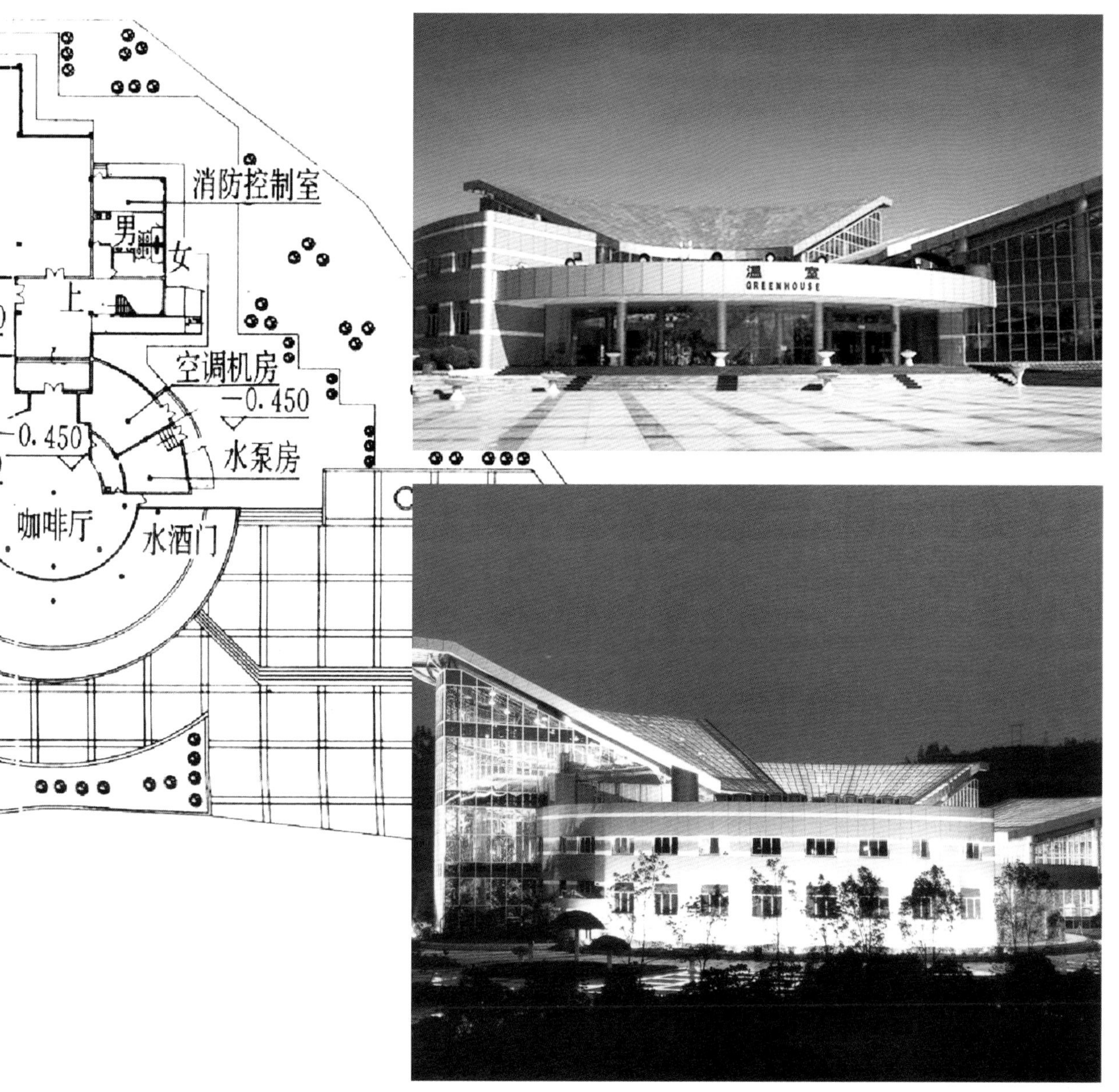

大温室

奇花异石园

世博园大门

售票房

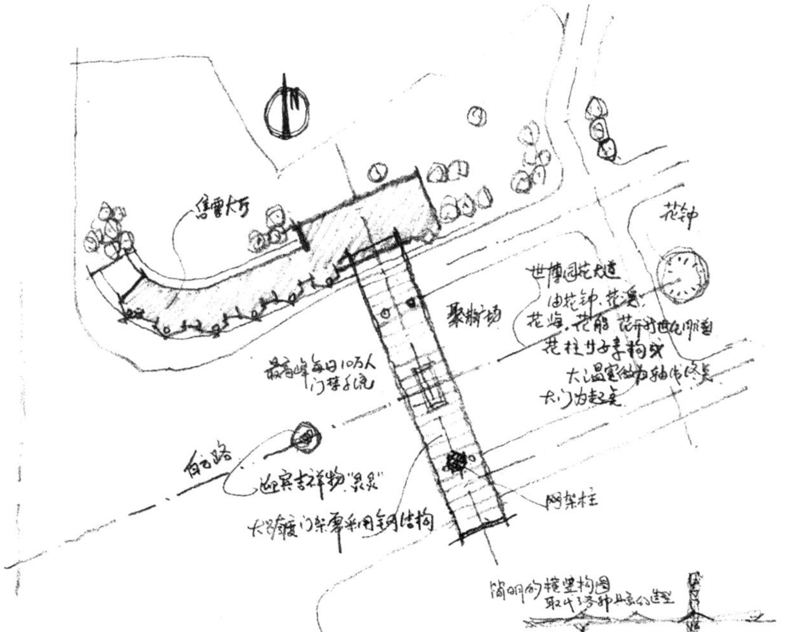

总平面图

云南人民英雄纪念碑

THE MONUMENT OF PEOPLE`S HEROES OF YUNNAN

建设地点：昆明市　建设规模：占地面积 1000M²
建设年代：1995 年　设计团队：云南省城乡规划设计研究院

云南人民英雄纪念碑的修建是在上个世纪初的 50 年代由云南各族各界人民代表会议上决定的，并在昆明近日楼前举行了奠基典礼，云南省人民委员会决定把奠基石迁至人民胜利堂前。上世纪 90 年代初，中共云南省委、中共中央宣传部先后作了建碑的批案和批示，在胜利堂前人民英雄纪念奠基石所在地建云南人民英雄纪念碑。云南人民英雄纪念碑占地面积达 1000 平方米，碑高 26 米，象征着云南 26 个民族的优秀儿女。碑体呈方形，由汉白玉镶成，象征革命先烈的品质洁白无瑕。碑由碑顶、碑身、碑座三部分组成。碑顶嵌太阳、月亮铜饰，象征革命先烈的精神与日月同辉。碑座的4个斜面用花岗岩石铺就，象征着云南这块红土地。红色花岗岩上精雕着 26 朵形态各异的茶花，以示云南 26 个民族对英雄的缅怀和崇敬。碑体根部有四组浮雕，展现了不同历史时期云南的重大历史事件。

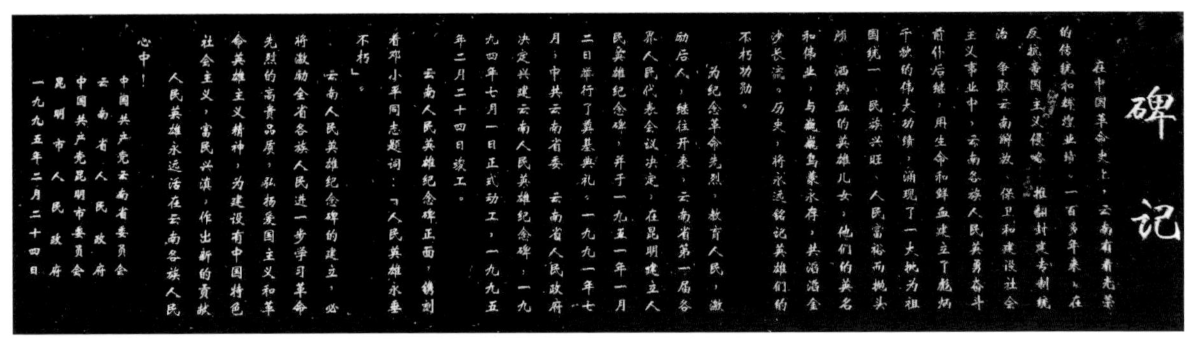

碑记

在中国革命史上，云南有着光荣的传统和辉煌业绩。一百多年来，在反抗帝国主义侵略、推翻封建专制统治、争取云南解放、保卫和建设社会主义事业中，云南各族人民英勇奋斗，前仆后继，用生命和鲜血建立了彪炳千秋的伟大功绩，涌现了一大批为祖国统一、民族兴旺、人民富裕而抛头颅、洒热血的英雄儿女，他们的英名和伟业，与巍巍乌蒙永存，共滔滔金沙长流。历史，将永远铭记英雄们的不朽功勋。

为纪念革命先烈，教育人民，激励后人，继往开来，云南省第一届各界人民代表会议决定，在昆明建立人民英雄纪念碑，并于一九五一年一月二日举行了奠基典礼。一九九一年七月，中共云南省委　云南省人民政府决定兴建云南人民英雄纪念碑，一九九四年七月一日正式动工，一九九五年二月二十四日竣工。

云南人民英雄纪念碑正面，镌刻着邓小平同志题词：「人民英雄永垂不朽」。

云南人民英雄纪念碑的建立，必将激励全省各族人民进一步学习革命先烈的高贵品质，弘扬爱国主义和革命英雄主义精神，为建设有中国特色社会主义，富民兴滇，作出新的贡献，人民英雄永远活在云南各族人民心中！

中国共产党云南省委员会
云南省人民政府
中国共产党昆明市委员会
昆明市人民政府
一九九五年二月二十四日

碑体

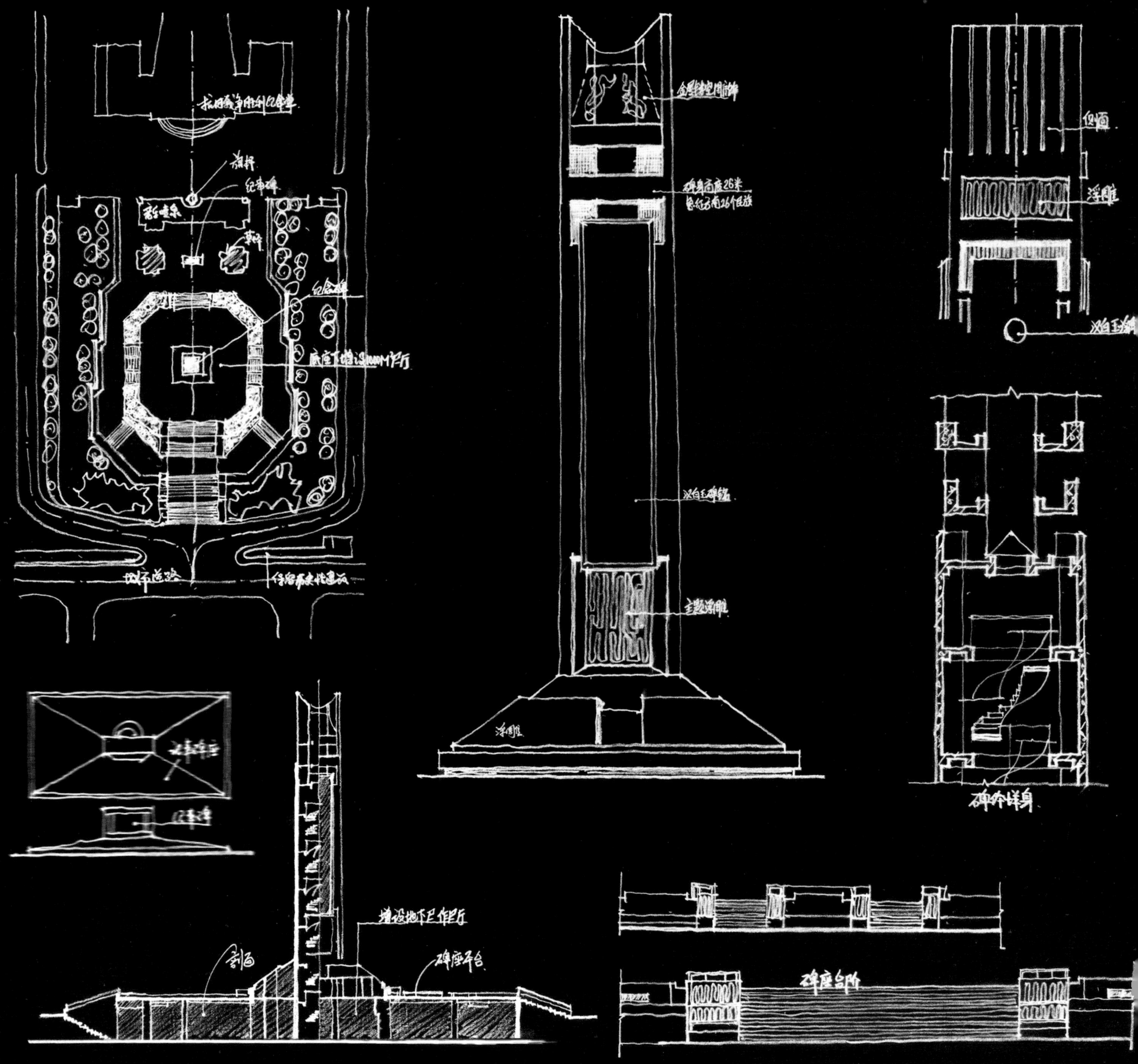

旗杆
纪念碑
碑身高度26米
象征云南26个民族
主题浮雕
侧面
浮雕
剖面
碑座平台
碑座台阶

一八四零年鸦片战争以来，为反抗帝国
推翻封建专制统治，解放云南，保卫祖国边
会主义而英勇献身的人民英雄永垂不朽！

昆明金马碧鸡坊

JINMABIJI SQUARE . KUNMING

建设地点：昆明市
建设年代：1998 年 设计团队：规划方案由云南省城乡规划设计研究院完成，实施方案由怡成设计公司完成

始建于明代宣德年间的金马碧鸡坊是昆明城内著名的人文景观，位于昆明古城中轴线南端，飞檐翘角的门楼式牌坊有着“金碧交辉”的奇景。在特定年份的中秋这一天傍晚时分，太阳西沉，余晖照着碧鸡坊的光影向东移动，东升的月光照着金马坊的光影向西移动，两坊光影逐渐移近，最终交汇在一起。

1998 年再次按原风格重建的金马碧鸡坊位于昆明市传统中轴线的三市街与金碧路交叉口（原址）。钟秀俊朗、势欲腾飞的两坊，雕梁画栋，精美绝伦，具有昆明民俗特色。东坊因临金马山得名为金马坊，西坊靠碧鸡山而名为碧鸡坊。

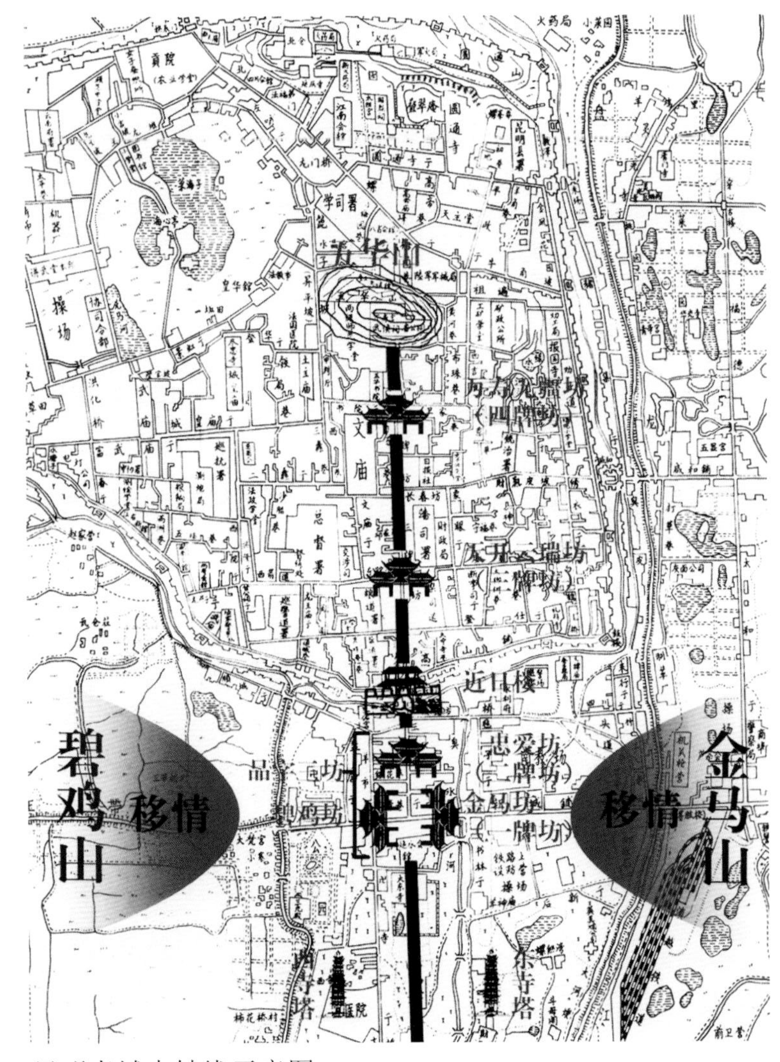

昆明老城中轴线示意图

金馬碧鷄坊為吾市之勝蹟。作為重建，則周圍之建築宜師古而絕不能泥古，故承啓傳統時更需注入時代精神風貌。本設計以「交輝」作為立意之要旨。將正義路中軸往南虛以延伸，而中軸盡端建築［名特優產品展銷樓］自我隱退，不與金馬碧鷄爭艷斗奇。致南向空間隔而不死，使中軸具有極目廣宇暢懷抒情之時代感。金馬一側之群體建築剛健挺拔，賦之以陽剛之氣，碧鷄一側建築婀娜多姿，授之以陰柔之美。兩者剛柔相濟，猶如日月同輝。且此兩群體均跌宕起伏——剛者為騰，柔者若飛，緊扣中華騰飛之時代脈搏。

以上構思使三市街口之環境、空間及建築形成：傳統與時代、現實與未來、動與靜、虛與實、剛與柔、開與合之豐貌，東西南北中交相輝映，為吾名城增添歷史文明之光采。

附：由于城市功能之需要，金馬、碧鷄牌坊原址之空間尺度擴大，將使重建的牌坊失却觀賞人之歷史比觀，故在本設計中建議：適當提高原址成為「壇」形成相對獨立之空間，一舉可得三益。个中原理毋用贅述。唯本次競賽實為城市設計之小節，故單體方案在任何情況下屬探索性，設計需在正式設計時調整之。

设计师手稿

碧雞

金馬

澄江古生物研究站

PALEONTOLOGICAL RESEARCH STATION . CHENGJIANG

建设地点：昆明市　建设规模：建筑面积 1323 平方米

建设年代：1999 年　设计团队：昆明理工大学设计院（华峰 何俊平） 东南大学建筑研究所齐康指导

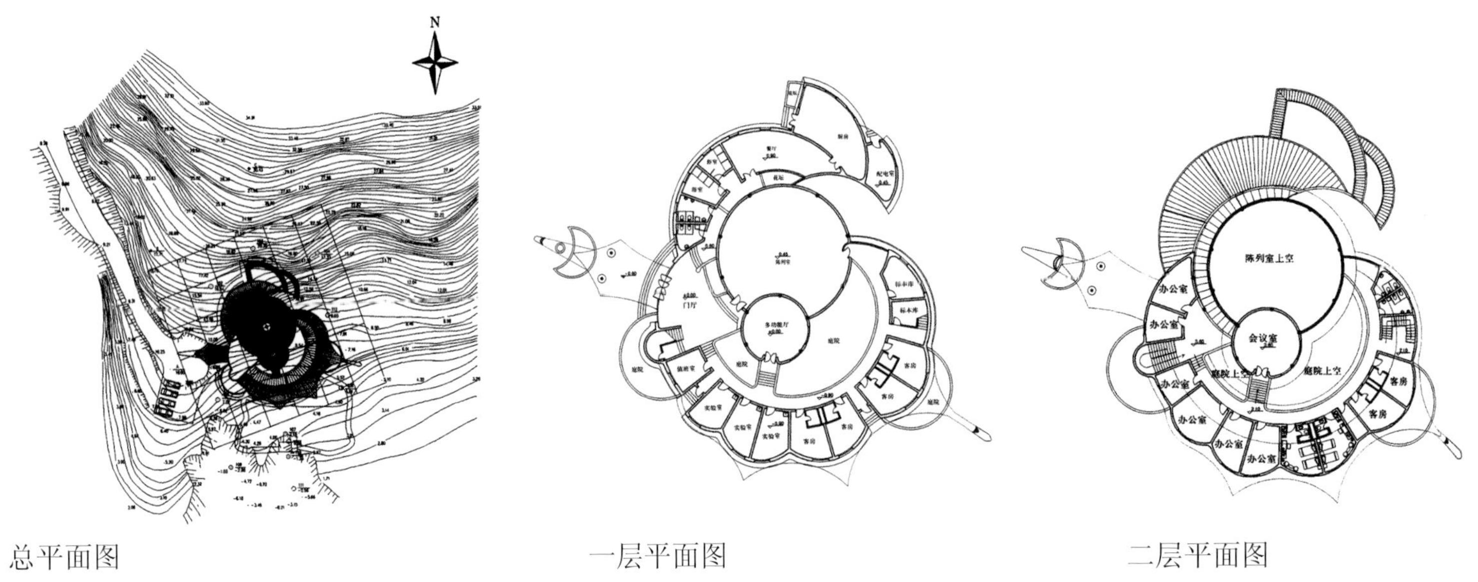

总平面图　　一层平面图　　二层平面图

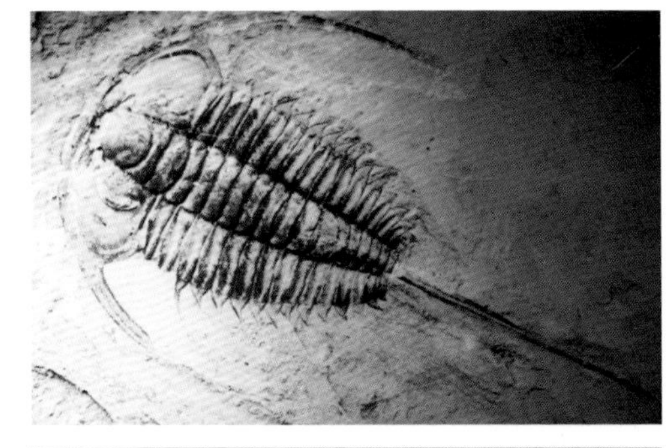

中国科学院南京地质古生物研究所澄江古生物研究站位于澄江寒武纪化石群的发掘地，距化石剖面仅300m，地形为自然坡地。该站由陈列、会议、实验、办公、专家宿舍及餐厅、厨房、浴厕、配电室等组成。总建筑面积 1323m^2。

创作的重心是寻找建筑形态与古生物固有特征的契合点。类比澄江古生物群中的“灰姑娘”虫，建筑以圆形陈列室为构图中心，以“仿生”作创作构想扣住了圆、壳、层层相扣等建筑造型与“灰姑娘”虫的形态特征，解读了“灰姑娘”虫形态——似圆的头甲、凸出的眼睛、细长的触须及层层相扣的肢体，形成了独特的建筑。环状布置办公等用房，辅助用房呈层层相扣状。以曲线为主，经过抽象变形，形成具有生物特征的建筑造型。

像“虫子”的古生物研究站

馆内空间层次丰富

建筑外观

红河州体育馆（个旧馆、蒙自馆）

SPORTS GYMNASIUM . HONGHE (GEJIU HALL , MENGZI HALL)

建设地点：红河州　　建设规模：建筑面积 14000m^2（蒙自馆）8100m^2（个旧馆）
建设年代：1996 年～ 2001 年　设计团队：云南省城乡规划设计研究院

个旧体育馆位于个旧市中心的金湖畔，景观位置非常醒目。从金湖周边各个角度均能看到该馆，对拥挤的个旧市区而言，这是一块不可多得的“宝地”。设计针对处于东面老阴山和西面老阳山两山相夹形成的细长的“夹皮沟”状的城市空间形态，将体育馆形体设计成游离态的正六边形，极大地活跃了周围的城市空间。建筑立面着重体现红河哈尼族、彝族粗犷、凝重的民族性格以及相应的干栏式建筑特征。体育馆正六边形屋面简洁、刚劲的线条，六个向上倾斜的钝角，塑造了厚重的“力”的形象。这与体育运动中所蕴含的“力”形成了默契和统一。墙身以玻璃幕墙和梁柱的虚实对比表现干栏式地域建筑形态。

比赛大厅室内设计实现了建声和装修艺术有机结合：在造型符号、灯光布置上不断重复六边形母题，达到建筑外观与室内装修艺术形式的统一；建声设计充分利用鼓起外墙造型与室内吸音材料围成的空腔，强化了对低频声的吸收。大厅米黄色的装饰衬托出观众席座椅和比赛场地的色彩。

红河州民族体育馆竣工后，先后承办了红河州四十年庆典活动，省内外多项体育比赛，著名歌唱家的大型演唱会，从视线、音响、比赛灯光、通风方面均获好评。特别是个别场次观众人数超过额定人数近千人时，室内仍保持较好的空气环境，表明通风设计较为成功。

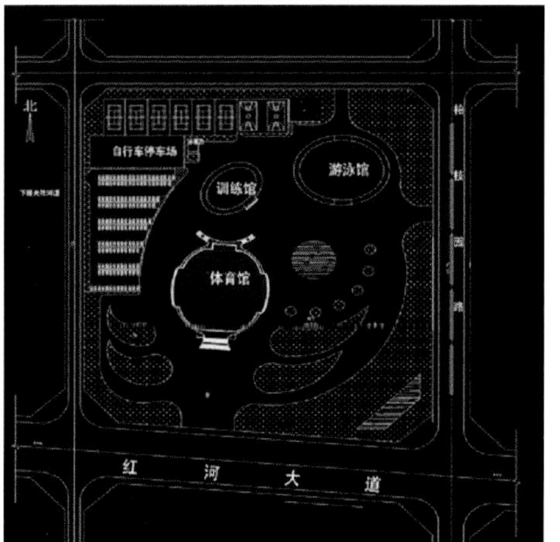

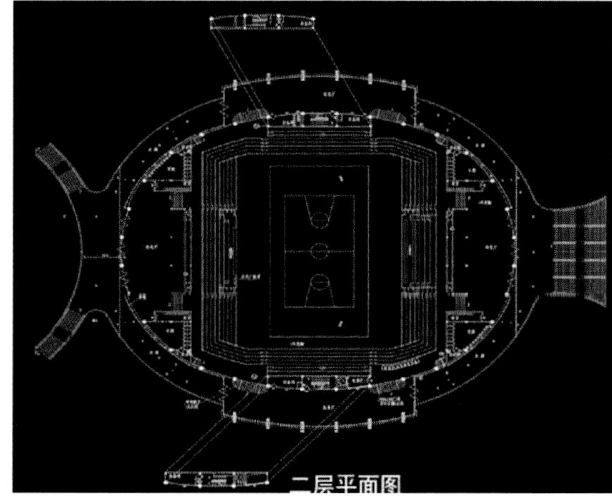

红河州体育馆建于原蒙自县文澜中心区红河大道北侧规划中的体育中心内。2001 年 6 月竣工并投入使用。总建筑面积：14000m^2。固定座席约 4300 个，活动座席约 600 个，能满足篮球、排球、乒乓球、羽毛球、体操、拳击、柔道、摔跤等项目的比赛及训练的需要。也能供大型文艺表演及群众集会使用。

红河州体育馆形态飘逸、轻盈、向上，极具动感，突出现代结构及新技术、新材料的特点。内外空间层次变化丰富，使本馆具有强烈的现代建筑特色，成为蒙自县的标志性建筑。

该体育馆曾作为国内篮球甲级联赛红河奔牛队主场，举办过多次甲级联赛和国际赛事。

昆明佳华广场

JIAHUA HOTEL . KUNMING

建设地点：昆明市 建设规模：建筑面积 12 万 M^2
建设年代：1999 年 设计团队：云南省设计院

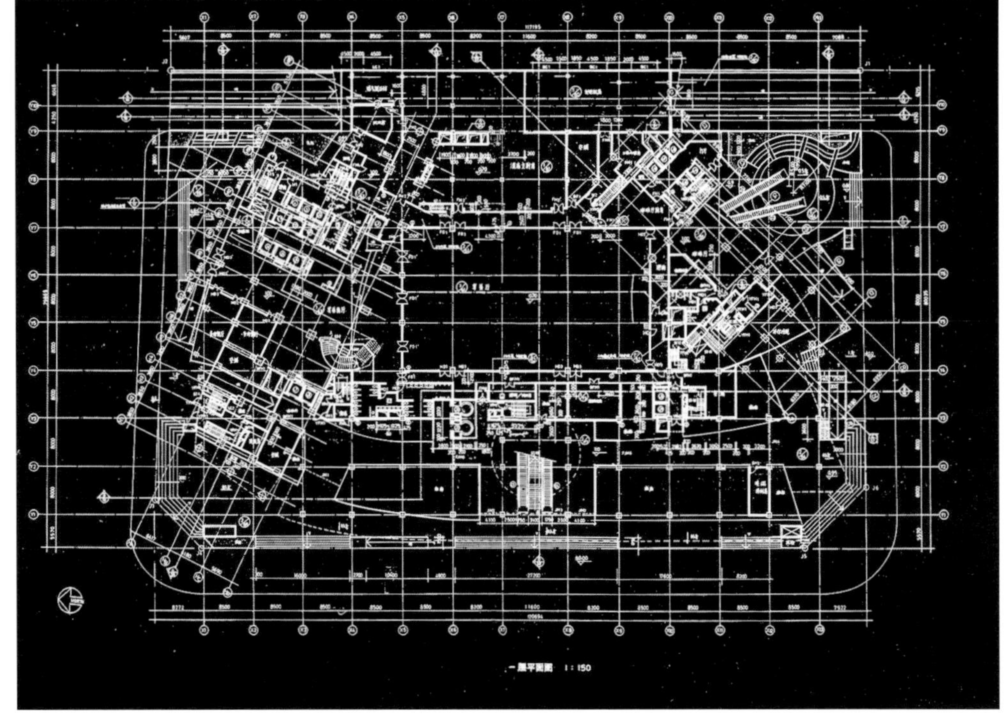

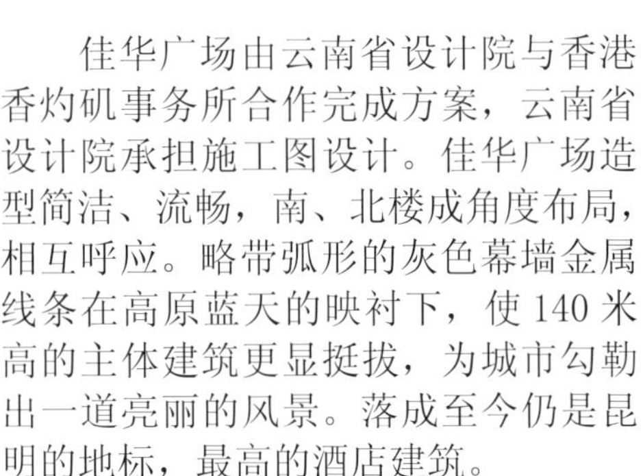

佳华广场由云南省设计院与香港香灼矾事务所合作完成方案，云南省设计院承担施工图设计。佳华广场造型简洁、流畅，南、北楼成角度布局，相互呼应。略带弧形的灰色幕墙金属线条在高原蓝天的映衬下，使 140 米高的主体建筑更显挺拔，为城市勾勒出一道亮丽的风景。落成至今仍是昆明的地标，最高的酒店建筑。

建筑外观

西双版纳傣园酒店

DAI GARDEN HOTEL . XISHUANG BANNA

建设地点：景洪市　建设规模：建筑面积 16000M^2
建设年代：1996 年　设计团队：云南省城乡规划设计研究院

傣园酒店位于西双版纳州府景洪市民族风情园旁，是西双版纳州首家按五星级标准建造的酒店，是高层次政务接待及高档次旅游度假的基地。总体布局中充分考虑用地区域内自然环境的特征，以得天独厚的自然植被为主题，结合不同的功能需求，采用灵活、自然的空间布局方式，因地制宜地布置既相对独立，又各具特色，与环状道路便捷相连，便于服务“得之天然、成于巧思”的建筑群体。

建筑造型融合地域建筑的精华和现代建筑风格，追求浓厚的亚热带建筑色彩。入口部分以现代简练又不失地方特色的重檐坡屋面，丰富了建筑轮廓，变形的坡顶及“三角”符号的重复使用，使简单的体块产生规性变化和动感。立面结合空调机的留孔位加垂直挂板，产生了较强的节奏韵律感。

酒店一期大堂入口

大堂构思

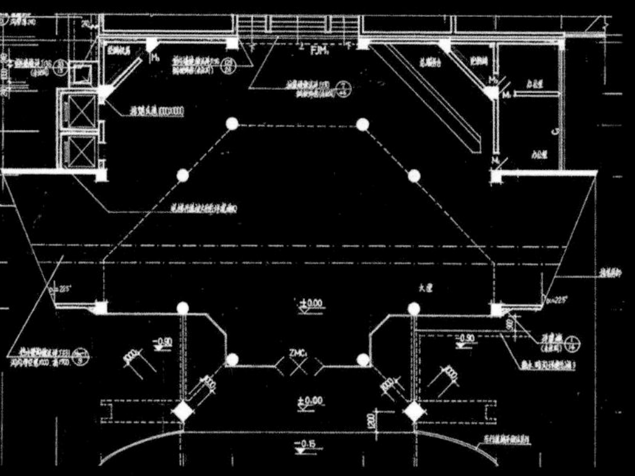

入口

多功能厅

客房楼

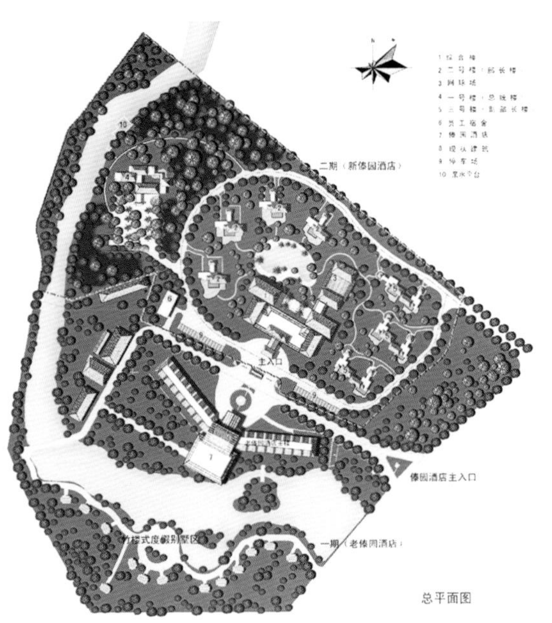

总平面图

二期总体及各单体

地方建筑风格的新尝试

昆明市新闻中心

KUNMING NEWS CENTER

建设地点：昆明市　建设规模：建筑面积 5. 05 万 M^2
建设年代：1999 年　设计团队：昆明有色金属设计研究院

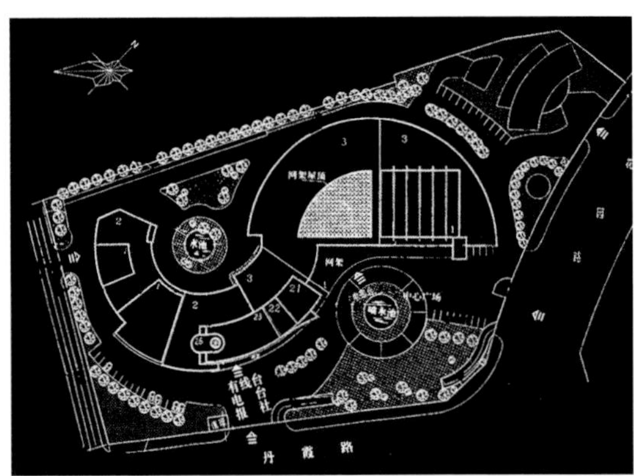

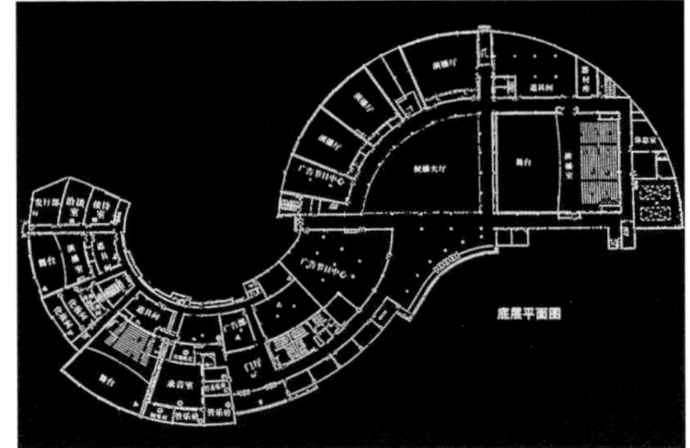

昆明市新闻中心处于城市西部道路交叉口的不规则地段中。总用地面积 3. 8 万平方米，总建筑面积 5. 05 万平方米，新闻中心采用两个半圆正反相扣形成”∽”平面布局。总平面布局充分利用地形，使在此办公的 4 家新闻单位各得其所，布局合理。

新闻中心高层主楼采用框架剪力墙结构，桩箱基础。裙楼采用框架结构，桩筏基础。大楼总高度 92. 85 米，主楼 21 层，局部 26 层，地下一层。高层及广场形成流畅的线条和挺拔的建筑造型。主楼玻璃幕墙上的横线条和垂直挺拔体型的对比，裙楼演播厅的实墙面和大玻璃门窗的虚实对比，使整个建筑体现了较强的现代风格。

主体建筑外观

旅游业迅速发展，省内有星级饭店432处。南昆、内昆铁路、广通——大理、昆明——玉溪铁路建成。2003年，“现代新昆明建设”提出，以滇池为中心的“一湖四片”昆明城市空间发展格式确立。2005年，云南有铁路2327公里，电气化率51%。澜沧江——湄公河航运开通，省内水运航道2769公里。2005年，云南提出旅游二次创业。2007年，国家门户枢纽机场昆明新机场“长水机场”开工建设，昆明空港经济区也随之开始建设。2009年，云南成为国家旅游产业改革发展首个试点省。2010年，中缅油气管道及昆明配套工程开工建设。

2001–2011

- 个旧市和田娱乐城
- 云天化集团总部
- 大理崇圣寺
- 丽江悦榕酒店
- 昆明五华广场、碧鸡广场
- 昆明百大新天地
- 昆明市行政中心
- 昆明云南海埂会堂
- 昆明国际会展中心
- 个旧市沙甸大清真寺

个旧市和田娱乐城

HETIAN ENTERTAINMENT CENTER . GEJIU

建设地点：个旧市　建设规模：建筑面积 7108 平方米
建设年代：2001 年　设计团队：云南省城乡规划设计研究院

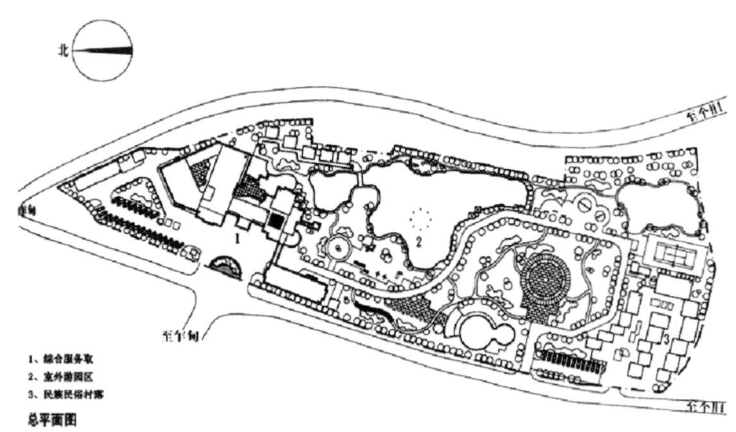

总平面图

个旧和田娱乐城建于个旧近郊，是集餐饮、娱乐、康体、会议、住宿为一体的综合旅游项目。建筑群的主轴线正对进入个旧的丁字路口，成为该处空间景观视轴的对景，具有强烈的标识性。娱乐城由北向南展开，结合地势通过空间组合而成为群体，疏密有致、层层叠落。充分利用建筑变换的形体及斑驳的光影，达到形态和布局完美的艺术效果。

娱乐城的主入口和大堂放在建筑群的主轴线上，作为娱乐城内部空间及功能过渡的承接点。大堂入口处设檐廊，形成由外至内的空间过渡。大堂后侧为一半开敞庭院，东面园区景色若隐若现、幽雅宜人。大面积的落地玻璃，使得内外情景交融，空间相互渗透。当风尘仆仆的旅客驻足休息时，窗外绿阴叠翠，连绵起伏，景色万千，旅途困乏顿抛九霄云外。

建筑造型设计中用穿斗挂梁、长脊短檐的形式加以提炼简化作为构成要素。同时还力求将彝族、哈尼族传统建筑中的代表性“元素”——坡屋顶加以变形重构，取其形，喻其神，采用镂空、架构、搭接等手法，以灰白为主。白色的墙面、暖灰色的细部线条、青灰色的瓦屋面形成色彩上的强烈对比，使现代建筑承袭了传统文脉，再生了又一种新“干栏式”建筑。

综合服务楼前广场

建筑细部

建筑中的地方语言

云天化集团总部

YUNTIANHUA GROUP HEADQUARTERS

建设地点：昆明市　建设规模：建筑面积 51692 平方米
建设年代：2003 年　设计团队：深圳市建筑设计院

项目位于风景秀丽的昆明海埂滇池旅游度假区内，滇池路北，是一个包括办公楼、科技楼、宾馆及住宅区的集团公司总部综合性园区。园区内可南眺西山卧佛，环境优美，交通便利。其现已成为滇池旅游度假区重要的标志性景观。

“浮出”水面的办公大楼和隐喻“山”造型的科技楼均以其简洁现代的建筑造型，通过金属、玻璃的巧妙组合，充分发挥了材料各自的象征意味，使得建筑既尊崇高雅，又轻巧通透。宾馆健身区及生活居住区建筑的立面设计，吸收了经典的草原住宅造型元素。宽大的挑檐、平缓的坡顶、立面划分的数学美在光影与材质的对比之中相辅相成、相得益彰。

气场十足的空间环境

整体鸟瞰

过渡性空间的大量使用让建筑显得气度非凡

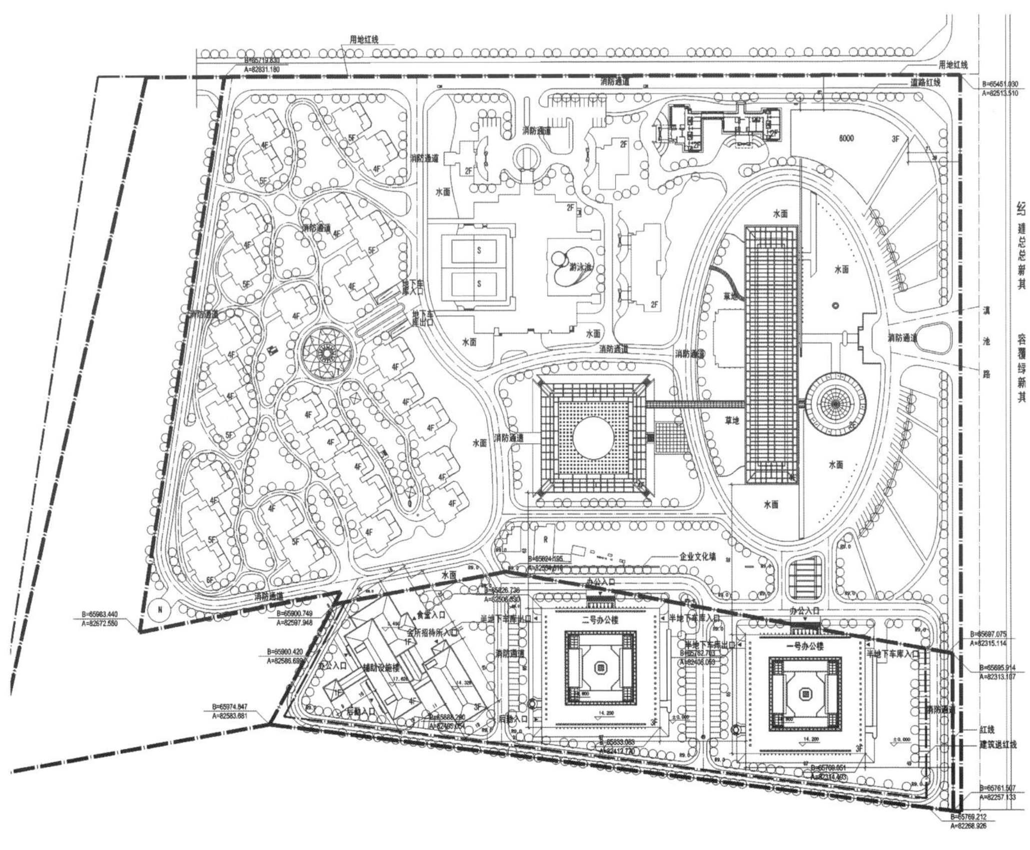

标志性构件

大理崇圣寺

CHONGSHENG TEMPLE . DALI

建设地点：大理市　建设规模：建筑面积 20080 平方米
建设年代：2005 年　设计团队：云南省城乡规划设计研究院

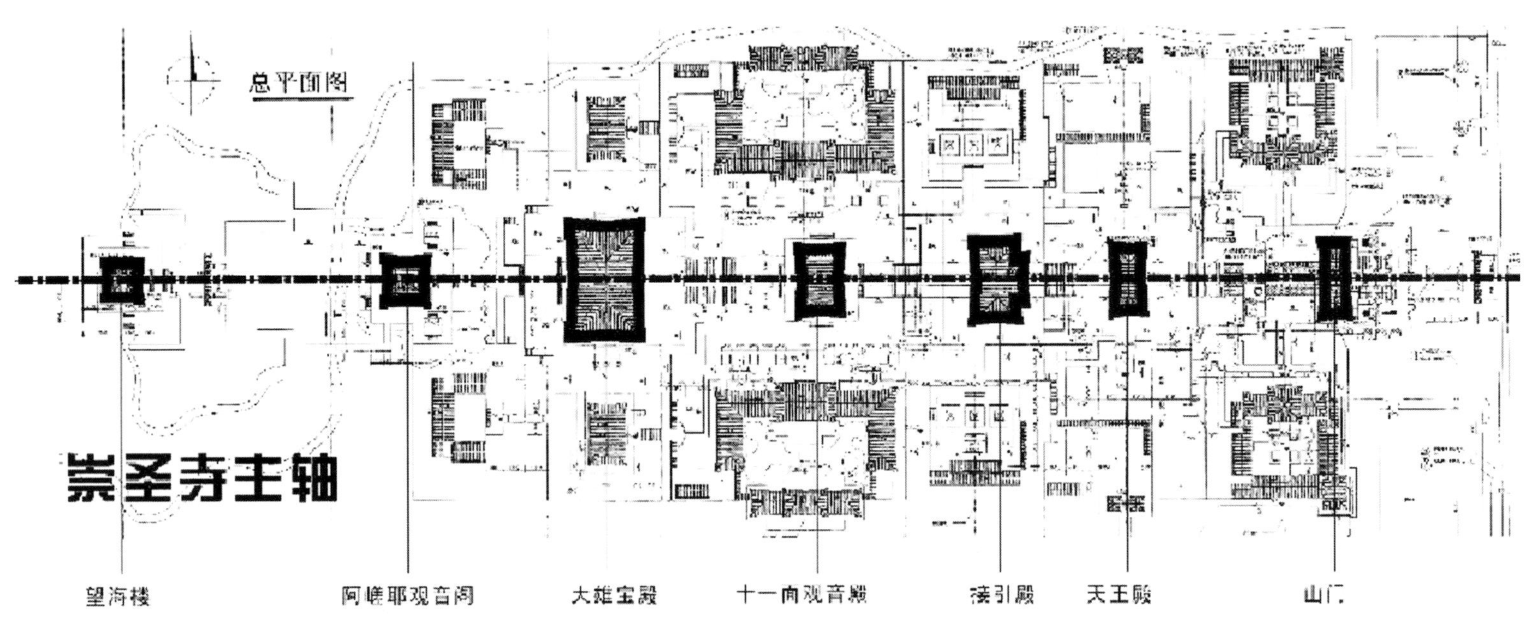

崇圣寺始建于唐开元年间，公元 713 年至 741 年，经历代扩建，到宋代大理国时期达到了巅峰，有“基方七里，为屋八百九十间，佛一万一千四百尊，用铜一万五百五十斛，有二阁、七楼、九殿、百厦”之规模，享有“佛都”之美誉。

崇圣寺曾以三塔、南诏建极大钟、雨铜观音像、三圣金像、“佛都”匾五大重器闻名于世。除三塔外崇圣寺与其它四大重器均毁于历代的战火及自然灾害，2005 年大理市恢复重建崇圣寺。在崇圣寺重建中，保留了传统建筑平面的布置格局，集历代建筑特色之精华，按主次三轴线，八台九进十一层次进行建设。寺内建筑主体以钢筋混凝土结构为主，斗拱门窗及细部装修采用优质的红椿木精雕细琢，中轴线建筑采用最高规格的金龙金凤和玺彩。两个次轴线采用庄重典雅的旋子彩，廊阁内院采用活泼诙谐的苏氏彩，整个建筑起伏跌宕，错落有致、金碧辉煌、气势磅礴，堪称当下佛教寺院的典范。

崇圣寺沿主轴依次布置着大鹏金翅鸟广场、山门、天王殿、接引殿、十一面观音殿、大雄宝殿、阿嵯耶观音阁、山海大观历牌坊、望海楼；依次轴线分别布置着僧房、方丈室、客堂、斋堂、罗汉堂、千佛殿、祖师殿、佛教研究所。寺内建筑取历代建筑精华，融南北精巧与恢弘于一体。

新建的“古寺”

妙香佛国崇圣寺

山门口

崇聖寺

彌勒殿

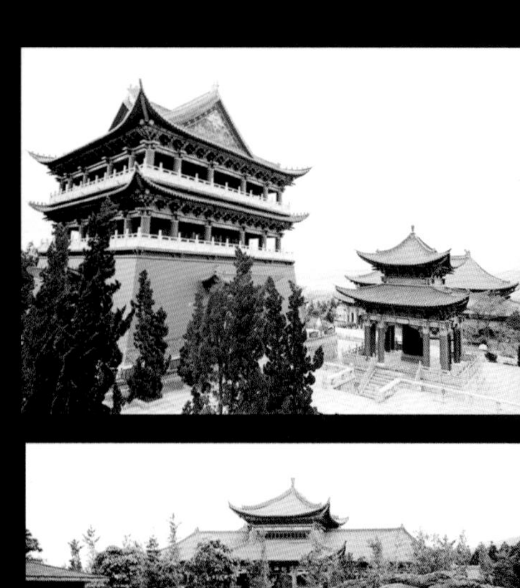

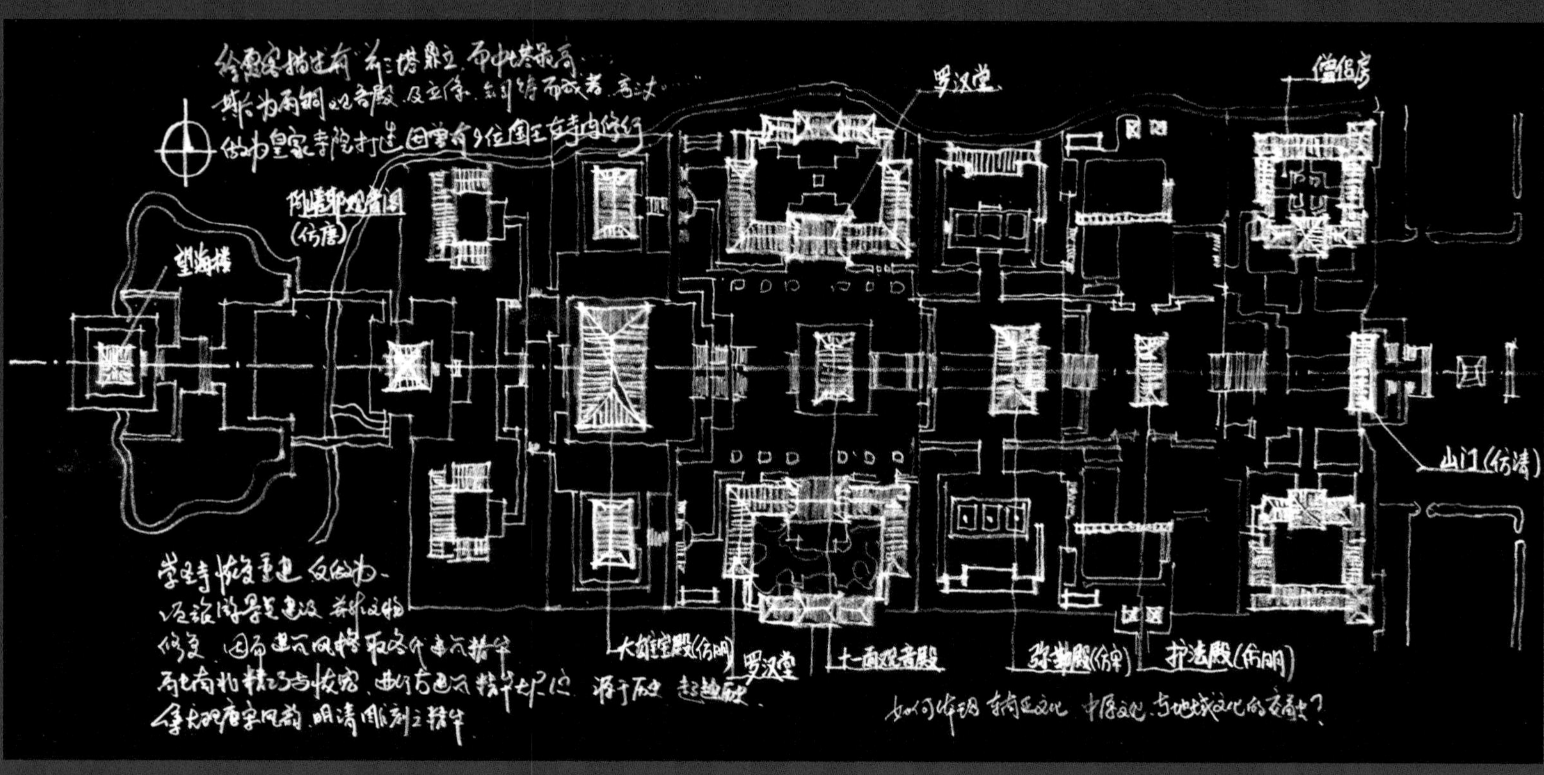

设计师手稿

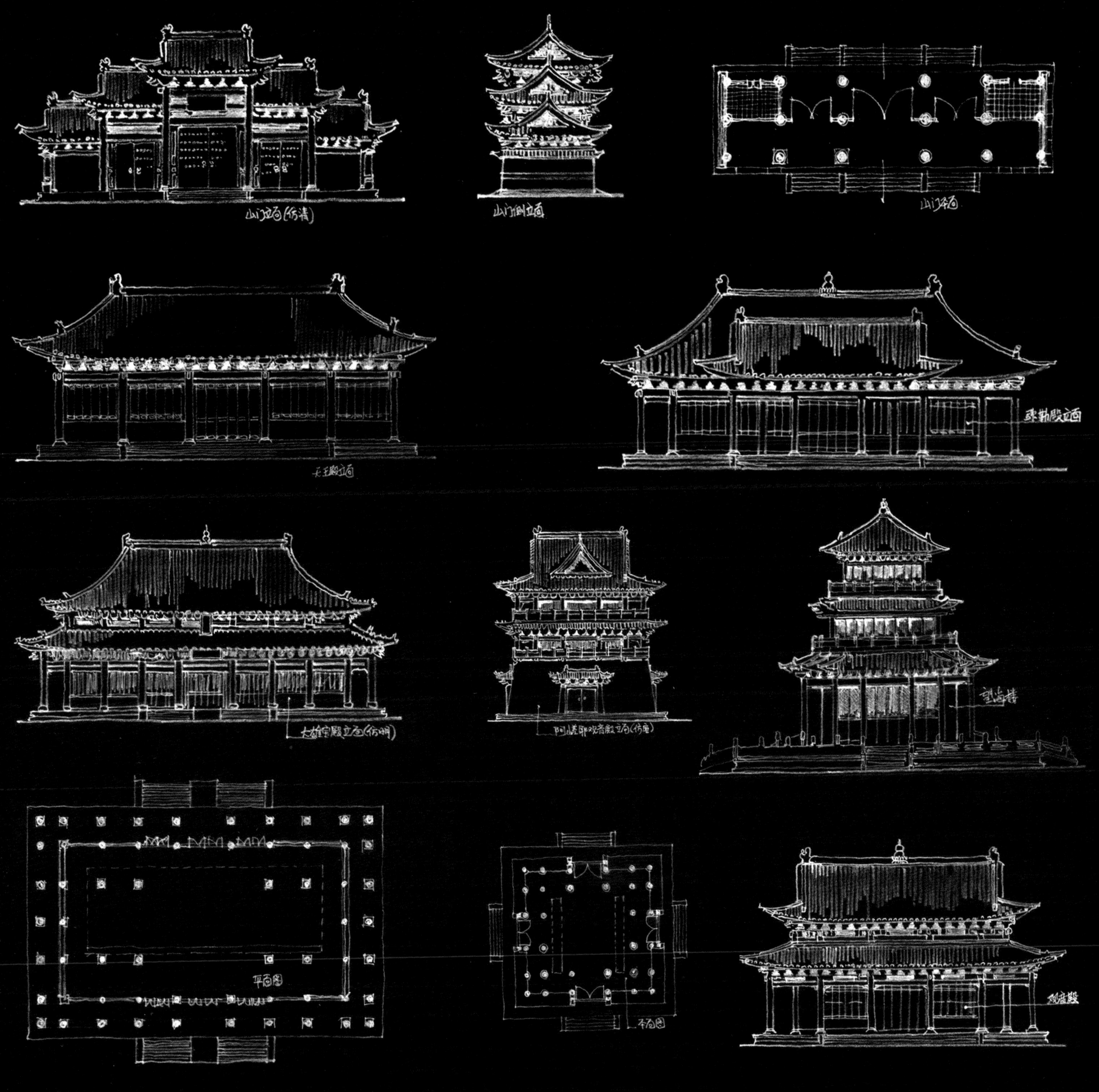
山门立面(仿清)
山门侧立面
山门平面
天王殿立面
弥勒殿立面
大雄宝殿立面(仿明)
阿嵯耶观音殿立面(仿唐)
望海楼
平面图
平面图
观音殿

丽江悦榕酒店

BANYAN TREE HOTEL . LIJIANG

建设地点：束河镇　建设规模：建筑面积 $18000M^2$
建设年代：2006 年　设计团队：云南省设计院

丽江悦榕酒店，距古城约 5.5 公里，北面与巍峨壮丽的玉龙雪山遥遥相望，占地 150 亩，包括 90 幢客房和后勤服务及接待中心。工程动工始于2004年，于2006年竣工交付使用。建筑中充分利用场地东西长，南北短，并与玉龙雪山呈北偏西 9° 的视线夹角的特点，将景观视廊作为布局的主要因素，使每一幢建筑均面向雪山，成为观赏玉龙雪山的最佳观赏点。

走进悦榕，五十五间纳西庭院式别墅分散在接待中心两侧。建筑则多采用丽江五彩石和纳西灰砖，彰显了丽江悦榕酒店“三坊一照壁，四合五天井”的纳西族民居风情。

能收纳玉龙雪山景观的庭院

束河古镇又一村

入户院门

富有张力的建筑元素

庭院深几许

亲水、亲自然

空间限定

室内效果

昆明五华广场、碧鸡广场

WUHUA SQUARE & BIJI SQUARE . KUNMING

建设地点：昆明市　建设规模：占地面积 60. 87 亩
建设年代：2006 年　设计团队：云南省设计院

昆明五华广场建筑处在以五华山为南北中心轴的西侧，这是城市中心区的重点地段。从功能上是由办公、会议、停车库组成的综合大楼。从群体空间上看是小西门向人民中路水平街道线空间引导的重点空间，形成的视角焦点，是人民中路街道轴线的对景，是城市个性风貌最集中体现的荟萃点。从小西门看：五华广场主楼 6 至 24 层“密檐”构架穿插交错，塔身节节升高，韵味无穷。昆明五华广场裙楼 5 层钢构翘顶和 6-24 层与楔形顶部形成对称南北形象，从胜利堂广场和华山西路上望去，犹如一艘驶向远方的航船。

昆明城的东西干道上有四条路，除外围的环南、环北路外，中心有人民路和金碧路。处于金碧路的金马碧鸡坊重建工程是用传统的形式、现代的材料表述昆明的光辉灿烂历史文化。而人民中路上的昆明五华广场工程则是以“塔”和“帆”有象征意义的形式洋溢了昆明高原湖泊城池的文化内涵，体现出云南多民族文化的融合，反映了云南昆明作为历史文化名城的艺术风采。

人民西路方向外观

建筑与城市空间互相交融

建筑外观设计大刀阔斧

“塔”的隐喻

碧鸡广场

作为昆明市西山区政府办公大楼的形象因碧鸡广场的配套更显完整。全部的水平线条及虚实对比得恰到好处，使人过目难忘。越简单的手法也许越能获得令人意外的艺术效果。

建筑外观传达了亲和、包容、公正、严明、开放等表情。

办公楼一侧

门斗柱廊

办公楼背立面

昆明百大新天地

NEW WORLD OF BAIDA . KUNMING

建设地点：昆明市　建设规模：建筑面积 26000M^2
建设年代：2004 年 设计团队：云南省城乡规划设计研究院

百大新天地总商业面积 26000 平方米，共分 11 层 ，含地下两层。百大新天地选择了“曲折动线”，橙、黄、绿三色是使用最多的色彩。大楼内部，动线设计和巧妙的布局使商场的分区非常人性化。三组垂直扶梯更可任意抵达商场的各个角落，消除了传统意义上的经营死角。解构主义的店铺分割，增添逛游乐趣，步步体验新奇、层层发现惊喜，“游逛”是百大新天地倡导的新概念。新百大建筑外观较大面积采用钢架与玻璃结构，不仅体现较强的新技术、新型化的现代化建筑，大面积的玻璃材质大大增强了室内进光量，并且玻璃材质给人通透之感，光随时间的变化形成不同的光影效果，与室内的陈列产生动静结合之美。同时增强了室内的空间感，令人的视线范围更为广阔，不受建筑范围的遮挡与限制，打破陈旧的建筑模式。

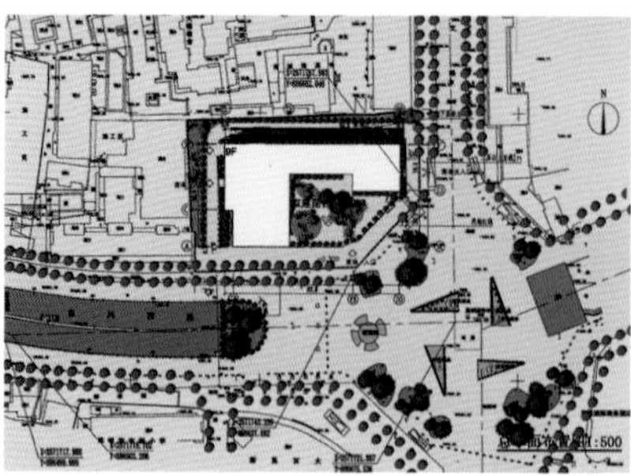

老百货大楼（50 年代）

地方民族文化多元性的现代表达方式——多变、裂变；解构、重构

方案调整过程

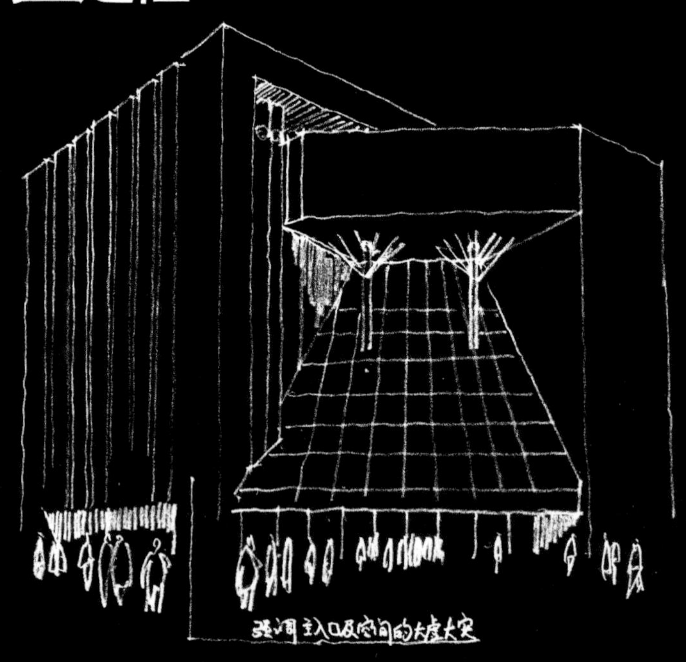

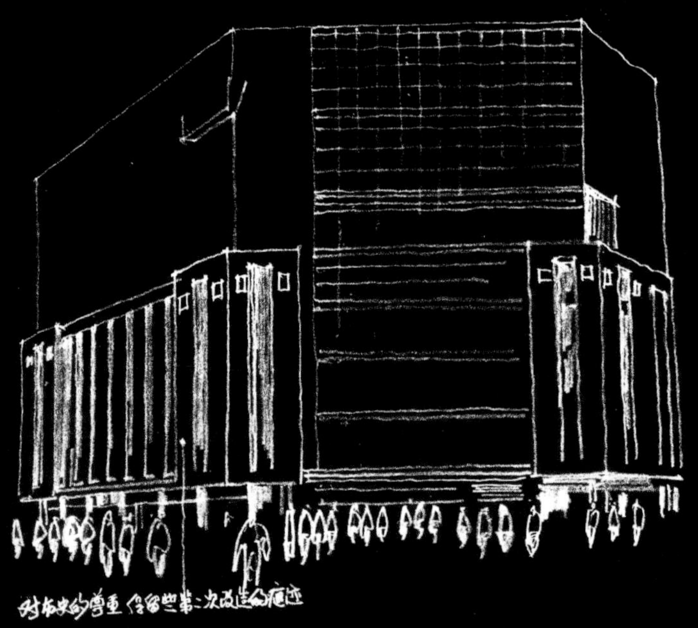

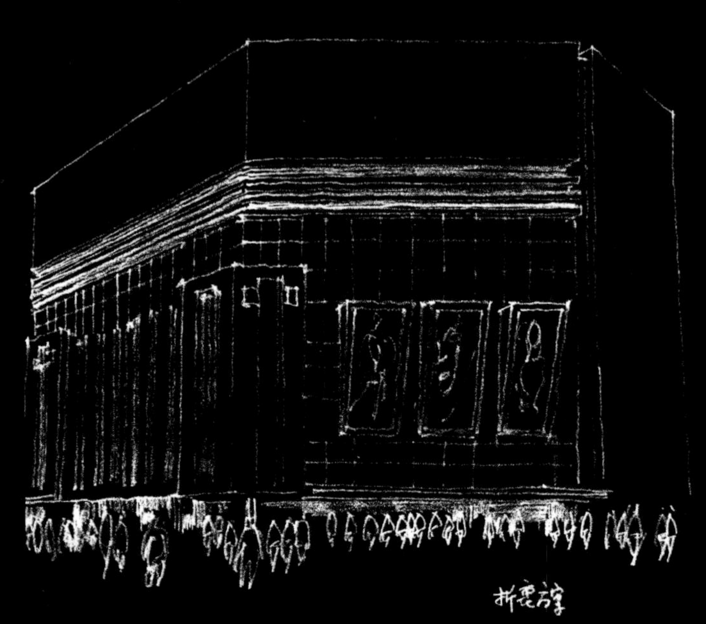

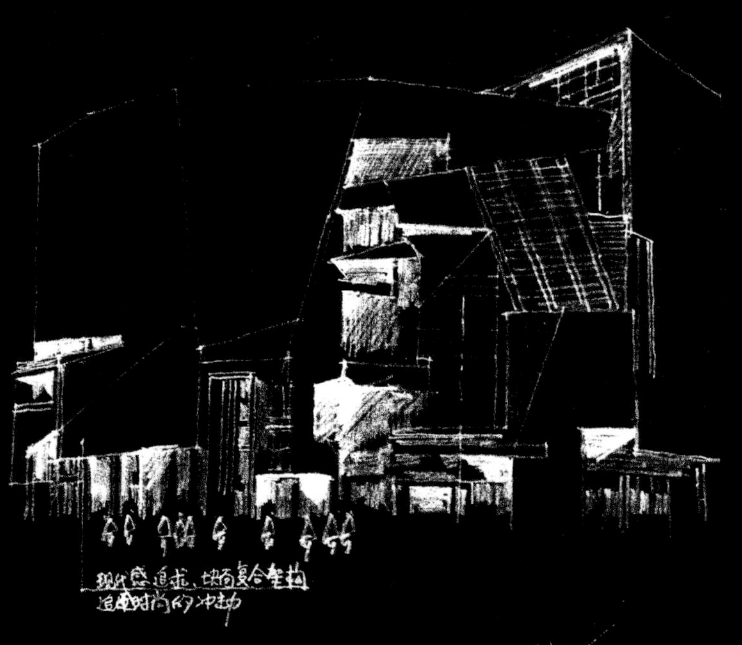

设计师手稿

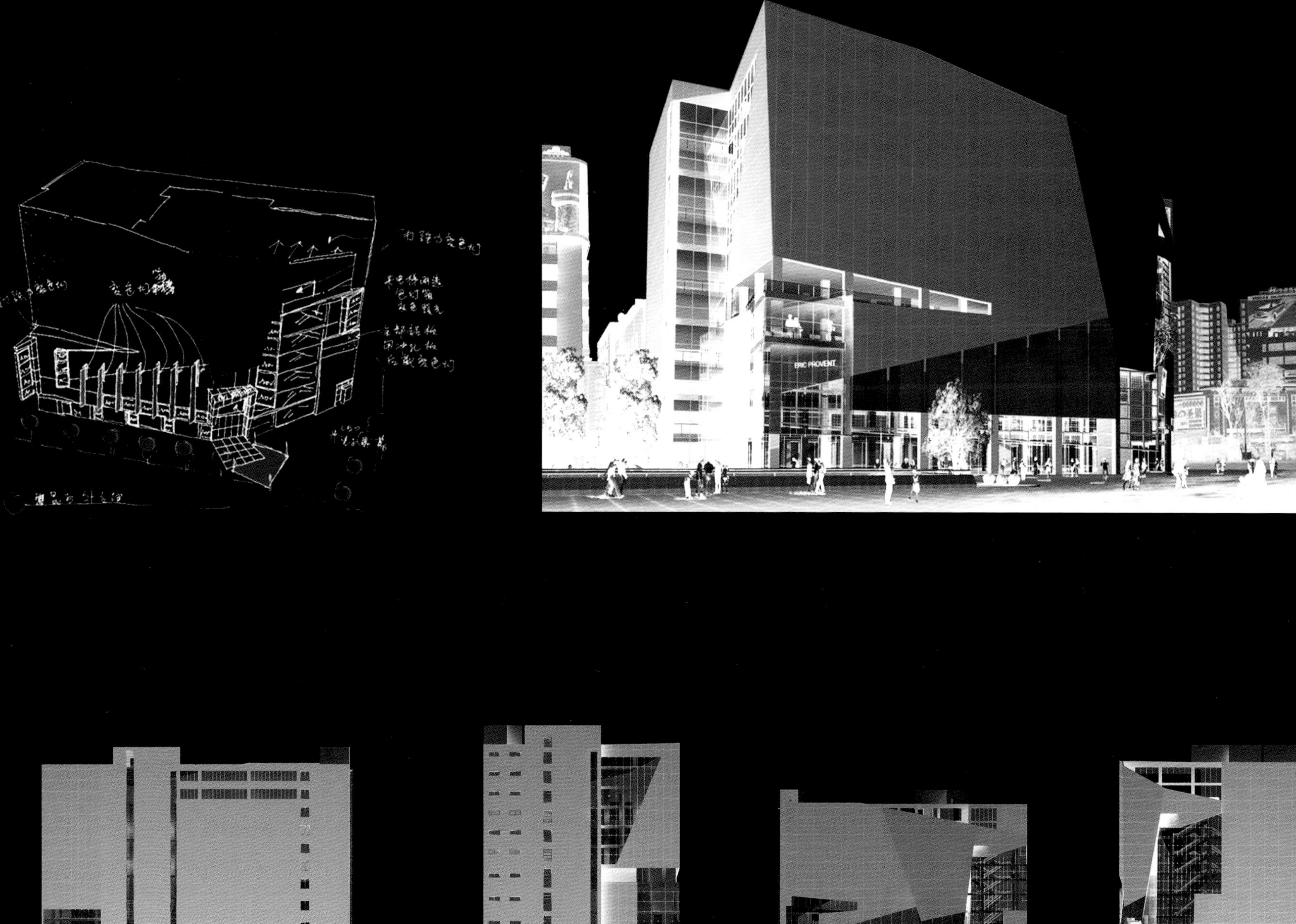
ERIC PROVENT

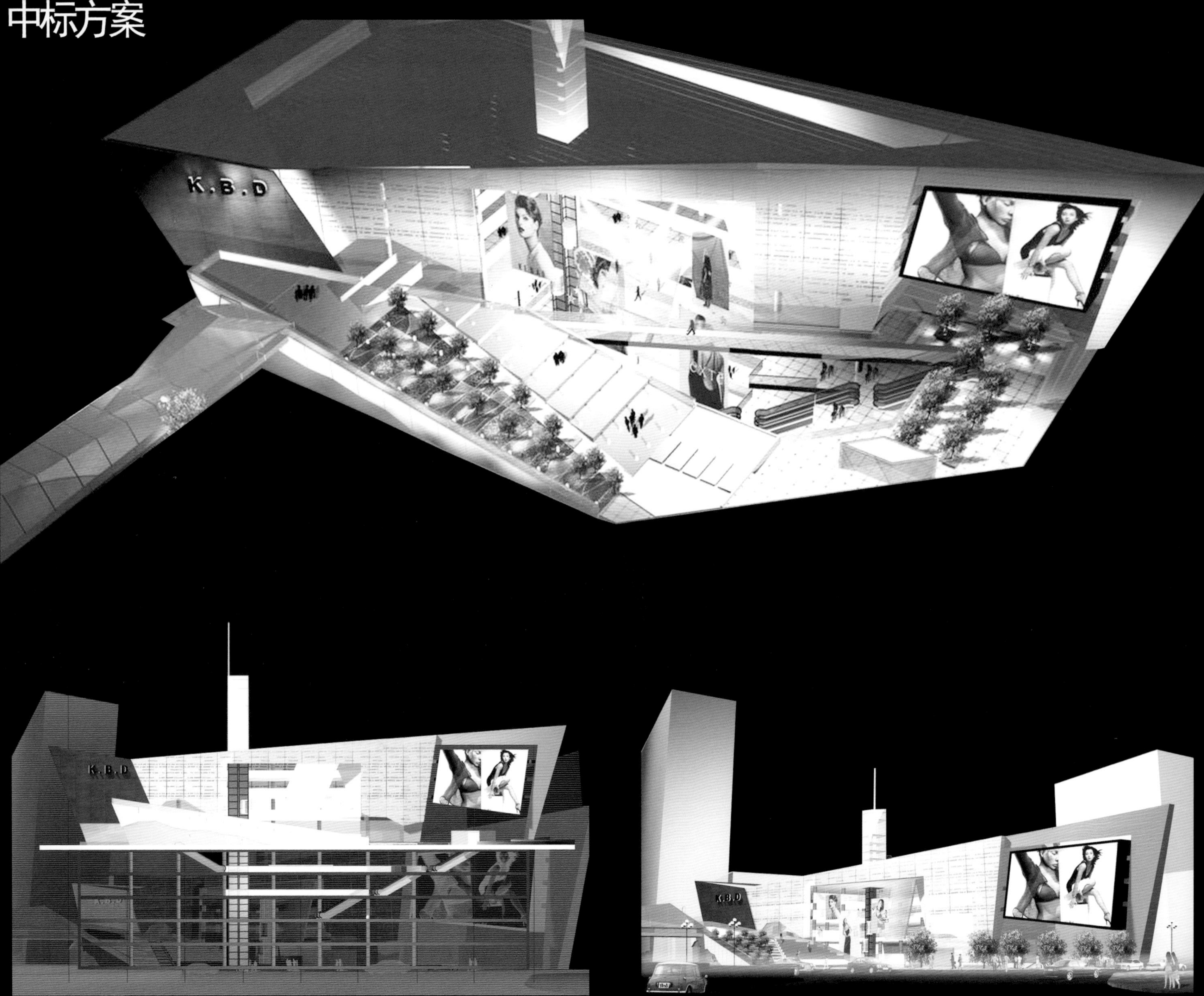
中标方案
K.B.D
K.B.D
K.B.D

投标方案沿东风路立面
地下部分
中空部分
商业空间
投标方案剖面
地面上四层、
屋顶休闲广场、
正义路、
4F
投标方案平面、
向昆明市政府口号"只拆不建"
将建筑三分之二面积置于地下、
地面尽可能留给市民
天桥
斜坡屋顶绿化
东风西路、
沿正义路方向立面

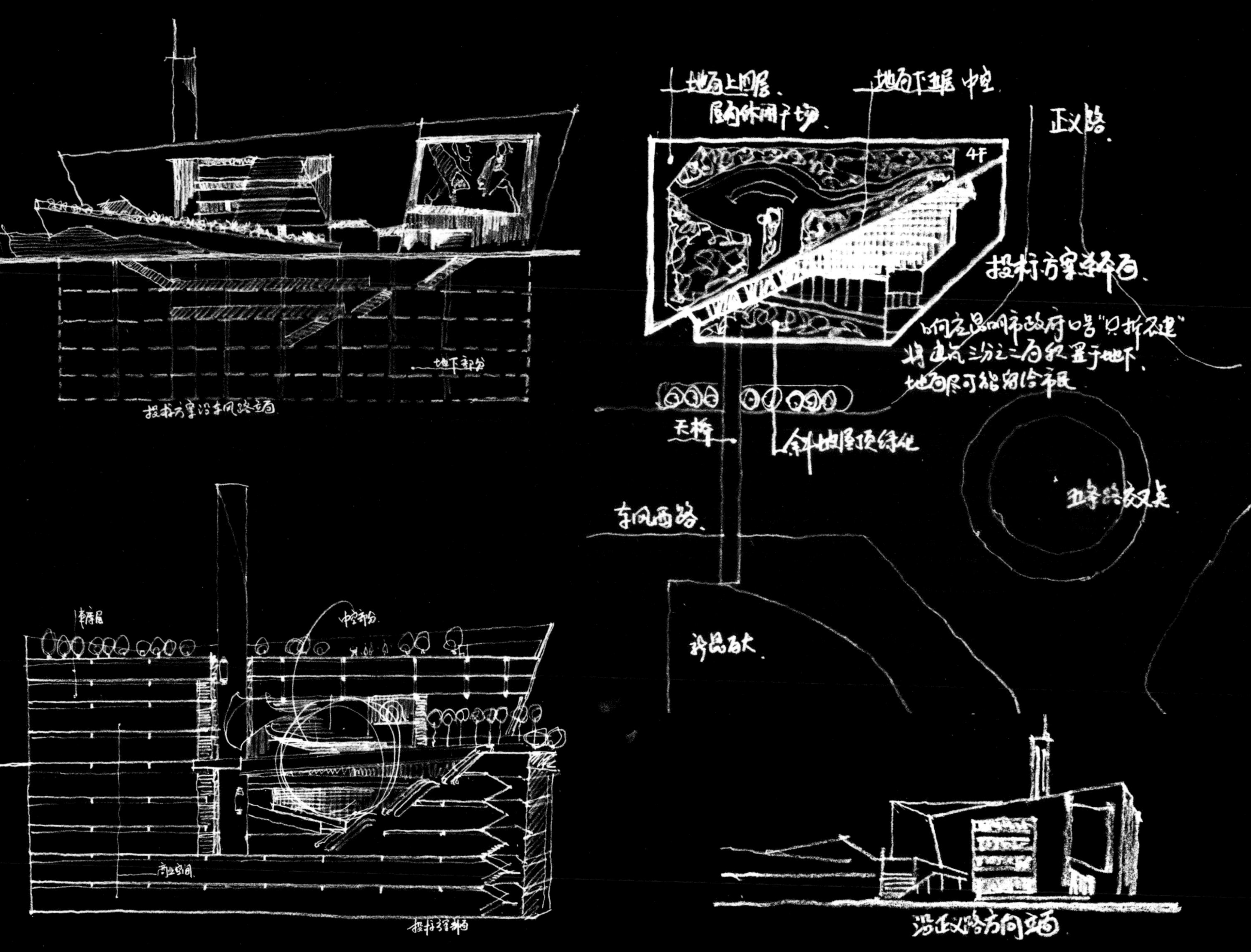

设计师手稿

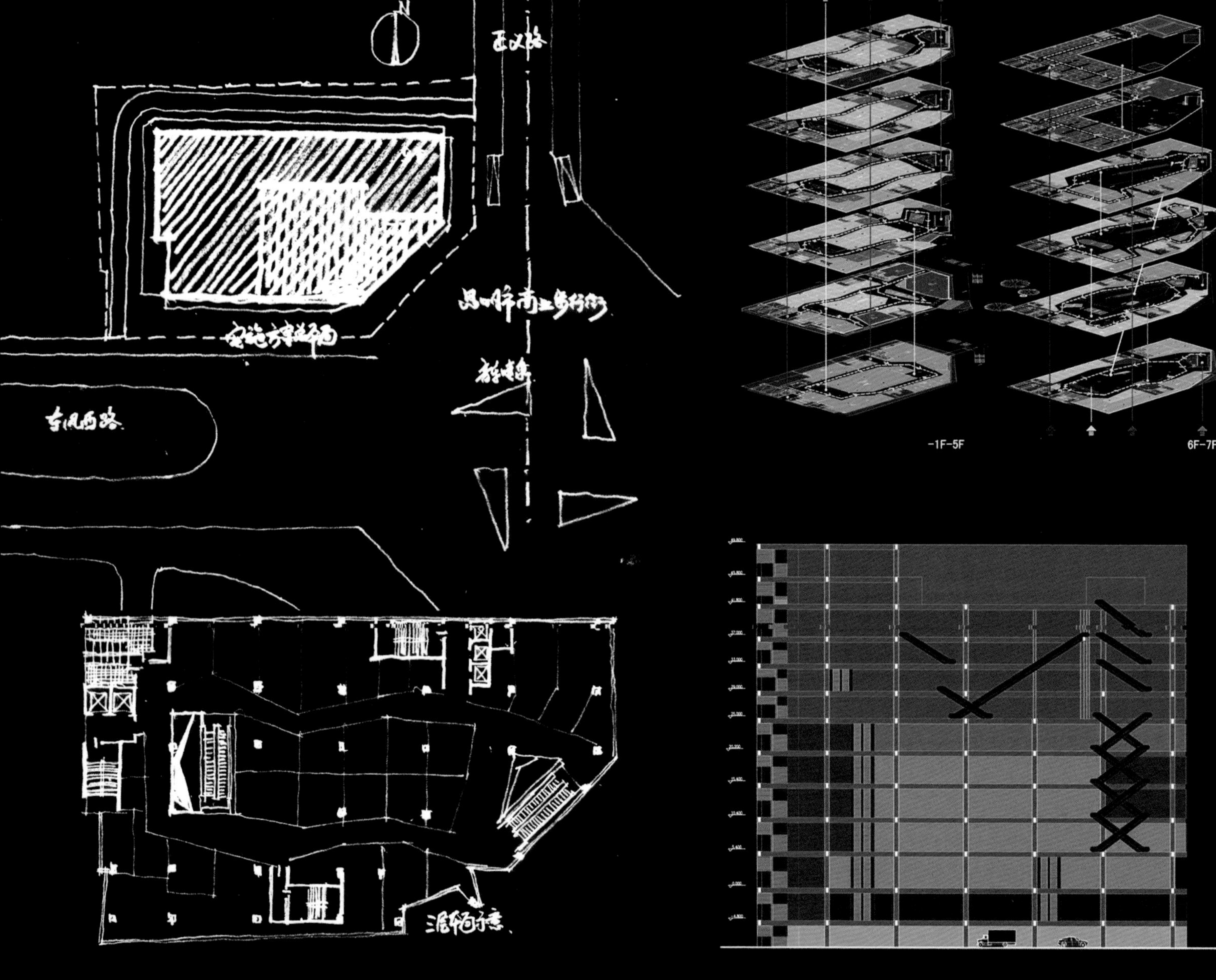

设计师手稿

设计师手稿

夜景

南屏街方向外观

室内效果

多变的昆明近日楼广场

昆明市行政中心

THE ADMINISTRATION CENTER OF KUNMING

建设地点：昆明市　建设规模：建筑面积 41.26 万 M^2
建设年代：2007 年　设计团队：云南省设计院和北京建筑设计院

昆明行政中心位于呈贡新城内。中心的整体布局以南北向三条绿化带划分与之平行的三条建筑空间，形成“二轴二绿”的规划模式。建筑布局采取组团方式，共有 12 个组团。东面布置市委、人大；西面布置市政府、政协；北面为会议中心；南面为便民服务中心。

组团与组团间有便捷的交通联系。便民服务中心与会议中心作为标志建筑设置于中轴线上，一前一后，各设置了市民广场，充分表达了行政中心“为民服务”这一主题思想。尊重规划中对建筑“现代中式”的定位，建筑采用 25° 坡顶造型。各组团造型上采用“三叠水”，保证建筑的礼仪性。檐口部配以斗拱装饰，立面构造采用“中式三段法”划分为“基座层”、“柱廊层”和“屋顶层”。堆台的存在不仅满足竖向设计的需要，也突出了建筑挺拔的气势。外墙材料为花岗岩，保证政务建筑庄重的效果。

解放思想得到的开放空间

建筑细部

充满壮志的表情

建筑外观

新建筑中的“三段式”设计手法

昆明云南海埂会堂

HAIGENG CONGRESS CENTER OF YUNNAN . KUNMING

建设地点：昆明市　建设规模：建筑面积 73365M^2
建设年代：2007 年　设计团队：云南省设计院

海埂会堂位于昆明滇池国家旅游度假区海埂大堤之畔，毗邻西山滇池。会堂有数十个大小会议厅，是云南省政府的大型会议中心。现代化风格的中式建筑，整体形象稳重而不失飘逸。细部处理简约而不乏精致。主入口的柱廊作为建筑形象的焦点，十八根挺拔的圆柱丰富了建筑的层次感。主体建筑以质朴纯净的雕塑及体量感，延续上升的弧形屋面板为传统坡屋面的提炼，体现了现代建筑中的传统文化内涵。海埂会堂设有会议、酒店、餐饮、宴会、康体等多项功能，各项基础设施充分满足接待、会议以及旅游度假的需要，做到了规模适宜、分区明确、功能齐全、使用方便。

所有设计手段都为表达这是一座“人民的宫殿”意图

不可忽略的侧面

集“大殿、高墙、柱廊”为一体的现代宫殿

华丽的建筑内部

巨型柱廊（古代埃及、希腊神庙常见的建筑手法）

昆明国际会展中心

KUNMING INTERNATIONAL TRADE CENTER

建设地点：昆明市 建设规模：建筑面积 24 万 M^2

建设年代：2009 年 设计团队：云南省城乡规划设计研究院（新馆）

云南省设计院（老馆）

昆明国际会展中心始建于 1992 年，地处云南省省会城市昆明。这里四季如春，气候宜人，是中国首批优秀旅游城市和最佳会展城市。这里丰富多彩的民族文化和得天独厚的旅游资源，以及连接东南亚、南亚的区位优势，为云南会展业发展提供了广阔的空间。

昆明国际会展中心占地 22.5 万平方米，建筑面积 24 万平方米，展览面积 5 万平方米。能提供各类会议厅近 20 个，可满足各类不同规格、较高档次国际会议的需求。

国际会展中心
CONVENTION & EXHIBITION CENTER
云南摩仕汽车维修服务有限公司
YUNNAN MOTOSTAR AUTOMOBILE SERVICE CO.,LTD

观礼台

6

中心广场

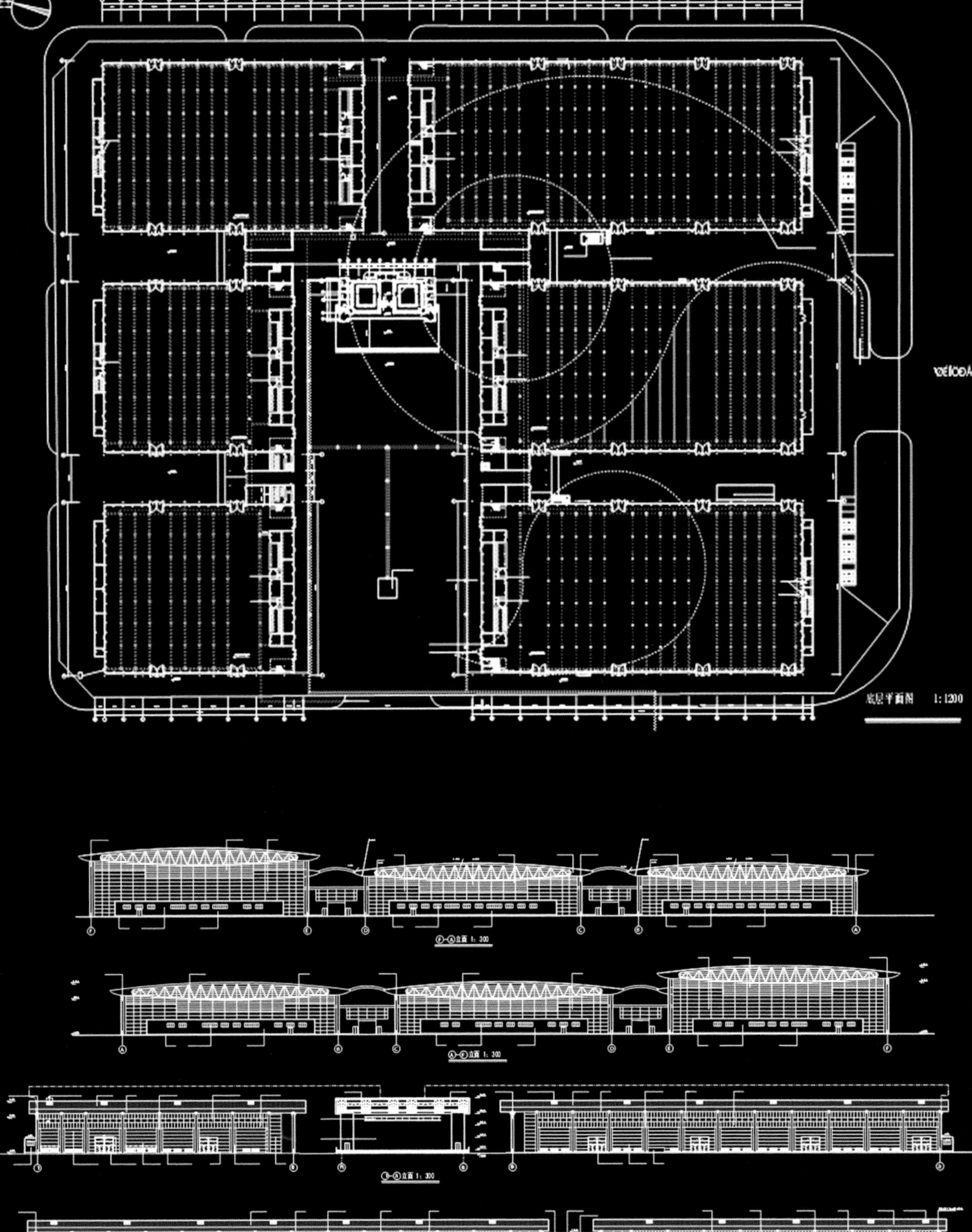
底层平面图 1:1200
F-A立面 1:300
A-F立面 1:300

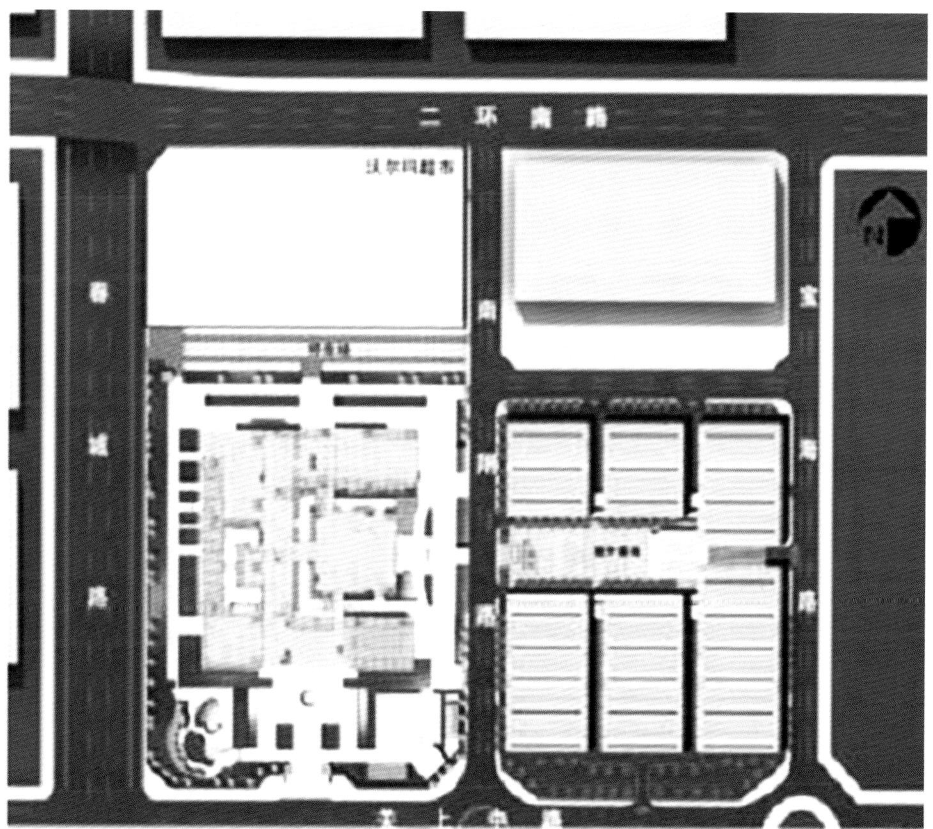

老馆新馆总平面图

多次改造后的老馆（1993 年建）现状

昆明国际贸易中心是上个世纪90年代比较重要的建筑，无论是建筑规模、体量、功能属性，在当时都有着举足轻重的地位。国贸中心体形简洁，立面主要运用钢与玻璃。中央大厅入口南墙为宽81m、高20.4m钢网架墙，中间开口45m，采用大面积无框钢化玻璃墙面，是国内首次采用幅面最大的网架墙。建筑的东、西两面以金、银两色相间的隐框镀膜玻璃幕墙与带形窗交错布置，反映出内部空间变化而有韵律的特点，体现了时代气息。其主要的建筑艺术魅力体现在它的架空层的柱廊，既展现了建筑轻巧飘逸的个性，也体现了云南干栏式建筑的地方特色。

老馆现状

个旧市沙甸大清真寺

SHADIAN GRAND MOSQUE OF GEJIU

建设地点：个旧市　建设规模：建筑面积 $3000M^2$
建设年代：2010 年　设计团队：云南省设计院

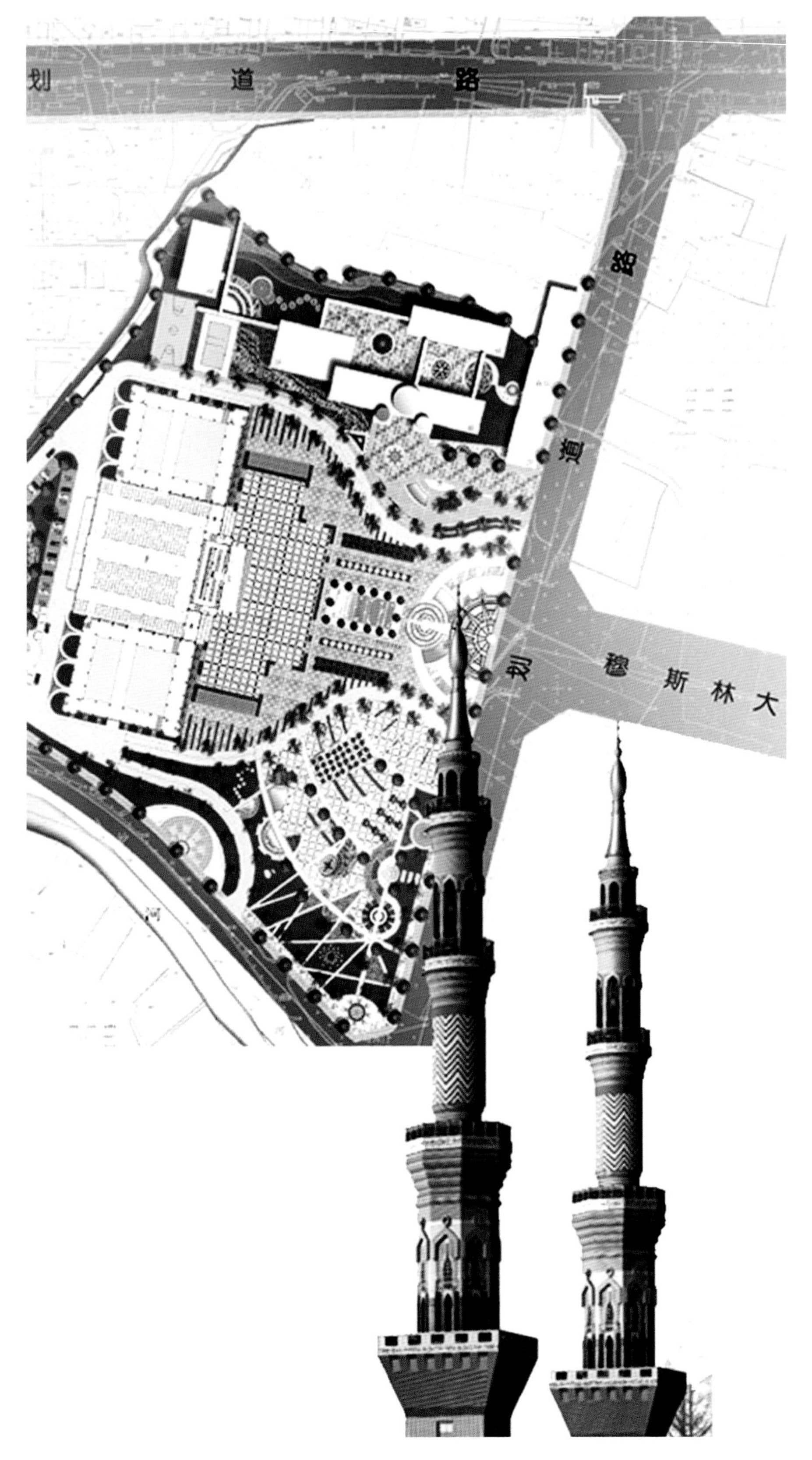

沙甸大清真寺位于沙甸河工农桥旁，始建于1684 年，2010 年新建，占地面积 2.1 万平方米，大殿建筑面积 2141 平方米，是沙甸规模最大的清真寺。

大清真寺高耸的宣礼塔，半圆形拱门及绿色圆形拱顶，属于典型的阿拉伯式建筑风格。宣礼塔：是清真寺建筑的装饰艺术和标志之一，共有四个，分别布局在清真寺的四角上，由底层的正方形变为六角形，再变为圆柱形，最终过渡成圆锥形直冲蓝天；塔内有螺旋阶梯，可拾级而上，塔外有五层瞭望阳台，塔身有连环的拱窗和圆窗，用灰白色和黑色石贴面，塔尖用古铜板饰面，再搭配色泽亮丽的镀膜玻璃，使整个清真寺既古朴大方，又具现代气息。穹顶：居中设置一个大圆顶，周围有四个穹顶环抱。顶上有一颗象征伊斯兰教特征的新月。穹顶用绿铜饰面，更具清真寺独有的风格。新月部分用古铜包装，与尖塔遥相呼应。拱门：塔与塔之间、塔与大殿之间，用一系列拱门同廊连接，使塔、顶、殿浑然一体，高矮参差具有富于变化的建筑轮廓线。

唯有这样的空间能与天空对话

开放空间

开放空间

重点关注

- 非典空间
- 政府做派
- 造城运动
- 人文记忆

雕塑家罗旭的土著巢

NATURE ARCHITECTURE OF SCULPTOR—XULUO

建设地点：昆明市　建设规模：占地面积超过 2000M^2
建设年代：1996 年 设计师：罗旭

自然生长出来的“巢”

B区
C区
A区
一层总平面图
入口大门
A区：客厅厨房
B区：展示
C区：住宅

特别的空间给了特别的雕塑艺术

这不是普通人的世界

云南某艺术家住宅

ARTIST`S RESIDENCE . YUNNAN

建设地点：大理市 建设规模：占地面积约 $900M^2$

设 计 师 ：赵青

建造地点——大理双廊村玉矶岛

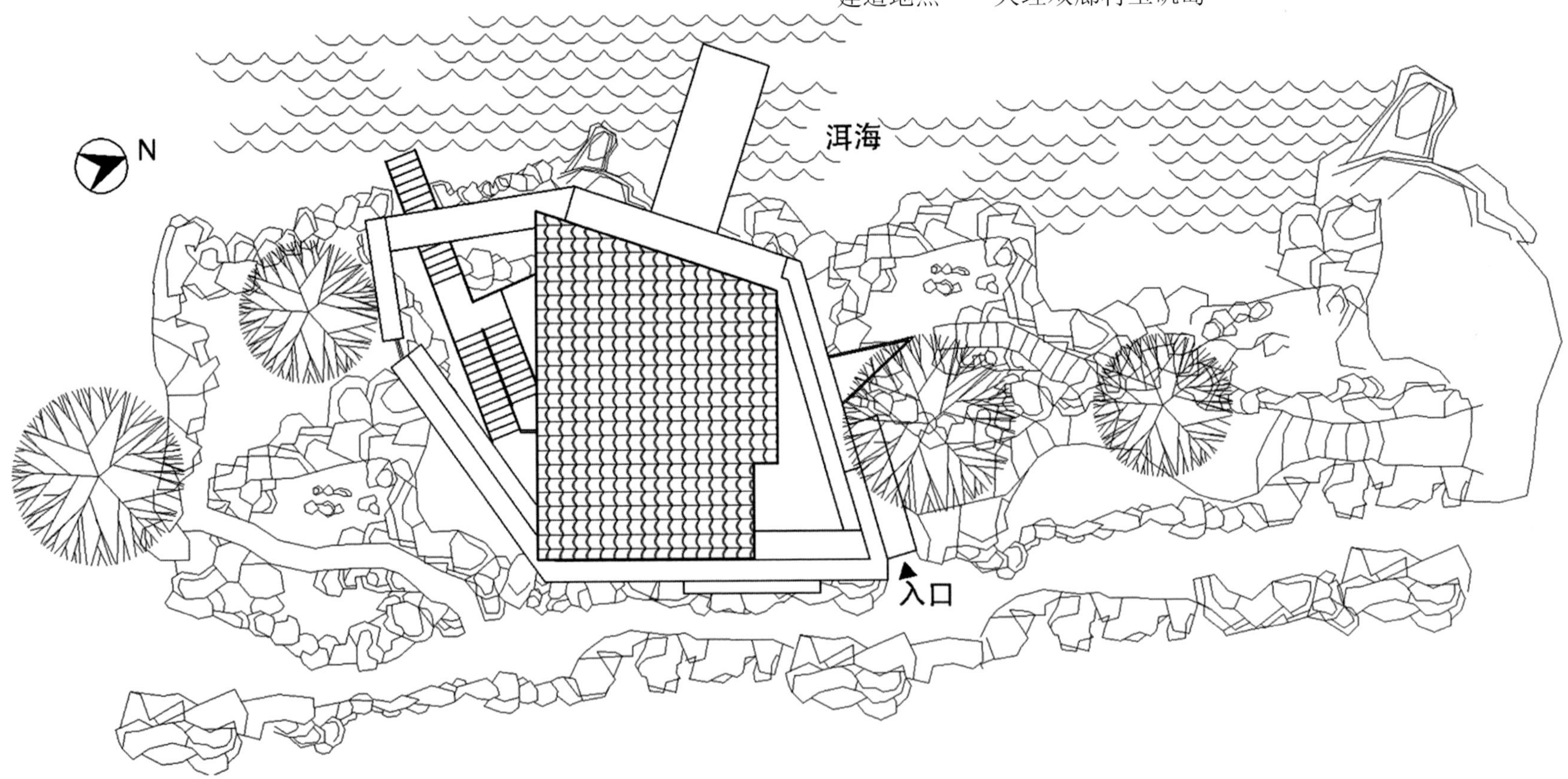

融入山水的建筑空间

这里的一切都为把人导引进自然中去

充满时光感的台阶不知去往何处

昆明世博生态城 IN 的家（一号示范屋）

THE IN OF KUNMING EXPO ECO-TOWN (NO.1 SHOW CASE)

建设地点：昆明市　建设规模：建筑面积 827.87M^2
建设年代：2004 年　设计团队：昆明理工大学设计研究院（施工图设计）

新概念住宅内部功能说一不二

室外泳池已成为建筑的一部分

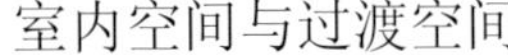

室内空间与过渡空间

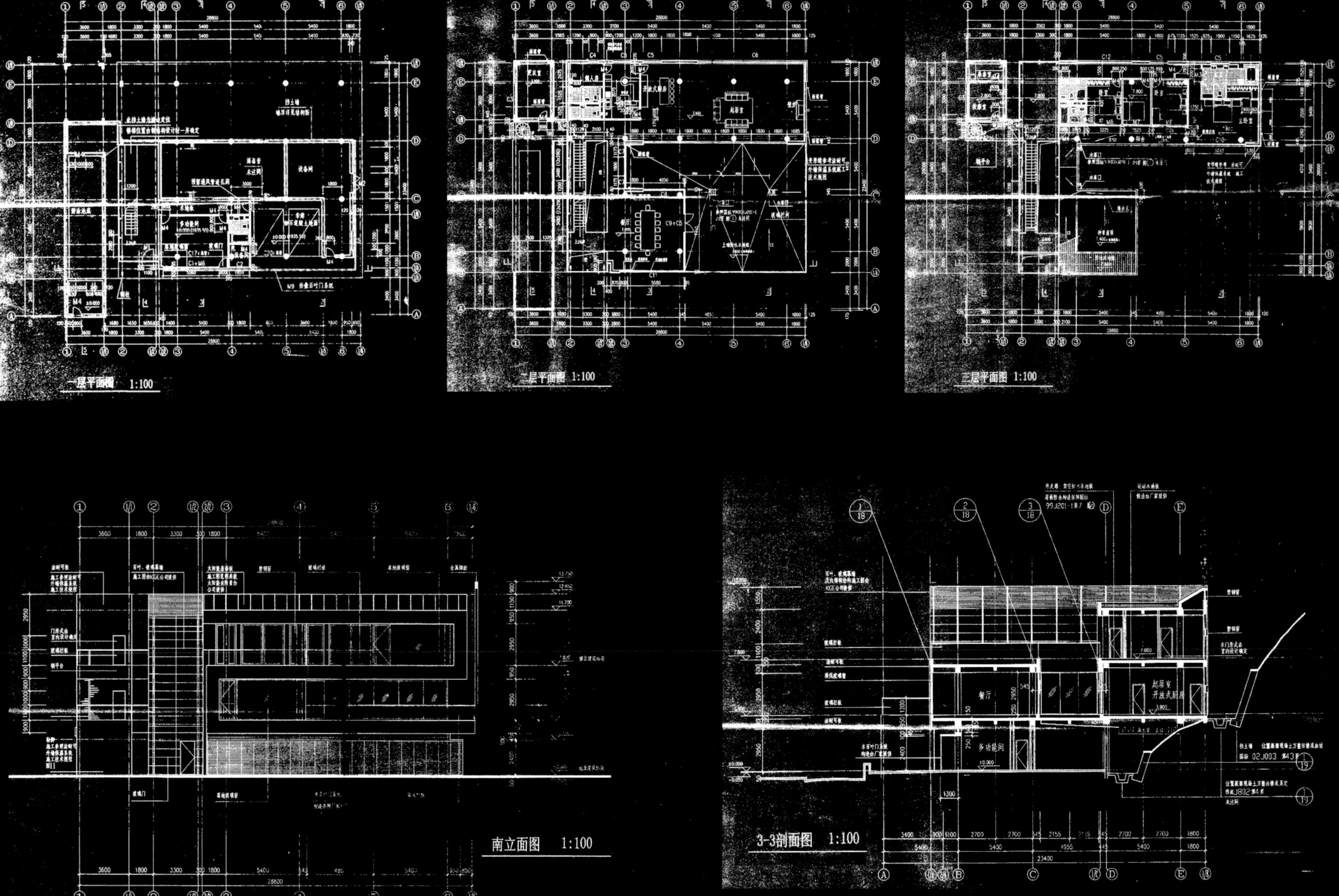

一层平面图 1:100
二层平面图 1:100
三层平面图 1:100
南立面图 1:100
3-3剖面图 1:100

中共云南省委办公大楼

YUNNAN PROVINCIAL CPC COMMITTEE OFFICE BUILDING

建设地点：昆明市　建设规模：建筑面积 43960M^2
建设年代：2008 年　设计团队：云南省设计院

云南省人大办公大楼

YUNNAN PROVINCIAL PEOPLE'S CONGRESS COMMITTE OFFICE BUILDING

建设地点：昆明市

建设年代：1997 年 设计团队：云南省设计院

云南省人民政府办公大楼
GOVERNMENT OFFICE BUILDING OF YUNNAN

建设地点：昆明市
设计团队：云南省设计院

云南省政协办公大楼

OFFICE BUILDING OF CPPCC YUNNAN COMMITTEE

建设地点：昆明市 建设规模：建筑面积 25996. 73M^2
建设年代：2003 年 设计团队：云南省设计院

云南省高级人民法院

THE HIGH PEOPLE'S COURT OF YUNNAN

建设地点：昆明市 建设规模：占地面积 100 亩
建设年代：2004 年 设计团队：北京正东阳设计公司昆明公司

昆明市中级人民法院

THE INTERMEDIATE PEOPLE'S COURT OF KUNMING

建设地点：昆明市 建设规模：占地面积 100 亩
建设年：2004 年 设计团队：昆明市建筑设计院

昆明世纪城

CENTURY TOWN OF KUNMING

建设地点：昆明市 建设规模：建筑面积 480 万 M^2
建设年代：2005 年

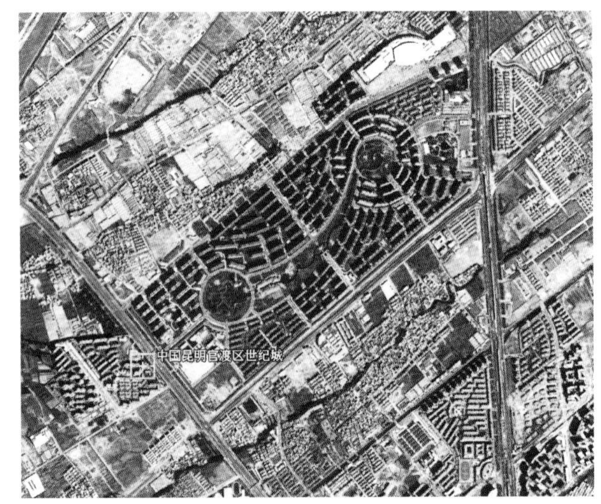

昆明新亚洲体育城

NEW ASIA SPORTS CENTER OF KUNMING

建设地点：昆明市 建设规模：建筑面积 200 万 M^2
建设年代：2007 年

昆明新螺蛳湾国际商贸城

THE NEW LUOSIWAN INTERNATIONAL TRADE CENTER . KUNMING

建设地点：昆明市 建设规模：规划总建筑面积 882 万 M^2
建设年代：2008 年

富滇銀行

昆明滇池卫城

DIANCHI SATELLITE CITY OF KUNMING

建设地点：昆明市 建设规模：占地面积 2700 亩
建设年代：2006 年 设计团队：云南省城乡规划设计研究院等

卫星影像图

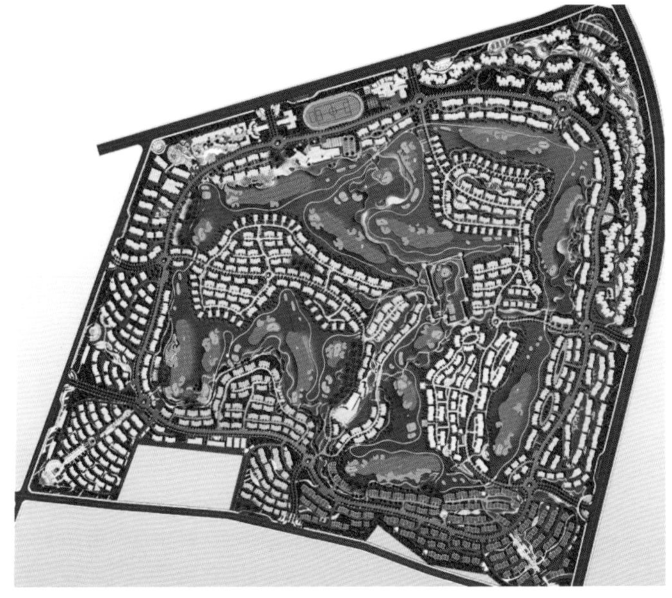

规划总平面图

昆明大学城

CITY OF UNIVERSITY . KUNMING

建设地点：昆明市 建设规模：占地面积 24617 亩

建设年代：2003 年 设计团队：云南省城乡规划设计研究院、云南省设计院等

昆明医学院

云南中医学院

雲南藝術学院

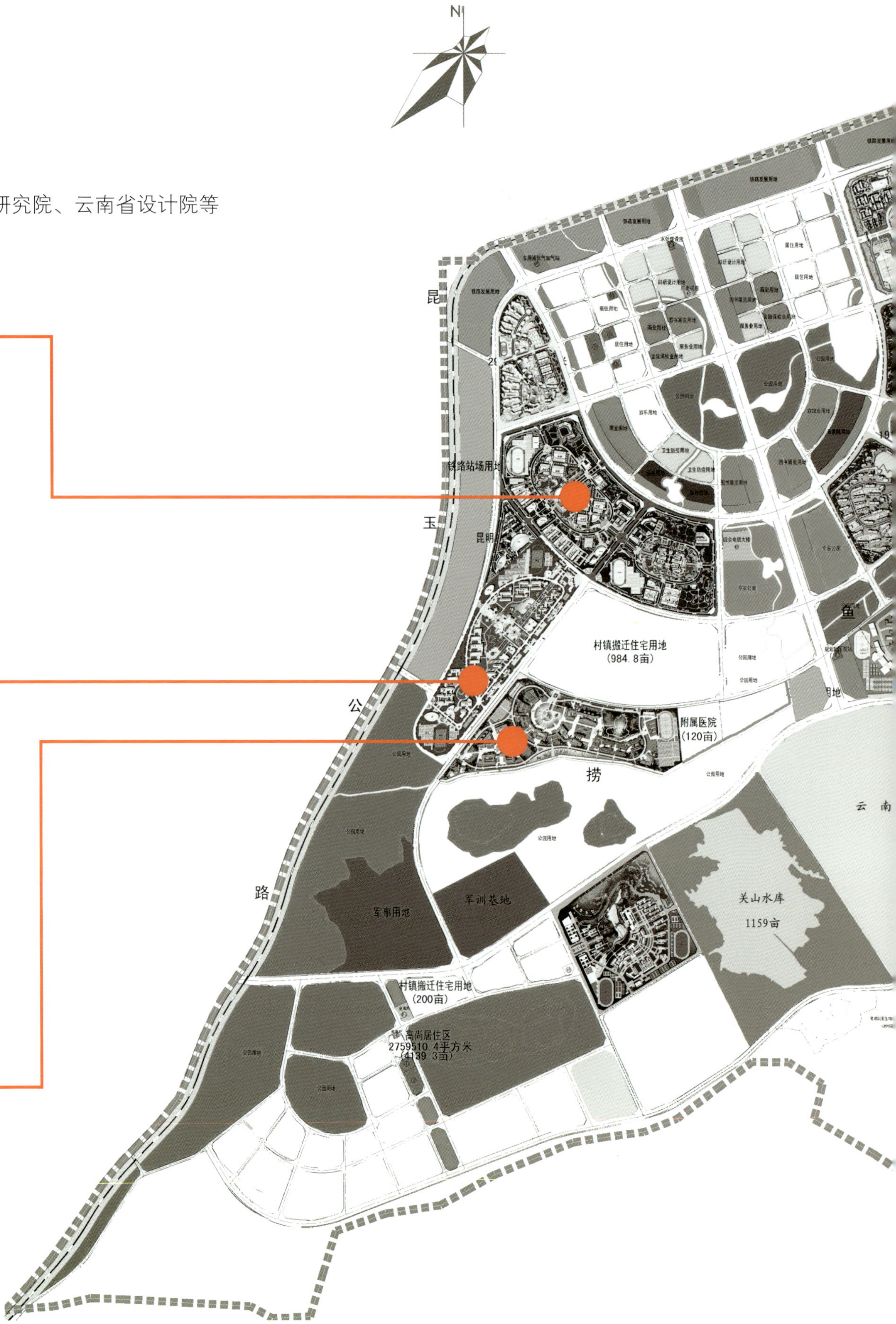

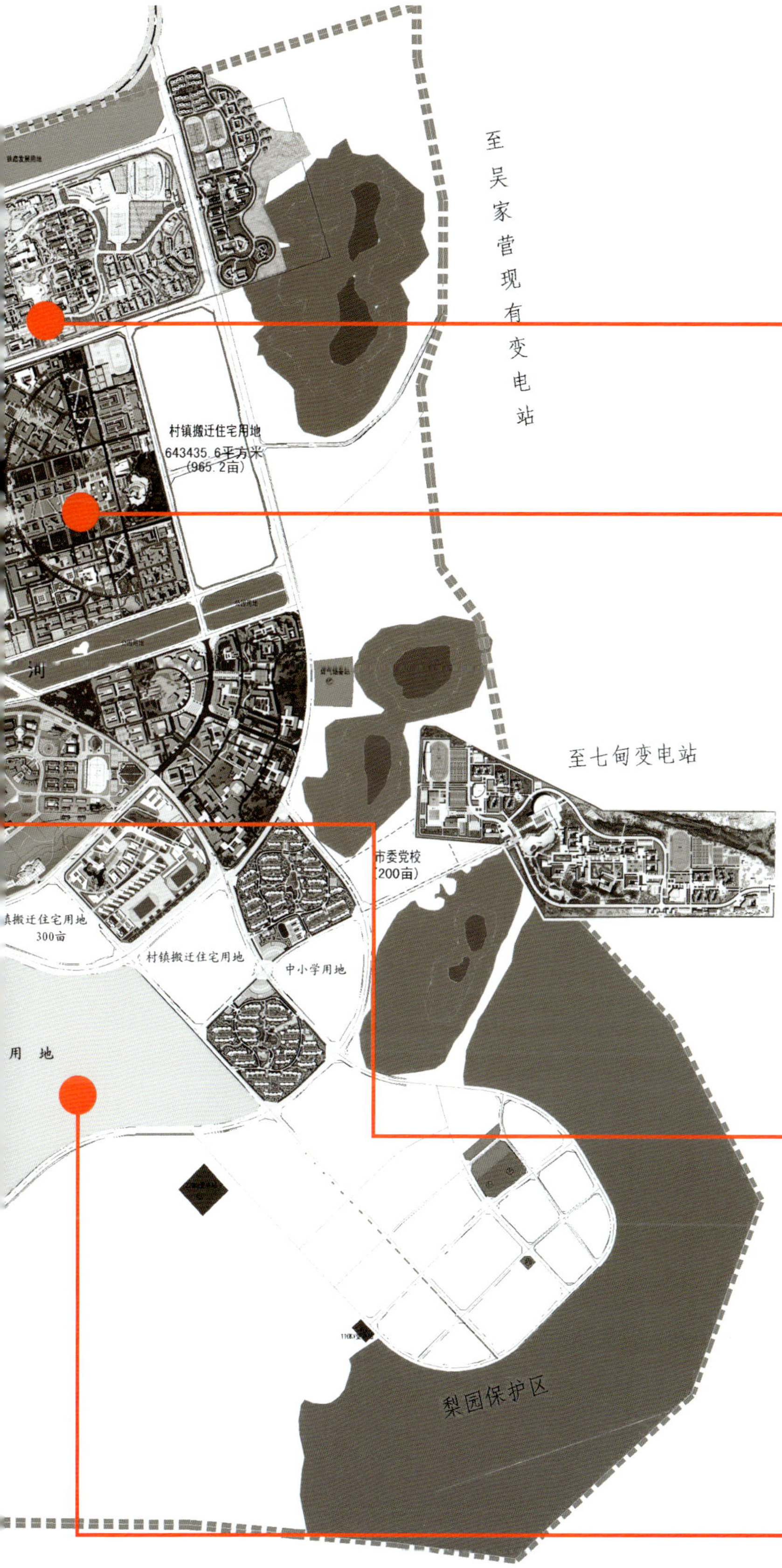

至吴家营现有变电站

村镇搬迁住宅用地
643435.6平方米
（965.2亩）

至七甸变电站

市委党校
（200亩）

镇搬迁住宅用地
300亩

村镇搬迁住宅用地

中小学用地

用 地

梨园保护区

昆明大学城各校主体建筑

	云南大学	昆明理工大学	云南师范大学
图　书　馆	建设中……		
主教学楼			
行政大楼			
学生公寓			
学生食堂			 建设中……
学校大门			

云南民族大学

云南中医学院

昆明医学院

云南艺术学院

建设中……

昆明护国广场

HUGUO SQUARE . KUNMING

建设地点：昆明市
建设年代：20 世纪 80 年代

护国桥

护国纪念标

护国门

丽江地震纪念物
LIJIANG EARTHQUKE MEMORIAL

建设地点：丽江市
建设年代：1997 年

城市广场中的“纳西魂”雕塑

香港同胞捐赠纪念碑

昆明历史人物雕塑

HISTORIC FIGURES' SCULPTURES OF KUNMING

郑和雕像

聂耳塑像

孙髯翁塑像

闻一多塑像

昆明城市雕塑

CITY SCULPTURES . KUNMING

牛虎铜案雕塑

补碗雕塑

花开新世纪雕塑

土著巢雕塑

昆明人民英雄纪念碑与浮雕
THE MONUMENT OF PEOPLE`S HEROES & EMBOSSMENT . KUNMING

红色景点雕塑
THE SCULPTURE OF RED SCENIC SITES

丽江石鼓镇红军纪念雕塑

禄劝皎平渡红军纪念碑

会泽红军扩容雕塑

陪伴建筑的雕塑
SCULPTURES OF THE ARCHITECTURE

云南财经大学逸夫楼前的雕塑

西山区政府大楼前的雕塑——“碧鸡”

第四章　百年间建筑建造的技术和材料

第四章 百年间建筑建造的技术和材料

中国传统建筑以木结构建筑为主，主要以砖瓦、木材为建筑材料，以柱、梁、枋、檩、椽等木架构为结构方式，按照营造法式、不同的功能要求和社会等级组合在一起。由于木质材料制作的梁柱受尺寸限制，不易形成开敞的建筑空间，传统建筑便巧妙地利用自然空间因地制宜地组合成庭院。传统庭院即是建筑封闭的基本单元，又是开放的自然空间，充分体现了中国“天人合一”思想观念和中国人含蓄内向、开拓进取的民族性格。

从 1911 年辛亥革命到 1949 年新中国成立，中国建筑呈现出中西交汇、风格多样的特点。这一时期，传统的建筑体系仍然占据数量上的优势，但在银行、饭店、百货商场、电影院等商业建筑中，在提取了传统建筑文化内涵的基础上，突破传统建筑封闭的格局，运用新的建筑建造技术和材料，扩大了建筑室内外空间，升高了建筑高度，增加了建筑外立面的开洞尺度，创建了中西合璧的建筑风格。这类建筑较好地取得了新功能、新技术、新造型与民族风格的统一。

新中国成立后，建筑建造的技术和材料进入了新的发展时期。大规模、有计划的国民经济建设，推动了建筑业的蓬勃发展。中国现代建筑在数量、规模、类型及现代化水平上都突破近代的局限，展现出崭新的姿态。这一时期的中国建筑经历了以局部应用大屋顶为主要特征的复古风格时期，以国庆工程 10 大建筑为代表的社会主义建筑新风格时期，集现代设计方法和民族意蕴为一体的地域风格时期。自上世纪 80 年代以来，中国建筑逐步趋向开放、兼容，中国现代建筑开始向多元化发展。

一、云南建筑技术的发展

在云南建筑发展史上，百年间建筑建造技术的发展随着地域经济条件的不同而不平衡。在小城镇、农村和少数民族地区，建筑技术仍然停留在传统的以土、木、石为基本材料，以木构架为主要结构方式的旧技术休系；在经济发达的城市传入了国外的建筑技术，掌握了近代的新材料、新结构和新的施工工艺，形成了新的混合结构体系。

云南近代建筑的主体结构经历了三个发展阶段：第一阶段为砖（石）木混合结构；第二个阶段为砖（石）钢筋（钢骨）混凝土混合结构；第三个阶段为钢和钢筋混凝土框架结构。

1. 砖（石）木混合结构阶段

砖（石）木混合结构主要特点是由砖石承重墙、木楼板、人字木屋架组成，具有结构合理、取材方便、建造技术简单的特点。19 世纪末，云南建筑已开始改变土木结构的传统模式，特别是工业建筑和公共建筑已逐步采用砖木结构和砖混结构，并在基础工程和主体结构的施工中使用了钢筋混凝土。

20 世纪初期各地建造的工厂、学校、住宅等大都采用了这种结构方式，如 1911 年建成的云南陆军讲武堂（图 1）。1939 年动工兴建的昆明西郊“篆塘新村”，采用了统一征地，统一规划，统一施工的模式，建成了昆明市的第一个居民小区，该新村的住宅为砖木结构，筒板瓦屋面的平房，墙体为土坯墙和毛石墙。

2. 砖（石）钢筋（钢骨）混凝土混合结构阶段

砖（石）钢筋（钢骨）混凝土混合结构，约在 20 世纪中期开始在云南使用。砖（石）钢骨混凝土混合结构是用很厚的砖石做承重墙，楼层采用工字钢密肋中加混凝土，用砖小拱或用工字钢外包混凝土作梁，梁间搭工字密肋。这种结构形式主要用于外国人建造的重要工程和工业建筑。由于该结构形式的用钢量较大，很快就被砖石钢筋混凝土混合结构所取代，砖石钢筋混凝土混合结构成为中国近代多层建筑最常采用的结构方式。

始建于1944年的人民胜利堂（图2），采用了传统中国建筑的造型与布局，同当时较新型的大空间混合结构相结合，是该时期建筑新结构的典型。1950年建造的昆明市工人医院住院楼和1958年建造的五层高、平屋顶，为当时昆明标准较高、设施齐全，唯一设有电梯和采暖设施的昆明饭店南楼等，均为砖混结构（图3）。

3. 钢和钢筋混凝土框架结构阶段

框架结构的应用和多、高层建筑的发展分不开，50年代我省建筑高度还没有超过10层的，多为多层建筑。该时期的多层建筑大多采用现浇钢筋混凝土框架结构，少数采用钢框架结构。1951年建造的原云南日报印刷车间为三层框架结构。1953年我省第一幢钢筋混凝土办公楼——云南省委办公楼建成，建筑面积6668平方米。

50年代后，随着新中国建设的需要，大跨度建筑逐渐发展起来，首先在工业建筑、交通建筑的建设中采用了钢结构和钢筋混凝土桁架结构。1958年在昆明小坝11个机械厂的工业区建设中，都采用了钢筋混凝土18米跨筒壳，预应力空心板等新技术。

图1 昆明陆军讲武堂

图2 昆明胜利堂

图3 昆明饭店

60年代后，在大跨度民用建筑上取得突破。该时期的体育馆、展览馆、影剧院等均采用了大跨度结构体系技术，如该时期建设的云南省博物馆、云南省农业展览馆、云南艺术剧院和云南省体育馆等建筑。

50年代～70年代居住建筑主要为多层砖混结构。1973年建成混凝土空心大板住宅和钢模板住宅。该类住宅建设工期短、造价低；80年代后居住建筑的抗震和安全得到进一步重视。该时期后的居住建筑以钢筋混凝土框架结构为主。

我省高层建筑从60年代初开始出现并逐渐发展，该时期建造的八九层办公楼和旅馆等公共建筑，主要采用框架结构。70年代高层建筑加快了发展步伐，兴建了一些超过十层的高层办公楼、旅馆、医院等。80年代后建设进入了高速发展阶段，建筑层数不断提高，体型也多样化，结构形式多采用框剪、全剪、框筒、筒中筒等形式。我省第一栋高层建筑是1974年建设的省农垦局知青招待所（现三叶饭店），楼高十层，为全预制装配钢筋混凝土框架结构，建筑面积约1万平方米（图4）。

随着薄壁管构件的问世，诞生了现浇混凝土空心无梁楼盖。这种楼盖无明梁，重量比实心无梁楼盖轻，而承载力等同于实心楼盖，既安全又经济美观，能较好地满足公共建筑对大空间、灵活分隔及抗震的要求，是继普通梁板、密肋楼板、无粘结预应力平板后新开发的结构体系。

进入20世纪以来，轻钢建筑已被应用于工厂、仓库、展览、超市等建筑。所谓轻钢是指以彩钢板作为屋面和墙面，以薄壁型钢作檩条和圈梁，以焊接”H”型截面做主次梁，现场用螺栓或焊接拼接的门式钢架为主要结构的一种建筑，再配以零件、扣件、门窗等形成比较完善的建筑体系，即轻钢结构体系。这种体系由工厂制作，现场按要求拼装形成。具有自重轻，建设周期短，适应性强，外表美观，经济性好，自重轻，易维护等特点。

80 年代后随着空间网架的运用，90 年代膜结构的诞生及高标号混凝土的出现和钢结构、劲性钢筋混凝土结构的广泛应用，使肥梁胖柱的建筑瘦了身，建筑造型更加丰富多彩。随着人类文化生活不断提高，人们对大空间、大跨度建筑的要求也越来越高，而钢结构本身具备自重轻，强度高，施工快等独特优点。因此在大空间、大跨度，尤其是超高层、超大跨度，采用钢结构是非常理想的。目前世界上最高、最大的结构采用的都是钢结构，而历届奥运会的场馆也多采用钢结构。

巨型钢结构为高层或超高层建筑的一种崭新体系，它是为了满足特殊功能或综合功能而产生的，它具有良好的建筑适应性和潜在的高效结构性能，是一种很有发展前途的结构。如昆明国际会展中心新馆以 70 米跨鱼腹式桁架提供了大空间展厅并展示了钢结构美（图 5 ）。云南省建筑机械化施工公司双塔高层钢结构职工住宅工程为 2 栋 16 层高层住宅，结构形式采用钢筋混凝土核心筒 + 钢框架，为云南第一幢钢混结构的高层住宅建筑。该建筑由于采用钢柱钢梁，降低了结构构件尺寸，提高了使用面积系数，在种种不利的外部条件限制下，争取到最优化合理的效果（图 6 ）。

2011 年底投入使用的昆明长水国际机场是新时期钢结构的代表。新机场由前端主楼、前端东西两侧指廊、中央指廊、远端东西 Y 型指廊组成。南北总长度为 855.1 米，东西宽 1134.8 米，最高点为南侧屋脊顶点，相对标高 72.91 米。航站楼建筑占地 15.91 万平方米，总建筑面积 54.83 万平方米，为地上三层（局部四层）、地下三层 。昆明长水国际机场的代表性建筑结构为航站楼中央大厅里的 7 条形似彩带的钢箱梁，它支撑着航站楼的屋面系统。这七条彩带状的钢箱梁连同 188 根锥形钢管柱、738 根幕墙柱及 12 根 T 形柱组成了昆明长水国际机场航站楼主体钢结构工程。7 根彩带寓意象征“七彩云南”，弯扭箱形钢彩带不仅是航站楼重要的装饰构件，而且是屋面网架的结构（图 7 ）。

索膜结构是 20 世纪中期开始发展起来的一种全新的建筑结构。由于其造型优美自重轻、施工速度快、节能环保、透光性好、抗震性好、自洁性好、易形成大跨度空间和极富现代气息等特点，广泛地应用在体育场馆、展览空间、收费站、娱乐中心等公共建筑中。如昆明的红塔体育中心游泳馆、云南民族村大舞台和宝海公园体育健身馆等，就是采用该结构体系。

由于索膜结构造型丰富，这几年发展较快，成为空间结构大家族中的重要成员。在索膜结构中钢索和膜为主要受力构件，通过给索和膜同时施加预应力使之具有刚度并承担外荷载，这种结构形式也称为张拉索膜结构。钢索一般作为边缘构件（边索）、

图 4 昆明三叶饭店

图 5 昆明国际会展中心新馆

图 7 昆明长水国际机场

图 6 省建工公司职工住宅

昆明电缆集团股份有限公司

昆明水泥厂

昆明钢铁厂

云南省玉溪市红塔铝材厂

脊索、谷索等与膜共同作用，使膜结构形成一种大跨度的结构体系成为可能。索作为膜材的单性边界，将膜材料划分为一系列膜片，从而减少了膜材的自由支撑长度，使膜表面更容易形成较大的曲率。

二 、云南建筑材料的发展

建筑材料可分为结构材料、装饰材料和专用材料。结构材料包括木材、竹材、石材、水泥、混凝土、金属、砖瓦、陶瓷、玻璃、工程塑料、复合材料等；装饰材料包括各种涂料、油漆、镀层、贴面、各色瓷砖、具有特殊效果的玻璃等；专用材料指用于防水、防潮、防腐、防火、阻燃、隔音、隔热、保温、密封等的建筑材料。

建筑材料是建筑发展的主要物质基础，钢铁、水泥在建筑中的运用，促进了建筑业的迅速发展。以型钢、钢筋、混凝土为承重材料的建筑，突破了传统建筑中以土、木、砖、石为传统结构用材的局限，提供了高层、轻型、大跨、耐火、防震等新结构方式。钢筋与混凝土的结合，使建筑材料的性能获得了重大改善。机制砖瓦、玻璃、陶瓷等建材工业的发展，是建筑技术发展的重要前提条件。

水泥生产的发展

我省近代早期新建筑材料，大都由外国输入，20 世纪中期本土的新建筑材料才逐渐发展起来。抗日战争时期云南成为抗日的后方基地，修建飞机场和内迁工厂都急需水泥，1939 年 5 月昆明水泥股份有限公司成立。翌年云南第一家水泥厂——昆明水泥厂（后改名云南水泥厂）在昆阳县海口镇建成投产。设计能力年产水泥 4000 吨，当年生产水泥 143 吨，这是近代建材工业在云南的开端。

始创于 1939 年的云南水泥厂是我省第一家水泥企业，数十年来，厂名几度变更。初创时名为昆明水泥股份有限公司昆明水泥厂；1943 年 5 月与华中水泥厂合并，改称华新水泥股份有限公司昆明水泥厂；1953 年 1 月改名为云南水泥厂；1964 年 4 月又改名为昆明市海口水泥厂；1984 年 6 月恢复为云南水泥厂。抗战胜利后修建的胜利堂、五华山光复楼、安宁温泉宾馆都是用该厂提供的水泥。

经过几次改造、扩建后，云南水泥厂已成为云南矿渣硅酸盐水泥的骨干企业，产量在全省所有水泥厂中名列前茅。1998年，云南水泥厂分离改制为云南水泥有限公司。2005 年 12 月 30 日，云南水泥有限公司与云南国资水泥有限公司整合，通过优势互补，强强联合，使云南水泥生产企业的发展迈出了更为坚实的一步。

钢铁生产的发展

云南的钢铁生产起步于30年代， 1939年国民政府行政院第399次会议通过经济部提案，由经济部、云南省经济委员会、商股三方组织股份在云南成立中国电力制钢厂。为抗战及市场需要，经济部同年又建议筹办云南钢铁厂。 1939年成立云南钢铁厂和中国电力制钢厂。成立之初产量低，品种单一，还不能完全满足建设需要，一部分建筑用钢材和特殊材料，还需依赖从省外供应和国外进口。

云南和平解放后，1950年3月，中国人民解放军昆明市军事委员会军代表进驻中国电力制钢厂和云南钢铁厂，接管了两厂。中国电力制钢厂更名为208厂，云南钢铁厂更名为209厂；1953年7月，208厂和209厂奉命合并为“中央人民政府重工业部钢铁工业管理局西南钢铁分公司105厂”；1955年6月105厂更名为昆明钢铁厂；1959年5月昆明钢铁厂更名为昆明钢铁公司；1992年11月昆明钢铁公司更名为昆明钢铁总公司；1999年9月昆明钢铁总公司改制为国有独资的昆明钢铁集团有限责任公司； 2007年8月昆钢集团与武钢集团战略合作重组昆钢股份公司。昆钢的成立使具有两千年冶炼史的云南第一次出现了运用近代钢铁冶炼技术的钢铁厂。

砖瓦生产的发展

1949年以前，云南省的砖瓦生产大多属个体经营，由农民在农闲旱季进行生产，主要靠手工制作，土窑焙烧。1933年云南一平浪盐矿从德国引进一台制砖机，用圆形土窑焙烧工艺，生产出几何尺寸规整的凹形沟砖，满足了“移卤就爆”工程需要，这是我省最早的机制砖生产。

新中国成立以后，为了满足新中国的建设需要，1952年筹建了云南第一家机械砖瓦厂云南砖瓦厂。1953年，砖瓦厂从上海购进砖机，首次采用机制砖坯、土窑焙烧的工艺。1954年7月1日，云南第一座轮窑机制砖瓦厂——云南砖瓦厂建成投产，标志着云南砖瓦生产由土窑生产进入轮窑生产，开始由机械生产代替手工劳动。80年代后为减少对农业用地的破坏，大力推广墙体材料改革，取消黏土砖，采用如混凝土砖块、粉煤灰砖、炉渣砖等环保的墙体材料。

1953年昆明地区开始建立加工木门窗、企口板的木工厂。1956年开始建立从生产预制门窗过梁等小型构件发展到能生产钢筋混凝土桩和预应力薄板等大型构件的混凝土预制厂。1957年11月昆明预应力制管厂建成投产，是我省第一家以预应力生产水泥管道和电杆的水泥制品的企业。

我省“二五”期间钢筋混凝土结构的建筑大量增加，促进了建筑施工的工厂化、机械化。为了适应发展的需要，各种混凝土构件厂也逐步建立起来。云南最早的混凝土构件厂创建于1956年，云南省建筑工程公司预制加工厂是最早的生产厂家之一，到1985年全省共有混凝土建筑构件厂159家。到80年代，为节约木材，大量采用钢模，钢脚手架代替了木模和木脚手架。用钢门窗、铝合金门窗等迅速代替了木门窗。省建筑钢窗厂、昆明市钢窗厂和宏达钢窗厂等是较早生产建筑钢门窗的企业。

轻骨料混凝土是一种轻质、环保、高性能的新型建筑材料，能最大限度地减轻结构自重，减轻地震破坏的作用。2003年我省第一幢轻骨料混凝土框架结构的建筑——云南省建工医院住院楼建成使用。

云南长期没有玻璃工业，直到1970年昆明平板玻璃厂建成投产以后，才有了云南自己生产的玻璃。到1990年底云南的平板玻璃企业只有昆明平板玻璃厂一家。随着现代科学技术和玻璃

在“大跃进”和国民经济调整时期，建筑施工机械有了较快的发展。混凝土搅拌机已开始大量使用，并采用工厂预制和现场预制相结合的方法，为混凝土预制构件装配式施工创造了条件。在现场预制中推广了活模板、砖胎底模砂浆找平无底支撑、大型构件钢筋模板整体吊装等施工技术。基础施工已掌握了处理软地基的制桩、人工降水、人工换土、卵石沙基础等施工技术，在垂直运输中推广了龙骨运砖机和木制平台机。钢筋加工采用了电动和脚踏平直机，制成了弯箍器和多头点焊机。

“文化大革命”时期，施工生产管理极度混乱，施工技术处于停滞状态。“文革”后期，在一些重点工程的施工技术上取得了突破。如在云南天然气化工厂施工中，采用了滑模施工方法，在浇筑造粒塔时每天可达 6.1 米。有色九建司在施工中推广了液压滑模、混凝土泵送、砂浆泵送、锚固桩整治边坡及锚固桩等施工技术。1976 年我省在施工技术方面进行了墙体改革和新技术的研究试验。由省建总公司承担的国家建委下达的 5 层混凝土空心大板房屋和 5 层混合结构房屋的抗震、抗热试验取得成功。

进入 80 年代后，云南建筑业进入了全面发展的新阶段。随着高层建筑的建造，施工技术也得到了很大提高。在基础施工中，灌注桩处理地基基础的方法已广泛使用。昆明市一建司在昆明市工人文化宫的施工中，采用钢纤维混凝土预制桩做护桩防止塌方。1983 年建设厅组织编写的《普通混凝土配制技术规程》作为地方标准在施工中执行，用重量比控制水灰比，使用机械搅拌和振捣。预应力钢筋混凝土和钢模板已普遍推广。推广了机械喷涂法、三喷三拍洗石子、弹涂粉刷和地坪涂料粉刷等技术。并在建筑施工中普遍采用滑模技术，大大地提高了工效和质量。在大中型建筑施工企业中建立了施工技术测试站，检测混凝土、钢筋、水泥、沙石、砖和土质的手段日趋完善，同时激光测量技术也开始运用到施工中。

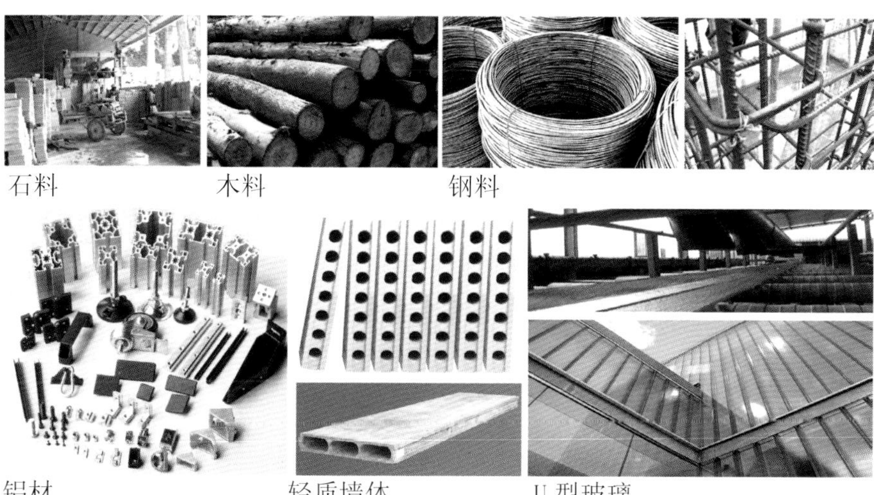

石料　木料　钢料

铝材　轻质墙体　U 型玻璃

50 年代 ~60 年代，云南省的建筑以工业建筑为主，推广预应力钢筋混凝土结构，采用标准化设计的装配式施工方法，在基础与地基处理方向推广砂垫层，砂井预压和砂桩、灰土桩，推广重锤夯实技术、电化学加固技术。墙体配筋砖砌体技术也获得大力发展。60 年代 ~70 年代，顶升法及无梁楼板在多层厂房中使用;80 年代以后随着钢结构及现浇钢筋混凝土结构增多，夹芯彩钢板在工业建筑中大量使用。

随着社会的进步，人们对建筑工程质量的要求从满足安全、经济、适用向追求天然生态发展。为了表现混凝土的自然美，一些建筑不再做二次装饰，施工中对混凝土表观质量有了更高的要求，清水混凝土施工技术有了较大的发展。

参考文献

(1) 中国近现代建筑史　中国建筑工业出版社 1982
(2) 云南省志 卷四十一 建筑材料工业志　云南人民出版社 1997
(3) 云南省志 卷四十二 建筑志　云南人民出版社 1997
(4) 黄远材 黄呈伟 李根庆．索膜结构设计的基本理论及其过程分析．云南建筑 .2007.2
(5) 斐学军 过军．薄壁管空心大板楼盖结构施工技术．云南建筑 .2004.1

建筑

砖瓦生产企业

云南砖瓦厂

- 1952年10月云南人民政府批准筹建
- 1954年7月1日建成投产
- 1962年精简下放人员、停产
- 1963年经济形势好转恢复砖瓦生产
- 1977年研制生产出质量合格的第一台500型制砖机
- 1980年开始在全省砖瓦行业中率先进行横向经济联营

昆明砖瓦厂

- 1953年5月有解放军军区基建处移交的呈贡洛羊、北郊波罗村和西郊夏窑等3个砖瓦点合并组成
- 1953年11月投产，开始采用机械制砖与土窑焙烧工艺
- 1956年国家对私营企业实行公私合营政策，将昆明东、西、北郊私营砖瓦业收归昆明砖瓦厂
- 1980年昆明矿渣砖厂和昆明铸石厂并入昆明砖瓦厂，改称昆明建筑材料厂

玻璃生产企业

昆明平板玻璃厂

- 1958年建厂
- 1960年国家经济困难停建
- 1965年4月复建
- 1970年7月熔窑正式点火投产
- 1970~1978年连年亏损
- 1979年转向生产，第一次实现盈利，结束了连续9年亏损的历史
- 1984年~1988年陆续引进国外先进技术和设备，质量进一步提高，消耗明显下降
- 1984年11月和1985年一月扩建了两条生产线，其中全电熔彩色浮法玻璃填补了云南平板玻璃工业的空白

昆明玻璃纤维厂

- 1972年破土动工
- 1973年竣工投产
- 1979年将昆明平板玻璃厂玻璃纤维分厂划出，成立昆明玻璃纤维厂
- 1980年后开始摆脱投产后多年的亏损局面，出现盈利

的发展

水泥生产企业

云南水泥厂

1939年创始为昆明水泥股份有限公司昆明水泥厂
1943年5月与华中水泥厂合并，改称华新水泥股份有限公司昆明水泥厂
1953年1月改名为云南水泥厂
1964年4月又改名为昆明市海口水泥厂
1984年6月恢复为云南水泥厂
1998年云南水泥厂分离改制为云南水泥有限公司
2005年12月30日，云南水泥有限公司与云南国资水泥有限公司整合移交正式签字，强强联合。

昆明水泥厂

1957年2月第一期工程完成，一号窑建成简易投产
1959年5月二期竣工，两条生产线的总生产能力为年产水泥30万吨
1961年因经常库满而停产
1983年开发昆明东郊大板桥小康郎矿区作为接替矿山
1988年扩建为年产50万吨的生产规模
1990年全厂新生产线建设完成，设计生产能力达85万吨

开远水泥厂

1957年开始石灰岩矿床资源勘探
1958年5月开展一系列筹建准备，选定厂址
1959年4月正式成立筹建处
1960年因国家经济困难，经中央建筑工程部决定停建
1965年2月随全国经济好转，恢复建设，主要设备从德国引进，设计能力为年产27万吨
1966年7月复建开工
1969年12月2号窑点火投产
1970年4月1、2号窑全部建成投产
1978年10月扩建3号窑生产线
1984年6月3号窑正式投产，总设计能力共50万吨
1988年基本建成花园式工厂

钢铁生产企业

云南昆明钢铁集团

前身是1939年2月22日成立的中国电力制钢厂和1939年11月7日成立的云南钢铁厂
70年代之前相继建成255m³级高炉三座和620m3级高炉一座
1998年12月26日，从卢森堡引进C高炉，达到国内同类型高炉先进水平的2000m³六号高炉投产出铁
2001年1月24日，完成了五号高炉由620m³向700m³的扩容性改造大修
2002年4月昆钢炼铁厂将行成300m³、700m³和2000m³各一座的生产格局

云南德胜钢铁有限公司

云南玉溪仙福钢铁（集团）有限公司

第五章　关于百年间云南建筑师的本土意识

第五章 关于百年间云南建筑师的本土意识

本土意识是建筑师对本土社会、文化、经济等方面的一种综合认识。从某种层面上讲，建筑师的本土意识可以认为是一种地域主义建筑思想。在全球化的今天，本土化的意识日趋凸显，地域主义建筑思想又一次被提上日程。

一、本土意识之地域主义建筑思想的发展

1. 国外地域主义建筑思想的发展

18世纪、19世纪欧洲的浪漫地域主义和风景地域主义，可以说是地域主义建筑思想的始端，英国的哥特复兴就是其中的代表思潮。只是那时的地域主义思想是初始的，不仅比较零散，设计手法也显幼稚。上个世纪30年代，芬兰建筑大师阿尔瓦·阿尔托在根据现代主义大的原则下创造出属于芬兰的、独特的具有地域文化特征的现代主义建筑。1924年，在《 Sticks and Stones》一文中，路易斯·芒福德（Lewis Mumford）对地域概念的认识已经超越了单纯美学意义的思考，进一步认为是对自然环境的理解和经营。他在1948年2月又进一步提出了有地区主义精神的批判主义思想。1954年，西格弗里德·吉提翁（Sigfried Giedion）在《建筑实录》（Architectural Record）上发表题为《新地域主义》（New Regionalism）。他在文中强调“新地域主义”在不发达国家和地区具有特殊的重要性，并提倡一种“结合宇宙和大地情景的地域主义倾向”。1959年，瑞典建筑师R·厄斯金（Ralph Erskine）从地理和人文的角度阐述了他对地区主义的看法，认为“地区主义的方向不再为狭隘的民族主义所左右，而是融入现代建筑的整体发展中”。1957年，詹姆士·斯特林发表了《论地域主义与现代建筑》，阐述了“地区主义与具有强烈的纪念性和新折中主义色彩的国际式相并列”的思想，并主张“考虑现实技术和现实经济的新传统主义”。80年代以后，挪威著名建筑理论家诺伯格—舒尔兹（Christian Norberg-Schulz）在《现代建筑之根源》（Roots of Modern Architecture）提出“新地区主义”的概念，并构建了场所理论，提出建筑必须与当地情况相适应，表达一种场所精神。1981年，希腊建筑理论家亚历山大·仲尼斯(Alexander Tzonis)和丽安·勒法维（Liane Lefaivre）首先提出“批判的地区主义”（Critical Regionalism）概念。1983年，肯尼斯·弗兰姆普顿撰写了《批判的地域之前景》一文，并在其专著《现代建筑：一部批判的历史》（Modern Architecture: a Critical History）中，对“批判的地区主义”作了七点归纳总结。这是对地区主义建筑思想较为系统和学术化的研究概括。

虽然国外地区主义的思想呈现出多样性，还没形成一种普遍意义的思想，但它的发展脉络是清晰的，其思想也日趋成熟。地区主义建筑的实践也颇具代表性，这些都为国内地区性研究打下了坚实的基础。

2. 国内地域主义建筑思想的探索

20世纪初叶以来，面对西方文化的冲击，我国三代建筑师

西班牙建筑师高迪的本土意识

圣家大教堂

古埃尔公园

米拉公寓

对传统建筑文化进行了追寻、探索与拓展。20 世纪 20 年代至 30 年代，以第一代建筑师为创作主体，为表达民族自尊心所进行的传统建筑文化复兴活动，这一时期的建筑活动表现出中国建筑“传统情结”，其代表作为中山陵和中山纪念堂的设计和兴建。50 年代至 60 年代中期，以第二代建筑师为创作主体，为表达民族自豪感而探索“民族形式”和“新风格”，厦门集美学派堪称代表。80 年代以来，以第三代建筑师为创作主体，立足传统建筑文化而创新的探索。在这一时期，对地区主义建筑与思想的研究呈现出两种趋势。

一是由对传统建筑现代演变的研究而生发的对地区主义建筑及思想的思考。如以清华大学单德启教授为首的致力于乡土聚落和乡土建筑在由传统走向现代过程中如何转变的课题的研究。以华南理工大学陆元鼎教授为首的对传统民居建筑与聚落的基础性研究及其对地区性建筑的思考。另外，台湾学者注重对农村传统聚落及族群向现代社区发展的研究，西南地区学者立足于少数民族文化基础上对乡土建筑与聚落的研究，西北地区学者基于环境生态角度对乡土建筑与聚落的研究等等，都应引起我们对地区主义建筑思想的学术关注和借鉴。

二是结合各地区具体场所，并结合创作实践对同样问题的研究和思考：上世纪 80 年代至 90 年代以广州为中心的“岭南建筑风格”的地域创作群体与学派——开放、通透、轻盈，结合当地湿热气候，建筑与热带自然绿色环境的融合；上世纪末新疆地区的地域创作群体——结合干热地区的气候特点，注重伊斯兰建筑传统中空间类型、形式风格的传承和延续；上世纪 80 年代至本世纪初以吴良镛、关肇邺先生为代表的清华大学创作群体——关注历史城市、历史地段与建筑的关系，强调文脉的延续，强调地点与场所特质的把握，追求适情、适地的创作模式，追求含蓄、内敛的建筑形式风格；以东南大学和南京大学为学术思想中心的地域创作群体——关注城市文脉和场所特质，注意地域文化的恰当表达；关注建筑建造本质的回归，强调建造中材料、构造、结构的建构及其表达。

尽管国内的建筑界对地区主义思想做了理论上的探索和实践，但仍存在一些问题。首先深入地区主义理论研究的起步较晚；其次，对民族形式、民族传统的理解过于简单；最后，不完善的市场经济对地区建筑创作的冲击。因此，要走出建筑的误区，更好地进行地区性建筑创造，就一定要去它生长的土壤里寻根，深刻了解它生存的自然环境、反映的文化生活、需要的经济技术、做到可持续发展。归根结底，这就是本土意识的体现。

3. 云南本土意识的萌芽

云南本土意识早就有之，最早的是对云南本土比较有代表的传统建筑与民居的考察与研究。早在 20 世纪 30 年代，刘敦祯、刘致平、梁思成等老一辈建筑学家就来到西南的云南，实地考察了昆明、丽江、南华等地的传统建筑与民居，并进行了相关研究，三位建筑师还分别著书《中国住宅概论》、《中国居住建筑简史》、《中国建筑史》记载这些研究成果，为中外建筑学界所瞩目。他们开创了云南本土建筑研究的先河，埋下了云南本土意识的种子。

如果说，20 世纪 30 年代是省外建筑师引发了云南的一种本土意识，那么，云南建筑师的本土意识真正起源于上世纪 60 年代，云南一大批本土建筑师如王翠兰、赵琴、陈谋德、饶维纯、顾奇伟、石孝测等建筑师在原云南省建筑工程厅的组织下，对云南少数民族建筑进行了较大规模的和艰苦的调查研究，相继出版了《云南民居》和《云南民居——续篇》两部专著。书中共对云南境内 16 个民族民居的源流、形成、发展、形式、类型、风格及如何适应自然条件、技术经济、风俗习惯等内容进行了研究和介绍。两本专著中建筑师对本土建筑研究至深，对后来的建筑创作提出了一种本土建筑的思考，逐渐地形成了云南建筑师的本土意识。

20世纪80年代以来，一大批云南本土建筑师相继对云南地方建筑深入研究，他们著书立说，出版了一系列的书籍如《丽江纳西族民居》、《云南民族住屋文化》、《云南大理白族建筑》、《丽江——美丽的家园》、《建水古城的历史记忆》、《和顺乡》、《云南少数民族住屋——形式与文化研究》、《我们的“特质”建筑》等。这些专著凝结了本土建筑师对云南的关注，以及在建筑创作中流露出来的本土意识。

国外建筑大师的本土意识

西班牙瓦伦西亚科技城（卡拉德拉瓦设计）

北京香山饭店（贝聿铭设计）

印度管理学院（路易斯康设计）

美国西塔莱恩森住宅（赖特设计）

建筑师本土意识的内涵

云南的本土意识主要是体现在具有本土特色的建筑创作之中。我国著名的学者张钦楠在《建立中国特色的建筑理论》一文中，指出地区建筑特色是“来源于对本国、本地建设资源的最佳利用。指出里所说的建设资源是广义的。它包括自然的和人文的资源。”[1] 并曾提出云南的建设资源包含：“自然条件的多样性、民族构成的复杂性、历史发展的特殊性、文化特质的多元性。”[2] 实际上，云南的本土意识来源于本土建筑师对云南实际的一种思考。

存在决定意识。很显然，在云南，本土知识分子们不可能没有自己的本土意识，建筑师也一样。但是，基于地区的本土意识在很多时候只是一种自发的流露，在城市和建筑中虽然体现了一定的地区性，“但是当前这种城市和建筑所体现的所谓‘地区性’是一种自发的，非自觉的地区性，我暂且称这种‘地区性’叫做‘自发的地区性’。”[3] 这种“自发的地区性”具有自发的、非自觉的特性。亚历山大把建筑的建造过程称为不自觉文化和自觉文化两种方式。在亚历山大提倡的自觉文化的语境下，我们需要的是具有积极姿态的地区建筑，可称之为“自觉的地区性”，而这种“自觉的地区性”就需要自觉地构建云南本土意识。

在云南，广大建筑师们也都倾注着对云南本土的思考，他们或多或少有着这么一种意识。但这里的问题似乎更应该是：“本土意识”应该是一种什么样的意识？它应当怎样被看待和定位？以整体辩证的眼光看，笔者认为对这种“本土意识”的认识应建立在两个层面之上，其一是“自我认同”，其二是“自我批判”。

1. 自我认同

云南地处祖国的西南，在中国版图上是一个独特的区域。云南本土建筑师作为一个整体，有着明确的地缘性。多少年来，云南社会发展比较缓慢，带来了我们的建筑创作较之沿海和中原发达地区相对滞后。但不能因为这样，我们就妄自菲薄。我们要认识到地处边缘的优势，更要保持自己与“中心”的差异，发挥远离“中心”的“边缘”个性。

对边缘化的认同

当前，西部及云南的建筑师在被西方建筑文化边缘化的同时，还经受着被内地与沿海发达地区“中心”建筑文化边缘化的现实，这是一种“双重边缘化”。云南地处祖国的西南边陲，从地理位置上讲，云南属于西部。在全球化语境的冲击下，中国的建筑师逐渐被边缘化，而西部的建筑师，尤其是云南的建筑师在背负这种边缘化的同时，还不得不接受另一种边缘化，即随着东部的崛起，而形成西部地区的边缘化。处于“双重边缘化”的云南建筑师有着自己的“特质性”和“差异性”。[4]对边缘化的认同就是要把自己的“特征”表现出来。有本土学者这样认为：“竖看历史，横看世界，还是从我们工作的所在地云南说起。云南，上下五千年，历来是中国边陲缺乏吸引力的贫困地区。像许多美国人不了解中国一样，中原地区、沿海地区对云南知之甚少。”[5]这一见解不仅承认自己的边缘身份，而且是对云南双重边缘化的认同。此外，云南“从古至今属于不发达地区，‘不发达’的‘同义词’是缺少可背的历史包袱，容易挣脱某些传统的束缚，大胆求发展，放手求进步。”[6]这也是由于地处“边缘”地位，而带来的发展机遇。

当然，“边缘”的身份也是相对的，“边缘”与“中心”是可以相互转化的。虽然我国是发展中国家，就世界的格局来看，我国是处于“边缘”地位，但随着我国的不断发展进步，我国的大国地位也渐渐得到认可。我国在国际上的话语权也不断加强，在世界的舞台上，我国“边缘”身份也慢慢向“中心”在改变。同样，云南相对于沿海和中原发达地区是处在“边缘”地位，但随着西部大开发和自身的发展，云南的文化及其独特的魅力越来越被更多的人关注，云南的身份也在悄然地变化。“越是民族的，就越是世界的”，对“边缘化”的认同，不等于固步自封，而是用要一种开放的思想，寻找“差异性”，从而更好更快地发展。

对差异性的认同

什么是云南地区不同于内地与沿海地区的差异性呢？有本土学者曾这样总结云南的地理和人文环境特质，即：“自然条件的多样性、民族构成的复杂性、历史发展的特殊性、文化特质的多元性。”[7]这既是云南的“差异性”，也是云南的“独特性”。对“差异性”的认同，其目的是要寻找自己的“特色”，要从自然条件、民族构成、历史发展、文化特质等多方面进行研究，从而创作出与其他地区有“差异性”的建筑，体现云南本土建筑的特色。

大理崇圣寺——阿嵯耶观音殿
（张辉、周川设计）

香格里拉图书馆
（周川设计）

对此，云南本土建筑师有着这样的总结：“云南城镇建筑崇自然、不拘于‘天道’，求实效、不缚于‘法度’，尚率直、厌矫揉造作，善兼容、非抱残守成”。[8]，这就是云南城镇建筑不同于其它地区的特质，也是有别于其它地区一种具体的差异性表现。由于对云南差异性的总结与认同，笔者认为云南现代本土建筑创作要体现四大特色，即“与环境相协调、与时代相吻合、与大众相亲近、与多元相并存”。这种不断的追寻和向精神深处的探究表现出的其实就是一种自觉的本土意识和自觉的自我认同。如果本土的一批建筑师都具有这样一种自信的、健康的自我认同和本土意识，那么，其创作天地就完全会是另外一种气象。

2. 自我批判[9]

自我批判一直以来是我们中华民族的优良传统。人类的思想文明史告诉我们，任何的思想意识如被片面地放大或被推向极致都是危险的。囿于一个地区的“本土意识”同样如此。缺乏理性思辨的“本土意识”如不加节制地被放大和滥用，将把“地区性建筑”引入极其危险的境地。因此，对狭隘和极端的“本土意识”，建筑师应该持有一种批判的态度。

对狭隘的地域主义思想的批判

我们首先需要批判的是通俗的、民族主义的和怀旧的思想意识及地域建筑形式。这里，人们很自然地想到批判的地域主义的思想及其理论。事实上，批判的地域主义强调其双重批判态度：其一是反对那种以西方文化、经济利润、机器标准化生产、消费文化为根基的国际风格和现代主义，反对那种主流、强势的文化对非主流、边缘文化的霸权；其二是反对那种“仅仅采用符号、象征和抒情性的、浪漫的和通俗的地域主义形式”[10]。

本土建筑师提出：“对于历史文化的研究需要科学的理性态度，建筑设计中模仿西方现代同模仿西方古典的创作价值是一样低下的”。本土建筑师的这一认识，切中了“批判的地域主义中对普遍的国际化和普世化的技术应采取谨慎的态度”的这一观点。其次，“批判的地域主义也认为浪漫的地域主义直接使用人们熟悉的地方元素和图像景观是不健康的，这种简单符号化的方法从根本上是通俗化的。同时，还认为应与绝对的历史主义、以及那种试图回到前工业时期营建形式的传统的地域主义保持距离。”[11]对于这个层面上的批判，本土建筑师也是赞同的，现在的历史文化名城由于过多地使用雷同的地方元素，致使名城的特色逐渐流失。

在云南这样的边缘地区，狭隘的地域主义问题是极其突出的。不少官员、甚至是业内人士至今还在迷恋于所谓“穿衣戴帽”。相当的地区（如大理、丽江、版纳）对当地民居的具体形式及美学特征符号大量地滥用和复制，对外来观念、方法与技术予以简单粗暴的排斥和拒绝，建筑师也经常受其影响而进入“媚俗的当地建筑形式”的误区之中。

对云南当下现实问题的批判

阿庐古洞景区碑亭
（顾奇伟设计）

德宏姐告管委会办公楼
（张辉、李红设计）

我国建筑创作方针是“适用、安全、经济、美观”。但建筑师很容易迷入空间、形态、材料、表现的幻想当中。这并没有什么错，关键在于忽略了建筑的根本——安全、经济与适用。因此，要对现实社会生活进行冷静与理性的思辨。我们还需要本土建筑师持批判态度的是深刻理解当今社会空间背后的政治权力和那只看不见的“经济之手”。建筑师经常会遇到这样的尴尬：当看到有特色的民居被拆除时，往往会上前阻止，但当户主提出与你互换居所的时候，此时却不免有些尴尬。这就是，目前不少所谓“本土化创作”步入了“当地表层形式语言”与“西方操作范式”的两个误区之中。

享有世界声誉的法国哲学家亨利·列斐伏尔极力提倡对空间的认识应当将历史性、社会性和空间性结合起来，并提出建立在这一思想基础上的空间研究的“三重辩证法”（triple dialectic）。他曾这样写道：“空间一向是被各种历史的、自然的元素模塑铸造，但这个过程是一个政治过程。空间是政治的、意识形态的。它真正是一种充斥着各种意识形态的产物。”[12]“建筑师，作为职业的称谓，受着社会的制约，不能自以为是，反而需要身不由己，入流于世俗之中；听命于‘上帝’的安排，随波逐流；若作为事业和学业，又必需承担起‘为人’造福的社会责任去探索去创造。”[13]这一番话语道出了社会经济、政治对建筑创作环境的影响以及建筑师的责任。不少本土建筑师批判了在市场经济的驱使下，那些只重视“高、大、全”的建筑创作而导致的“广种薄收”的创作局面以及为了经济利益而使建筑兄弟部门之间封锁技术、切断交流，最终导致低劣的建筑产生的现象。同时，积极抵制不切实际的“长官意志”、“领导决策”等不良的社会现象。这是建筑师的责任，也是对云南当下现实批判的一种本土意识。

昆明东盟国际会议中心方案（张辉、王珂设计）

云县行政中心（王珂设计）

昆明石林避暑苑（张晓洪设计）

陇川县政府办公大楼（朱青设计）

三、云南本土意识在建筑创作中的体现

吴良镛先生在一篇文章中提到了京派、海派、广派，是否云南的建筑很有特色而不能自成一派？本土建筑师应吴先生的话，把云南的城镇、建筑特色定为“云南派”[14]。作为云南一派，就是要在云南全境范围内来讨论其共同特色，而非一个民族一个地方的特色，也不是停留在表面形式层面的特色，而是要从宏观的社会、历史范畴来看云南建筑的内质特色。从这点出发，“‘云南派’的最大特色首先是全省无一派，因而，可称之为无派的云南派”[15]。本土建筑师把无派的云南派归纳为：“新干栏式、新汉式、新折中式、新个性式”[16]。

1．云南本土意识之“新干栏式”建筑的体现

干栏式建筑是云南传统建筑的一大特色，从青铜时代开始，云南的少数民族世居此类建筑至今，成为云南历史悠久的一种住屋文化。云南多山的地形地貌决定了干栏建筑与大地接触方式的独特性。如何在复杂的山地地形上建房屋，是一个首要解决的问题，而干栏建筑的“架空”形态是解决这一问题的关键。无论是脊、坎、坡等多么复杂的地形都是因势利导，化不利为有利，顺其自然，也产生了许多与各种复杂的地形相适应的构筑形态。山地建筑针对不同地形形态，表现出诸如挑、架、台等多种建构方式。山地建筑充分借鉴这些山地民居建造方式，巧用地形，争取空间结合自身特点也形成了不少有效合理的建构方式，表现出多种多样的建筑形态。干栏建筑的架空正是建筑对山地自然环境的一种适应性，也是崇尚自然的表现。

保山三馆中的群艺馆和图书馆底部采用干栏形式局部架空，顶部以长屋脊斜面强化感染力。其他建筑以构架外露平面或挑或退，顶面或斜或平等手法形成现代建筑的本土味。在民族村彝族寨大门的设计中，以滇中出土文物中的长脊干栏作借鉴结合现代手法创作入口标志。阿庐古洞洞外景观建筑设计中，设计者借助本土村野田间的“窝棚”，适当加大斜杆梁及屋脊，在斜杆梁根部加竖桩作“穿斗”，创作出新干栏式风格，使建筑显得简洁有力，在古朴之中透出清新的现代建筑气息。

2．云南本土意识之“新汉式”建筑的体现

云南多样的民族构成，多元的文化体系，多变的自然环境孕育出丰富多彩、多层次的民居建筑形式。其中合院式住屋形式

也分作若干类型，典型的有：昆明地区的“一颗印”、大理白族的“三坊一照壁”和“四合五天井”、丽江纳西族民居、建水民居等等，各据天时、地势、人情，各展丰姿。然而各民族不同的合院式住屋因承云南这一特殊的区域环境条件，成为一个复合多元文化网络中不可或缺的有机构成要素。昆明的“一颗印”呈四合内敛格局，当是汉式合院体系渗入本土住屋体系后的一种变异型制，其既有某种合院形制的构成要素，又遵循云南本土建筑形式构成的原则。而大理多为较规整的“三坊一照壁”、“四合五天井”，讲求自身的完整与独立。丽江则在“三坊一照壁”、“四合五天井”形制基础上较多变化，灵活自由，或依山而建，或临水布置，各因地形，各据地势，讲求顺应自然，重“适”之营造法则。

丽江木府衙署重建方案，曾一度迷惑设计者应建成怎样的明代木府？《徐霞客游记》中所记载的“宫室之丽，拟于王者”这八个字的简单描述，是唯一可遵循的文字依据，说明当时的木府是超规格的“王府”，而这一约定俗成的历史认识已流传了数百年。现在重建木府，若按古城的尺度而言，宜小不宜大；若从各界人士心目中认定的“王府”的规模出发，宜大不宜小。暂不论其规模尺度的大小如何，在古城之中重建明代木府，还得用传统木作这一招法不变。根据实际情况，设计者采取了府内大外隐，前院严谨后院亲和的处理手法。这是“新汉式”建筑创作的一种体现。

3. 云南本土意识之“新折中式”建筑的体现

自上个世纪80年代以来，云南本土建筑师立足于本土结合现代，以抽象继承、创新为主进行创作了许多具有本土特色的现代建筑。云南民族博物馆是上世纪90年代中期的设计作品。该建筑从建筑艺术方面体现那个年代的所谓“新乡土主义”风格，也可称为“新折中式”。其魅力将云南乡土建筑的“院落”作为一种特制的概念，从而抽象成为一种技术思想并以此来形成独有的平面和空间组合，其中蕴含了本土精神的内涵。设计者采用了“三坊一照壁”、“一颗印”等云南院落式民居的院落空间形成若干个“凹”字形平面，进行展开。这里的“院落”已成为了沟通现代博物馆与本土地域性之间最恰当的桥梁。

昆明市博物馆是围绕一座唐代的古经幢来组织空间与参观流线的，这是尊重地域历史文化的表现。博物馆建筑艺术造型采用传统与现代相结合的处理手法。古幢展厅采用了覆斗式屋顶，展厅内以粗犷的麻黄石饰面，取其出土之意和体现古朴风格。悬挑的凸窗、外墙的红砂石饰面，力求体现唐宋传统建筑风格与云南民族、地方建筑特色和博物馆建筑的文化品位。

4. 云南本土意识之“新个性”建筑的体现

本世纪初，出现了以罗旭土著巢、赵青住宅、杨丽萍住宅为代表、不同以往的建筑。其最大的特色充满个性与自由，但与环境又紧密融合。他们的个性不仅体现在建筑的表现上，也体现在建造过程之中，更体现在他们的设计建造者不是建筑师，而是艺术家。笔者姑且称之为“个性艺术”。

随遇而安的玻璃盒子——杨丽萍、赵青住宅

杨丽萍、 赵青住宅坐落在大理洱源双廊村，均是由大理艺术家赵青设计的。据了解，这三栋建筑是没有施工图的，是艺术家赵青在现场指挥施工的。赵青是大理本地白族人，从小对艺术有特殊嗜好，精通佛经，非正规院校毕业，是著名佛教大师南怀谨的弟子。他设计的住宅是一座洱海边实实在在的阳光城堡。整个建筑选用铁板、钢索、玻璃、石材等等坚硬的材料。与白族建筑完全不同，这座城堡充满了视觉冲击力和另类感觉。想到艺术家没有图纸却现场发挥，并指挥施工，不禁让人油然起敬。赵青才华横溢，巧妙地配置建材和利用光学效果，使整个城堡阳光明媚。建筑上的整体敞开和透明一反当代流行的私密性和局限性，而用材上的简约、环保不正是更接近我们理想的建筑吗！

它的“个性”魅力体现在三个方面：

（1）揭示了场所精神

何谓场所？诺伯格—舒尔兹对场所做出如下解释：

“场所是环境的一个具体的表述。我们经常说行为和事件发生。事实上，离开了地点性，任何事情的发生都是没有意义的。场所是存在的不可或缺的组成部分。那么，场所一词到底如何解释呢？很显然，它不仅意味着抽象的地点，而且它是由具有材质、形状、质感和色彩的具体的事物组成的一个整体。这些事物的集合决定了‘环境的特性’，而这正是场所的本质。总之，场所是具有特性和氛围的，因而场所是定性的、‘整体’的现象。简约其中的任何一个部分，都将改变它的具体本质。”[17]

可见，场所是一个具有特性的环境，而处于环境中的任何事物都是不可或缺的，它们是一个完整的整体。建筑面海背村，屹立于嶙峋的大石之上，与大树相拥而立……这一切显得多么安详和谐。建筑与环境的相融相生不正体现了这独特自然条件下的场所建筑精神吗？

（2） 展示了材料的魅力

人们有了外衣的装表与打扮，而美丽纷呈；同样，建筑有了材料的装饰与表现，而魅力散发。人类常常赞叹大自然的鬼斧神工，我更惊诧于艺术家的天赋与才华。艺术家巧妙地运用了玻璃、钢、石材向我们展现了一个与现代建筑不一样的全新的玻璃盒子。现代建筑注重功能，而它更注重主人的生活及建筑与环境的融合。

（3） 体现了时代精神

要讲时代精神，不可避免地谈到传统。而一提到传统及传统建筑，有人就会认为这样的玻璃盒子与它们村子里传统的白族建筑有点格格不入。其实，艺术家也考虑到了自己的居所与村里的白族民居的关系。他在靠近村子的外墙上运用了黄色的大理石，这与村里展现了几百年历史的黄色土坯墙显得竟是那样的协调。此外，他把自己的居所向传统的白族民居的位置方向靠，挤出了传统的巷道空间。离开村子，越靠近海，建筑的表现越现代化。清华大学的单德启教授常常提到传统与现代的关系：“既弘扬‘传统’，又开拓‘现代’；传统是历史长河中物质文明和精神文明的积淀；传统中的历史遗存，无一不是彼此的‘现代’，而现代的一切创新，也终将融入传统。”我们暂且不论艺术家如何把现代的居所融入传统的白族民居之中，但从建筑的表现来看，他确实体现了作为一名艺术家应该具备的创新精神，确实体现了建筑的时代特征。

玩世不恭的雕塑建筑——罗旭土著巢

“土著巢”位于昆明东郊8公里处。土著巢于1996年10月动土，土建工作历时一年，没有专业施工队，无机械运作，民工参与最大量三百到四百人。一处私人住宅在纯手工的堆砌下，变成了一处建筑文化风景。土著巢的灵感来自于艺术家罗旭对母体感情的记忆，一种简单的形式复原。这个建筑群立起的那一天起，他每次走进去都有一种再次回到母体内的感觉。罗旭，用他自己的话说，“我不是建筑师，也不是盖大楼卖房子的投资商。我是建筑领域里的门外汉，在此前此后，所提到的都属门外汉说的题外话，我无胆无勇正面建筑这一十分专业的话题，虽然二十五年前，曾在建筑队工作了五年，充其量掷砖给师傅砌墙多了，知道一块砖的分量有多重。”他虽然不是建筑师，却有着建筑师没有的指挥才华。三四百个民工，没有图纸的参考，在他的指挥棒下，如蚂蚁堆山，堆出了一个母体的原型。一时间成为许多游客和建筑界的学者参观的地方，名声大噪。细细看来，它还是有以下特点：

（1）与环境的协调性

初看到土著巢，感觉它就像地上长出的蘑菇，与它生长的土地的环境十分协调。但它又像原来当地曾经有过的砖窑，是对原有建筑的一种创新。罗旭的土著巢也考虑到这一因素吧。大树、风车、建筑共同编织一幅安详的画面。

（2）内部空间的趣味性

空间的把握对一个建筑师来说，是至关重要的，也是很难的。作为一个雕塑家，他甚至比建筑师更有驾驭空间的能力。进入土著巢，第一感觉就是空间丰富的变化。可能是因为建筑因地势而建，室内地坪也是高差错落。室内的光线比较昏暗，主要靠顶部的天窗自然采光。当你抬头仰望时，好像来到西班牙建筑师高迪做的建筑，又仿佛置身于西方的古典神庙之中。罗老师第一次向我们介绍空间时，不停地把玩手中的烟盒与打火机，向我们比划怎样培养自己的空间感。也许对空间的把握，是他津津乐道的土著巢成功的方面之一吧！

（3）结构的整体性

值得我们关注的还有它的结构。没有专业施工队伍，更无现代化的机械运作，却搭建了层高十多米，有的甚至二十来米的巢穴。主要是用砖一圈一圈往上叠加砌筑而成，越往上直径越小，有点像西方的神庙，采用叠券结构。整个建筑群像一个整体插到地面上。如果让结构工程师来验证建筑的地基没问题的话，那么土著巢就堪称完美了[18]。

杨丽萍、赵青住宅，土著巢是在一个特殊时期、一个特定地点，由特殊的艺术家建造的。它虽然不具有普遍性，但它丰富了云南本土建筑的多样性，为云南本土建筑写下了重要的一页。

四、 总结

笔者试图说明这样一种思考：云南本土化的建筑创作不但应有“批判的地域主义”的双重批判态度（即对国际式建筑运动的批判和对狭隘的民族意识与乡愁的批判），而更重要的是对中国、西部尤其是云南当下现实问题的批判，对各种现实社会思潮与趋势的冷静的观察与抵抗，并将这种“思考和抵抗”融入创作的血脉当中。这既是一种“三重的批判态度”，也是一种“本土的问题意识”；同时，更是一种将西方“批判的地域主义”理论本土化的理论态度。

以上的分析实属笔者之见，分析不当之处在所难免。只希望此文能对云南未来的本土建筑创作起到抛砖引玉的作用！

参考文献

（1）．张钦楠．建立中国特色的建筑理论体系［J］．建筑学报，2004，（1），P22

（2）．蒋高宸．云南民族住屋文化［M］．昆明：云南大学出版社，1997.10，P10—20

（3）．孙彦亮 陈灵琳．自觉的地区建筑创作．表情——走在设计的外延与内涵，第四届全国建筑与规划研究生年会论文集，天津：百花文艺出版社，天津大学建筑学院编，2006.9，P384

（4）． 参考 王冬．西部年轻建筑师的凤凰涅槃［J］．时代建筑，2006，(4)，P163

（5）．顾奇伟．21 世纪中国建筑创作的突破口．现代中国建筑创作研究小组 2001 年学术年会论文

（6）．顾奇伟 殷仁民．十字路口的“云南派”——兼谈 21 世纪的云南建筑文化［J］．云南建筑，1993，（3），P2

（7）．同（2）

（8）．顾奇伟．有特质才无派——探释云南城镇、建筑特色（二）．云南建筑，1993，(3-4)，P17—22

（9）．本部分内容参考于 王冬 李卫兵． 云南本土意识与现实批判——兼对云南近期本土建筑创作解析［J］．建筑西部：西部城市与建筑当代图景实践篇． 北京：中国电力出版社，2008

（10）．沈克宁．批判的地域主义．建筑师，2004，（5），P47

（11）．王 冬，西部年轻建筑师的凤凰涅槃．时代建筑，2006，（4），P164

(12). 转引自 包亚明，现代性与空间的产生. 上海：上海教育出版社，2003，P62

(13). 顾奇伟. 人为·为人——在中国建筑师学会理论与创作学术委员会2000年丽江年会论文. 云南建筑，2000，(2)，P4

(14). 参考 顾奇伟的无派的云南派——探释云南城镇、建筑特色（一）[J]. 云南建筑，1990，(3-4)，P76

(15). 顾奇伟，无派的云南派——探释云南城镇、建筑特色（一）[J]. 云南建筑，1990，(3-4)，P76

(16). 参考于 张辉 张晓洪 主编，我们的特质建筑——云南"特质"建筑探索研究[M]. 昆明：云南科技出版社，2007.10，P49—109

(17). [挪威]诺伯格·舒尔兹. 场所精神：迈向建筑现象学，施植明 译. 台湾：田园文化事业有限公司，1995

(18). 参考 叶永青 吕 彪. 妄想和异行——罗旭的昆明土著巢[J]. 时代建筑，2006，(4)

第六章　关于百年间与建筑共生的雕塑

第六章 关于百年间与建筑共生的雕塑

一百年来，云南的城市建设取得了瞩目的成就。我们在惊叹于建筑带来的变化之余，不得不感叹雕塑给整个城市、建筑注入了新的文化，带来了新的生机与活力。世界著名的哲学家黑格尔第一个对建筑做出系统美学分析，并认为建筑、雕塑、绘画都是空间中展示的视觉艺术。

建筑与雕塑历来关系密切，在环境中两者都是“硬件”，前者注重实用功能，后者讲求精神效应。就整体环境来讲，它们相互依存，成就了完整的空间元素。世界著名的华裔建筑师贝聿铭经常喜欢用雕塑来点缀建筑。他喜爱在其设计的前广场、入口处等关键位置设置雕塑精品，与建筑相得益彰，使环境更具艺术魅力。他特别喜欢采用摩尔和卡尔德的雕塑。在他设计的华盛顿国家美术馆东馆中，他采用卡尔德设计的随气流而飘动的红色叶状组合的钢雕来装点整个大厅，让人产生无限的遐想。同时，他在东馆外采用了摩尔设计的石雕,大大地提升整个环境的品质(图1)。如果没有雕塑的装点，也许东馆会逊色不少。无论怎样，建筑和雕塑早就结下了不解之缘。

从1911年到2011年，在过去的100年间，云南雕塑的发展可分为三个阶段。

图1 华盛顿国家美术馆东馆

东馆室内的钢雕

东馆入口处的石雕

第一阶段 1911年—1949年

从1911年到1949年39年的时间内，从辛亥革命经五四运动到新中国建国前，由于处于战乱时期，我国的雕塑发展极其缓慢。就云南而言，这一时期雕塑的发展几乎处于停顿状态。但是在战乱的间隙，我国仍有为数不多的城市雕塑建设。这一时期的城市雕塑，主要是以纪念伟人、历史事件为主。其中就包含了云南师范大学校园内由李公朴、闻一多等纪念碑雕塑组成的衣冠冢。

衣冠冢的布局比较讲究，形成闻一多衣冠冢墓碑——闻一多先生的墓碑——一二·一运动四烈士墓碑——一二·一运动的纪念碑——李公朴先生的墓碑的空间序列。衣冠冢的设计手法简练，但显得庄重。新建的西南联大退居一旁，突出衣冠冢的中心地位。烈士的纪念碑与国立西南联合大学纪念碑、云南省文物保护单位铭文等重要碑刻，构成了整个西南联大纪念馆的中心。

图2 衣冠冢

闻一多及四烈士墓碑

李公朴墓碑

第二阶段 1950年~1979年

20世纪50年代初到20世纪70年代末，云南先后经历了国民经济的恢复时期、第一个五年计划时期、大跃进和大调整时期、和“文化大革命”时期。这个时期全国上下全面学习前苏联，整个艺术界、建筑界也不例外，雕塑带有明显的政治色彩，其风格以写实为主。

上个世纪 50 年代，在云南的雕塑缓慢发展时期，出现了袁晓岑、廖新学等全国有代表性的雕塑家。袁晓岑于 1954 年创作雕塑“母女学文化”、“牧羊女”（图 3）以及廖新学于 1955 年创作雕塑“彝家少女”，都是那个时代比较有影响力的作品。他们的作品突破了那个时代强烈的政治色彩，坚持以写实的手法提炼生活中的真实形象，通过自然含蓄的表达，生发强烈的艺术震撼力。只是，这时的雕塑作品比较独立于建筑之外，对建筑仅仅起到了点缀作用。

第三阶段 1980 年～2011 年

改革开放以来，随着社会经济的增长，人类也逐渐对自身生存环境空间给予了重新的认识。作为在建筑环境空间中起十分重要的雕塑艺术作品的创造，以其千姿百态的造型和审美观念的多样化，以及现代高科技、新材料广泛利用，为我们现代生活的环境空间增添了生命的活力和魅力，而且与城市及建筑的关系也越来越密切。

图 3 袁晓岑创作的雕塑

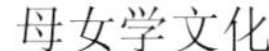

母女学文化

牧羊女

1. 雕塑与建筑的关系

走出“架上艺术”的雕塑创作，无不与环境设计息息相关。现代建筑的室内设计、外部空间设计甚至整个城市设计，由于融入了现代环境雕塑艺术语言而显得格外生机勃勃，充满活力。离开了雕塑的建筑，必定失去了它应有的华彩。从雕塑与建筑的关系来看可分为三种：一点缀建筑、二作为空间媒介引导建筑空间、三与建筑合二为一。

图 4 牛虎铜案

图 5 烟斗雕塑（李异文设计）

点缀建筑

作为点缀建筑的雕塑比较多，类型也比较广泛。例如神庙中的供奉对象、广场上的纪念柱与雕像、城市的标志物。无论是抽象或是具象，它都享有一定的控制性地位。这类雕塑作品并不好做，点缀物本身要有其特定构思，特定视觉魅力，而更为难办的是它的尺度与材质的把握。许多文化遗产都是在处理尺度问题上的成功范例。特别值得一提的是云南省博物馆前的牛虎铜案雕塑，其定位、尺度、材质与环境的关系可谓精妙到极致（图 4）。

在一些公共建筑前的雕塑，以其特有的艺术魅力统领整个建筑环境。这不免又让我们想到了世界著名的华裔建筑师贝聿铭设计的华盛顿国家美术馆东馆前的摩尔雕塑。云南红塔集团总部办公大楼后景观区，有一座由云南艺术学院设计学院李异文设计的高8米、长19米的一个具象的“烟斗”雕塑。它以“烟斗”造型为雕塑原型，单纯化的大体量造型形成有力的视觉冲击。直观地表现红塔集团的企业文化。运用镜面不锈钢的反射及对比材质属性，与现代、简洁的大厦相辉映，充分体现现代烟草企业的力量和气魄，让建筑通过雕塑显露出本身的个性（图5）。

在许多住宅小区中，景观雕塑对建筑的点缀作用是不可忽视的。云南省玉溪市“世纪华庭”小区内，以传统“中国结”造型为设计原型，用现代雕塑语言传达出“恭贺新禧、岁岁平安”的美好祝福与生活小区的民众。在造型形式上考虑了置于小高层建筑中的纵向节奏感的统一，同时又利用色彩、材质、内容与建筑语言形成反差，突出表现了该雕塑的诉求（图6）。

在宗教建筑内，由于雕塑的点缀更加突出了建筑本身的宗教氛围。在云南省大理古城博爱路53号“武庙会”大殿内，采用了云南大理地区所独有的“本主信仰”中的“本主”原型，遴选出60位有一定代表性的“本主”，根据其传说故事的内容及建筑现场的实际情况进行了浮雕创作。在风格上以现代装饰手法为主，传统的排列方法及传统的动势融入其中，放弃了纯粹传统造型的繁琐和累赘。在新建的“武庙会”大殿中追求对“本主”塑造新的理解，改变原本“本主”造型的千人一面及缺乏个性的生活化表现之缺憾，生动且鲜活地表现真实的“本主”。运用包括底色在内的5种颜色完成了面层处理，与大殿的传统彩绘色调相呼应，让不同个性的60位“本主”浮雕与整体建筑协调统一。同时也具有画面的完整性和整体感（图7）。

图6 中国结雕塑（李异文设计） 图7 “武庙会”大殿浮雕（李异文设计）

锦华大酒店建筑装饰由于采用了浮雕而凸显艺术特色。主入口外立面三面大片实墙上，以民族文化为主题的铜月浮雕，体现了时代特征与云南民族文化的结合。其大堂室内装饰借鉴沧源崖画的大幅石质浮雕，风格古朴，气质高雅，反映出云南的传统文化及地方民族特色。（图8）

图8 锦华大酒店

空间媒介

雕塑在建筑环境中的另一个作用就是引导和分割空间，就其空间地位与性质而言就是空间“媒介”的定位。雕塑在建筑环境中很容易“形成视觉焦点，与周围的环境空间、建筑空间形成视觉场，在空间中变化轮廓，切割空间，在空间中起凝缩、维系作用。作为一个特定空间‘像’或‘场’的形态标志……雕塑也得考虑时间因素，就是把建筑空间的序列和雕塑在视觉上先后出现的构图结合起来”。

新建的西南联大纪念馆周围雕塑环境更好地突出了环境空间的序列。而联大纪念馆则以一种谦逊、从容的姿态退到绿色环境的深处，从而更加突出雕塑环境空间的序列感。入口是国立西南联合大学的校门，进入大门右侧是国立西南联合大学的三位校长的半身雕塑，远处是一二一纪念广场，与原有的西南联大“茅草屋”、新建的民主墙、闻一多先生撰写的一二一运动始末记地面浮雕、一二一运动纪念碑以及 1946 年由联大梅贻琦校长决定建造的李公朴、闻一多衣冠冢等一起形成了一条兼具纪念性与景观视觉性的中轴线，从而完成对时空转换的心理体验。它为新建的西南联大纪念馆增添了一份庄重，为校园环境增添了一份追忆。它追求了一种适度、质朴、品质与意境的表达，与建筑相得益彰（图 9）。

在我国的佛家圣地宾川鸡足山镇中心广场的设计中也强调了由雕塑带来的空间的转换，形成了“鸡足山文化浮雕墙——佛教文化墙——《鸡足山志》书卷雕塑——徐霞客雕塑——白族文化浮雕墙”的景观中轴，完成了对佛教文化、历史文化和民族文化的时空体验（图 10）。

在昆明翠湖湖畔的翠湖会馆入口处，矗立着一尊“唯物主义者”的铜雕。他高举钉锤，展开左臂，矗立于入口的台阶之上，为行人指引方向，形成了视觉中心，强化了入口空间。斑斑发锈的铜雕与整个建筑红色的砖墙相得益彰，与整个建筑环境浑然一体，不可分割（图 11）。

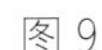
图 9

国立西南联合大学校门　　一二·一纪念广场　　地面浮雕等中轴线（王冬设计）

与建筑合二为一

随着时代的发展，雕塑艺术不再局限于对建筑的点缀和装饰作用，而是成为建筑构件本身，甚至与建筑合二为一，甚至有

图 10 宾川鸡足山镇中心广场（李卫兵设计）图 11“唯物主义者”铜雕

时候你分不清到底是雕塑还是建筑。雕塑是三维空间艺术，建筑也是如此。建筑不能直接表达具体的概念，常常通过雕塑艺术的自身造型把所要表达的一般概念升华到具体的思想表达。

从上世纪 30 年代以来，很多建筑师与雕塑家在实践中探索建筑与雕塑本质的共性。他们从主题、风格、构图等方面进行了大胆的创新，融建筑的空间感与雕塑感于一体，大大提升了它们的艺术性。这样的例子在国外很多，如伍重设计的悉尼歌剧院、盖里设计的西班牙毕尔巴鄂市古根海姆博物馆（图 12）、贝聿铭设计的美国纽约古根海姆美术馆、柯布西耶设计的朗香教堂等等。

（1）作为建筑构件本身

近几年，云南在这方面的尝试逐渐增多，弥勒庆来学校的一栋建筑上，设计师把浮雕作为建筑外墙构件的一部分，整幢建筑三分之二采用石材浮雕作为外墙装饰。“以世界文明、体育科技”等为主题的浮雕造型生动、雕刻细腻、气势宏大，以体现学校弘扬优秀文化，发扬民族精神、宣传科学文化、提高师生素质、美化学习生活空间的设想（图 13）。

作为建筑构件本身的浮雕墙在杨丽萍、赵青住宅中的运用比比皆是。艺术家赵青善于用各种不同的浮雕墙或作为承重墙、或作为装饰墙，将一种结构上强烈的表现手法融入到建筑之中，来提升建筑的品位与艺术性（图 14）。

（2）造型上的统一

近些年，把雕塑的造型语言融入到建筑之中，使建筑摆脱了任何传统建筑的束缚，增强了建筑的雕塑感。保山三馆中的博物馆，采用代表古哀牢文化的铜鼓形态，鼓身饰以反映保山历史文化的装饰浮雕，其手法独辟蹊径，把当地出土的铜鼓造型，以雕塑的手法融入到博物馆之中，借铜鼓形象的神似及类比来获得人们对地域性的认同（图 15）。

中国科学院地质古生物研究所澄江古生物研究站位于云南玉溪澄江寒武纪化石群的发掘地。设计极力把古生物固有形态融入建筑之中，建筑“仿生”形态的圆、壳与“灰姑娘”虫相似的形态——圆圆的头甲、凸出的眼睛、细长的触须、相互缠绕的肢体被抽象变形后所形成的具有生物特征的建筑语言，正是采用了一种雕塑的造型语言（图 16）。

（3）与建筑合二为一

与建筑合二为一的代表就是雕塑家罗旭设计的“土著巢”。它既是建筑，又是雕塑。它满足了人们在精神和审美方面的更高要求，从建筑外观具象造型转向了一种抽象的雕塑表现手法。“土著巢既像地上长出的蘑菇，又像原来当地曾经有过的砖窑，还真真切切给人带来原始聚落或母体卵巢的想像”，建筑与它雕塑般的轮廓，形成了城市与艺术特征的载体。“粗糙的砖砌体、高低错落的地坪、昏暗的光线、顶部天窗透进的光线、精灵般的雕塑建筑”形象与它的各种功能联系在一起。而且在各个部分的形状上，将这种联系与地域风景的复杂性结合在一起。“土著巢”从表现主义具有的雕塑感的形式到现代建筑非物质化的追求都有所体现。建筑的功能与雕塑的造型在这里得到了统一（图 17）。

2. 雕塑与城市的关系

雕塑不仅与建筑的关系密切，与城市环境也是紧密相连的。城市公共雕塑反映了一座城市的文化。是城市政治、精神和物质文明的综合反映。

城市雕塑从另一个侧面反映了一个城市的经济发展以及文化发展领域。世界各地各种雕塑景观调节着建筑空间的气氛。各种城市雕塑，位于城市的各个部位，一部分雕塑景观具有一定的纪念意义，但多数的雕塑景观是独具魅力的创作。它们从各个方面反映着城市的文化精神世界。

标志性的城市雕塑

作为城市标志的雕塑，述说着城市的历史与文明，展示城市的个性，强调城市独有的文脉。上世纪 80 年代中期，昆明东站就出现了一组以写实为主的“民族大团结”雕塑。雕塑由六位不同的少数民族同胞欢歌载舞，手拉手组成一个圆形，象征着云南各民族大团结。六个少数民族代表了云南 26 个民族，向来往的人们展示云南多彩的民族文化，展示和谐云南。同时，六个少数民族也寓意“六合”。“六合”在中国指的是上下和东西南北

图 12 毕尔巴鄂市古根海姆博物馆

图 13 弥勒庆来中学（陈劲松、杨春锁、周映问设计）

图 14 杨丽萍、赵青住宅中的雕塑

图 15 保山博物馆

图 16 澄江古生物研究站

图 17 土著巢

图 18 “民族大团结”雕塑

四方，常用来表示天下或中国，预示着欢迎五湖四海的朋友共聚云南。“民族大团结”以一种积极向上的姿态迎接一个新的时代，为整个城市环境注入了新的生机与活力，向世人展示云南独有的民族文化。虽然这组雕塑后来移到了海埂公园内，但它留下了深刻的时代烙印（图 18）。

在易门的中心广场上，矗立着“和谐易门”的雕塑。设计者依托易门的历史、人文环境，借鉴中国传统“门”的造型，以群飞的鸽子为雕塑的主创元素，以水帘作点缀，使雕塑造型动静结合，充满了无限动感和韵律感。整个雕塑造型优美、庄重大方、寓意深刻、传统与现代相融合，在当前城市形象建设中独具特色，成为易门的标志性雕塑（图 19）。

金马碧鸡坊作为昆明的标志，雕梁画栋，精美绝伦，突出了昆明民俗特色，是昆明最具历史文化精髓的象征，更表达人们对两坊所昭示的如意吉祥的向往。它北与纪念滇池的“忠爱坊”相配，合称“品字三坊”，成为昆明闹市胜景；南与建于南诏的东西寺塔相映，显示了昆明古老的文明（图 20）。

纪念性的城市雕塑

城市公共雕塑本身具有社会记忆功能，是历史的化身和体现。他们表彰和讴歌着那些在历史上对国家和民族做出重大贡献和业绩的人物，铭刻和纪念那些在历史上有重大影响的事件。

在护国路与东风路的交叉口，矗立着一座“护国起义纪念碑”，碑体由上下两部分构成。碑身上面耸立着，像一把利剑直指蓝天，上面刻有“护国起义纪念”六个大字。碑身的一面记载了护国起义的始末，另外三面分别刻有“云南首义”、“全国响应”、“护国胜利”的浮雕。它与旁边的原护国门曾用铸铁大门一起见证了护国运动，书写了云南的历史（图 21）。

玉溪红塔集团内，有一座“红塔山 50 周年纪念雕塑”，雕塑从红塔集团成立 50 周年这一历史时刻入手，将典型的物象及 50 周年的岁月印记、品牌造型合为一体，整体线条流畅，展示红塔集团 50 年的丰硕成果（图 22）。

文化性的城市雕塑

城市雕塑不断地与城市对话，与市民对话。那些文化性的城市雕塑就是在对话中积累和生成的，是一个城市生长出来的，它有着城市的记忆。“这种本土化的记忆活动通过不断的叠加和积累，就形成了具有城市特色的公共雕塑，就形成了具有地域特点的城市文化。”

昆明近日楼步行街区有 5 组雕塑，分为“马帮”、“更夫”、“下棋”、“贩妇”和“补碗”五组形象。雕塑选取了最具时代特色和地域特色的清末民初昆明市平民形象。雕塑这些栩栩如生的形象再现了百年前老昆明的市井生活、民风民俗，令观者有“时

图 19“和谐易门”雕塑 （陈劲松、杨春锁、周映问设计）

图 20 金马碧鸡坊

图 21 护国起义纪念碑

光倒流”之感（图 23）。

文化性雕塑也经常出现在校园里。在云南艺术学院呈贡校区的大门设计中（图 24），设计者没有采用复杂的造型，而是采用简单的几何体雕塑。在雕塑上用人类最早的艺术符号“摩崖刻”和人类最早的手工艺文化“陶”，作为装饰元素，以表达学校的特殊性和艺术性。在装饰陶片上凹凸起小篆体文字或摩崖石刻图形，将原始的图形符号运用在现代造型的体块上，体现云艺人对艺术的思考和追溯。用最简单的语言诠释最丰富的艺术文化内涵。云南财经大学逸夫楼前的“经世廊”雕塑，设计者用抽象的手法，采用红色钢铁的几何造型，表达云南财经大学“根植云岭，培养经世致用人才”的校园文化（图 25）。

图 22 红塔山 50 周年纪念雕塑（张永宁、董万里设计）

图 23 昆明近日楼步行街区雕塑

装饰性的城市雕塑

装饰性的城市雕塑在整个城市环境中发挥着装饰和美化环境的作用。装饰性的城市雕塑，题材内容可以广泛构思，情调可以轻松活泼，风格可以自由多样。它们的尺度可大可小，大部分都从属于环境和建筑，成为整体环境中的点缀和亮点。景观雕塑就扮演这类角色。在昆明市，大观公园里的景观雕塑群就是其中的代表。

大观公园的这些雕塑作品是“2005 年昆明首届国际雕塑节”时国际上和国内当代比较有影响力的艺术家们所创作的，这些雕塑作品都是根据当时艺术家的感受并结合公园景观所创作的，所追求的是与昆明城市环境的和谐互动。雕塑家们由于使用了不同材质，通过具象、抽象、意象的创作手法，多少改变了观众对“雕塑”的固有观念，让人们对环境艺术的表现手法和作用有了更宽泛的认识。

云南艺术家毛旭辉采用人们生活中最常用的生活用具之一——剪刀原型，创作抽象的“剪刀”雕塑，其寓意：人从出生与母体分开就离不开剪刀，而把它放在公共场合是让大家找到家的感觉，同时与周边的环境统一，更像是滇池里的船帆。另外，一个铜制的“熨斗”雕塑，以夸张的手法打破了实物原有的大小，把它放在水面之上，既形成了水面环境的视觉焦点，又可以让本来平静的水面更平一点，其寓意深远（图 26）。

这些趣味横生的雕塑景观设计，巧妙地和环境融为一体，以雕塑的形式带来无数遐想。也给一些本不具备趣味性以及文化内涵的环境以新的、更深的文化艺术气息。在旅游发展过程中，景观雕塑设计经常被应用，往往这些独特的雕塑景观设计作品给旅游环境增添了靓丽的色彩和文化内涵。“2005 年昆明首届国际雕塑节”，艺术家们对如何让现代雕塑艺术与中国园林环境相结合进行了有效的探索。

陈列性的城市雕塑

这类雕塑在城市建设中扮演一个独立的角色，经常置放于一个特定的空间场所，传达着一种思想。罗旭是云南艺术界的一

图 24 云南艺术学院大门雕塑 （陈劲松、杨春锁、周映问设计）图 25 “经世廊”雕塑（陈劲松、杨春锁、周映问设计）

图 26 大观公园 2005 年昆明首届国际雕塑节雕塑

“剪刀”雕塑 “熨斗”雕塑

位怪才。之所以把罗旭的雕塑归为陈列性雕塑，是因为他那备受争议的雕塑作品，只好置于自己的乐土“土著巢”之中。“土著巢”就是雕塑的展览馆，每天向慕名而来的游客叙述罗旭的思想与性格。

在罗旭的数量惊人的雕塑作品中，始终贯穿着对女性元素的思考，充满原始生命气息。他那来源于女性大腿的风车，有的舒展大腿、有的蜷曲大腿，造型各异。线条柔美，无不是对女性美的思考。奇思妙想的浴缸、形态各异的昆虫，陶的、木的和不锈钢的林林总总的躯干和大腿，传达了罗旭对生活的理解，以及艺术家奇特、诙谐、复杂的性格。他以一种独特的视觉语言将生命象征置于“土著巢”之中，显示出与众不同的个性和神秘力量。在他的“土著巢”之中，还有一组另类的“蝌蚪”雕塑，千姿百态的“蝌蚪”在“土著巢”光怪陆离的声光之中，与把自己比作一只蝌蚪的罗旭，共同演奏一曲“大合唱”。千千万万的蝌蚪形象在声光和形体的变化中，演绎了现代的悖行。罗旭以他自己独特的艺术魅力，在平凡中创造的奇迹和安居一角的日常生活态度来反叛现代化和都市化对艺术家的侵蚀（图 27）。

在云南建筑和城市百年的建设中，雕塑一直扮演着不同的角色，在为我们的城市、建筑增光添彩。让我们的人居环境更加美好。

图 27 土著巢雕塑

“风车”雕塑

“蝌蚪”雕塑

参考文献

（1）参考于 顾孟潮 王明贤 李雄飞 主编．当代建筑文化与美学[M].天津：天津科学技术出版社，1989.7

（2）秦璞．身在环境说雕塑[J]．雕塑，《雕塑》杂志编辑部．北京：《雕塑》杂志出版社，1995

（3） 王冬 李卫兵．云南本土意识与现实批判——兼对云南近期本土建筑创作解析[J]．建筑西部：西部城市与建筑当代图景实践篇．北京：中国电力出版社，2008

（4） 同上

（5）孙振华．城市公共雕塑与城市文化[J]．雕塑，《雕塑》杂志编辑部．北京：《雕塑》杂志出版社，2005

结语

时值纪念辛亥革命一百周年之际，《艺术云南》杂志社任涛先生、朱永祥先生及云南人民出版社尹杰先生，约我能否把云南的好建筑通过媒体逐步推荐给公众并阐述其建造背景和建筑技艺。他们一再强调《艺术云南》不能缺建筑艺术，并鼓励说若干年后兴许能把这些资料汇编成一本专集作为建筑史料留存于世，也为社会做一点有益的事，于是，一项艰巨的任务就这样托付给了我。展开工作后才发现，若要长时间进行该项工作是一件痛苦的事情，考虑到对每个项目都要去查找资料，实地拍摄分析点评需要大量时间，大量人力物力，更考虑到自己的其他工作任务很重，还不如集中半年的时间尽快把任务完成。下定决心之后，即刻以出版《云南建筑百年》专著为目标，列出提纲，并邀请了云南建筑师协会秘书长罗文兵先生，省规划院同事张晓洪、王珂、朱青及云南艺术学院李卫兵先生共同完成。摄影家陈云峰先生、解之诚先生给予了大力协助，为本书及时提供了部分精彩图片，弥补了我们业余摄影者的不足，使"通过艺术的眼光"回顾历史的目标得以实现。版面设计及图片处理、文字统稿占用了我大量的时间和精力。这里要感谢工作人员古青、张琪、韩韬等同事。感谢王佩华先生提供的大事记资料。没有他们的大力协助和辛勤劳动，在短时间内难以完成本书的出版。

盘点建筑为的是记忆历史、开创未来。受学识和积累的局限，很想系统地研究云南建筑发展史，却心有余而力不足，只能以初生牛犊不怕虎的勇气，先探究一下近现代 100 年的大概情况，不到之处在所难免，恳请读者海涵。

张　辉

2011 年 10 月 30 日于昆明

张辉，1985 年毕业于南京工学院（现东南大学）建筑学系。1985 年起历任主任建筑师、所长、院长助理、副院长。2001 年任云南省城乡规划设计研究院院长、教授级高级建筑师、国家一级注册建筑师、云南工程设计大师。2004 年被"新地产"杂志评为"100 位中国最具影响力建筑大师"，曾获省部厅级嘉奖数十项。

编者说明

由于诸多原因，本书对有些图片难以就著作权问题进行一一核对与处理，不到之处恐有难免。因此，凡确认自己拥有本书图片著作权者，请通过出版社与本书的编者联系，并提供可靠的证明材料。本书的编者将根据国家著作权法的有关规定，针对具体情况支付合理稿酬。

主页照片拍摄备案表	
摄影师	图片所在页码
张 辉	P72-74、P77、P83、P85-87、P100-103、P123-132、P135、P169、P174-175、P177、P216-218、P228-231、P251、P258、P261、P265、P268-270、P273、P276、P278、P281、P284-287、P318-323、P330-332、P44、P368-371、P378-379、P387、P401、P403、P423、P433-435、P444-447、P449、P450-455、P461-463、P469-471、P488、P453-461、P464-470、P486
陈云峰	P71、P89、P110、P112-113、P115、P133、P144-146、P148-151、P162-163、P181-182、P189-190、P191、P193、P197、P205-207、P222-223、P227、P234、P236、P241-243、P256、P259、P267、P271、P274、P283、P292、P294-295、P312-315、P341-343、P345、P347、P393-395、P397、P406-411、P413、P416-419、P438-439、P441-443、P467、P472-473、P477-481、P487、P489-451、P462、P471-474、P476、P482、P484、
张晓洪	P562-563、P564-565
解之诚	P95、154-157、P159-161、P179、P185-187、P196、P198-201、P203、P375、
张琪	P232-233、P245-247、P317、P338、P457、P485、

图书在版编目（C I P）数据

云南建筑百年 / 张辉主编. -- 昆明 : 云南人民出版社, 2011.12
ISBN 978-7-222-08776-7

Ⅰ. ①云… Ⅱ. ①张… Ⅲ. ①建筑史－云南省－近代－图集 Ⅳ. ①TU-092.5

中国版本图书馆CIP数据核字(2011)第273963号

责任编辑：刘大伟　尹　杰　王曦云
封面设计：王曦云
电脑制作：胡　蓉
责任校对：余　祁　钟月辉
英文审校：刘铁波
责任印制：施立青

书 名	云南建筑百年
作 者	张辉　主编
出 版	云南出版集团公司 云南人民出版社
发 行	云南人民出版社
社 址	昆明市环城西路609号
邮 编	650034
网 址	www.ynpph.com.cn
E-mail	rmszbs@public.km.yn.cn
开 本	889x1194 1/12
印 张	52
字 数	100千
版 次	2011年12月第1版第1次印刷
印 刷	云南华中印务有限公司
书 号	ISBN 978-7-222-08776-7
定 价	468.00元

金马通关石雕实景拍摄

现存完整的通关古镇街景实景拍摄

现存完整的通关古镇街景实景拍摄

茶马古镇变身现代商旅驿站

墨江，并没有因为古老的“南方丝绸之路”沧桑巨变而退出历史舞台；作为茶马重镇扼守昆曼大道，随着这条现代国际黄金旅游线路的开通而迅速崛起。这里“一线连三国”，从磨憨口岸可抵达老挝、泰国。2010年6月7日，已试通车3年多的小（勐养）磨（憨）公路全面竣工，这标志着昆曼国际大通道我国境内最后一段建设任务全面完成。这条被誉为“中国最美的高速路上”，沿途有着壮丽的自然美景和绚烂的民族文化。口岸经济、物流经济、国际贸易、旅游商业效应凸显，作为昆曼国际通道上重要的中枢口岸城市——墨江，迅速变身为一个集生态之旅、文化之旅双胞国际旅游名镇。

昆曼大道上一口神奇的双胞井

墨江在茶马古道上的华丽转身，源于其独特的双胞文化。在一个人口仅38万的墨江县城，据不完全统计，墨江县城双胞胎竟然有1000多对！传说中的双胞井，位于墨江县城西约3公里的河西村。水井有两口，一口是生活用水，一口是饮用水。水井一年四季充盈清澈，甘洌可口。当地人说喝了双胞井的水会生双胞胎。作为北回归线穿越的城市，在这个太阳转身的地方，许多游客来墨江“喝双胞水、吃双胞饭、睡双胞床、生双胞胎”——墨江县政府自2005年以来，举行连续七届墨江国际双胞艺术节，这里成为荟萃世界各地的双胞胎狂欢节，融入了墨江当地的“摸你黑”、哈尼风情、墨江美食，给四海游客带来无尽的欢乐.双胞文化，已然打造成为墨江走向世界的一张国际旅游名片。

全球唯一的双胞文化、独占性的旅游资源，让墨江国际双胞小镇形成了对于海内外旅游市场独具魅力的投资价值！

昆曼大通道  新财富驿栈

投资定律 .1.

区位就是地位！墨江国际双胞小镇上至昆明4小时，下至西双版纳4小时，连接昆明—景洪旅游商铺价值随之水涨船高！

投资定律 .2.

旅游商铺投资很安全，经营很暴利，但数量必须有限！于针对团队客、自驾车游客、商务客的快速消费。

投资定律 .3.

特色餐饮街区，获利稳定，投资即可经营，经营即能获利！5年商业街整体氛围成熟后价格可能增长2–3倍！

投资定律 .4.

休闲娱乐内街，增值潜力高，投资自营最划算！休闲娱乐涵盖：酒吧茶室、KTV、桑拿洗脚、美容保健、网吧电玩影院等。

投资定律 .5.

酒店客栈门槛高，投资经营好清爽，休休闲闲点钞票！一般而言，五星级酒店在入住率45%以上，净投资回报率18%以上。

投资定律 .6.

入市早增值快，首期开盘一定要抢到！开发商通常低价入市，2年后整体交付，可能物业价格已经上涨30%甚至更高！

投资定律 .7.

文化建筑要收藏，低密度商街最稀缺！旅游文化增值，超过世界上最快的房价增长！临街铺面，又是一笔多么划算的长远投资！

投资定律 .8.

倡导投资零风险，统一招商，运营管理问题前置！

投资定律 .9.

开发实力须关注，统一运管有保障！顶尖专业团队缔造百年经典！占地近300亩，总投资逾6亿元，确保遥遥领先于一般主题景区！

通关◎ 茶马驿站的前世今生

中国墨江国际双胞第一镇

首期开盘热销**50席钻铺全面售罄**

旅游市场正式启动，招商工作如火如荼

2012五一黄金周

千人长街宴将在双胞小镇盛宴开启

5–1号地块未雨绸缪，旅游餐饮市场福地掘金

演绎三大文化 八大业态

创新十二项主题景观

墨江旅游“一站式、旅游休闲MALL”强势崛起

新财富驿栈投资定律

高端访问——王崇亮董事长访谈